高 等 院 校 信 息 技 术 规 划 教 材

多媒体技术与应用教程

雷运发 主编　　田惠英 副主编

清华大学出版社
北京

内 容 简 介

本书是作者根据普通工科院校培养应用型人才的需要,在长期从事多媒体技术的教学与应用开发的基础上编写的。为了适应读者的学习认知规律,在讲述多媒体技术原理的基础上,按照以其理论知识点为线索,以其实践应用为目的的思路进行编写,并配有实例的多媒体视频演示及教师课堂教学的电子课件等。全书分两部分,第一部分是基础知识和多媒体技术应用原理;第二部分为实验指导,通过实例详细指导读者掌握常用多媒体软件的操作与使用。

本书可作为高等学校应用型本科及高职高专各相关专业开设多媒体技术应用课程的教材,同时也适合工程技术人员及拥有多媒体计算机的读者自主学习。

图书在版编目(CIP)数据

多媒体技术与应用教程 / 雷运发主编;田惠英副主编 . —北京:清华大学出版社,2008.9

(高等院校信息技术规划教材)

ISBN 978-7-302-17956-6

Ⅰ. 多… Ⅱ. ①雷… ②田… Ⅲ. 多媒体技术－高等学校－教材 Ⅳ. TP37

中国版本图书馆 CIP 数据核字(2008)第 093040 号

责任编辑:袁勤勇 李玮琪
责任校对:白 蕾
责任印制:王秀菊

出版发行:清华大学出版社 　　　　　　　　地　　址:北京清华大学学研大厦 A 座
　　　　　http://www.tup.com.cn 　　　　　邮　　编:100084
　　　　　社　总　机:010-62770175 　　　　邮　　购:010-62786544
　　　　　投稿与读者服务:010-62776969,c-service@tup.tsinghua.edu.cn
　　　　　质　量　反　馈:010-62772015,zhiliang@tup.tsinghua.edu.cn
印　刷　者:北京市清华园胶印厂
装　订　者:三河市溧源装订厂
经　　销:全国新华书店
开　　本:185×260　　　印　　张:21.5　　　字　　数:503 千字
版　　次:2008 年 9 月第 1 版　　　印　　次:2008 年 9 月第 1 次印刷
印　　数:1～4000
定　　价:29.00 元

前言　foreword

　　多媒体技术涵盖面广泛，发展变化迅速，其应用已经遍及国民经济与社会生活的各个角落，给人类的生产、工作乃至生活方式带来了巨大的变革。学习和应用多媒体技术是广大学子和读者所期盼的。

　　目前有关多媒体技术方面的教材琳琅满目、各具特色。本书是作者在长期从事多媒体技术的教学与应用开发的基础上，并吸取众多同类教材的精华策划和编写而成的。本书重点讲解多媒体技术中最广泛应用的知识、方法和技能，尽量用实例来说明问题，重要知识点配有动画和视频讲解。各章的实例和实验一般都是易操作的，并有一定的实际意义和趣味性。在编写时力求做到教学内容的系统性、可读性和应用性，采用学习目标、本章内容、本章小结和思考与练习来描述每章内容。为了更好地方便教学与实验，本书配有部分实例的多媒体视频演示、实验素材与源程序及教师课堂教学的电子课件等内容。

　　本书的第1章、第2章、第7章和实验5由雷运发编写；第5章及实验3由田惠英编写；第3章及实验1、实验6、实验7由覃伟编写；第6章及实验4由林雪芬编写；第4章及实验2由孙晓芳编写；第8章的写作由宋子明和田惠英共同完成。全书由雷运发任主编，负责总体策划和统稿；田惠英任副主编，协助完成相关工作。

　　本书在编写过程中，参考了大量有价值的文献与资料，吸取了许多同人的宝贵经验，在此向这些文献的作者表示敬意。另外，清华大学出版社的袁勤勇老师对本书倾注了大量的努力和提供了许多帮助，我所在大学的同事也给予了本书大力的支持，在此一并致谢。限于作者的学识和水平，书中的不当和错误之处，还望广大读者批评指正。

雷运发

2008 年 6 月

目录

contents

第1章

多媒体技术概述

学习目标

1. 了解媒体、多媒体的定义以及媒体的分类；
2. 了解多媒体的相关技术及其应用；
3. 掌握多媒体的特征和多媒体系统的构成；
4. 了解多媒体的发展历史及其发展趋势。

1.1 多媒体的基本概念

什么是多媒体？通俗地讲，多媒体就是通过计算机或其他数字处理手段传递给人们的文本、声音、动画和视频的艺术组合。它能够表达人们丰富的感受，人们用多媒体手段处理问题时，将会感到欢喜和愉快。

多媒体技术是 20 世纪 80 年代发展起来的一门综合电子信息技术，它给人们的工作、生活和学习带来了深刻的变化。多媒体的开发与应用使计算机改变了单一的人机界面，转向为多种媒体协同工作的环境，从而让用户感受一个丰富多彩的计算机世界。

本书除讲解多媒体技术的基本原理以外，将重点介绍其应用，主要介绍如何创建多媒体的基本元素以及如何把这些元素有机地组合起来达到你所想要的最佳效果。例如，如何录制和编辑声音、如何制作和修改图像、如何编辑处理视频、如何根据脚本需要把这些素材有机地集成起来等。

1.1.1 媒体及其分类

1. 媒体

按传统的说法，媒体(Medium)指的是信息表示和传输的载体，是人与人之间沟通及交流观念、思想或意见的中介物，如日常生活中的报纸、广播、电视、杂志等。在计算机科学中，媒体具有两种含义：一是承载信息的物理实体，如磁盘、光盘、半导体存储器、录像带、书刊等；二是表示信息的逻辑载体，如数字、文字、声音、图形、图像、视频与动画等。多媒体技术中的媒体一般指后者。

2. 媒体的分类

现代科技的发展给媒体赋予了许多新的内涵，根据国际电信联盟电信标准局 ITU-T（原国际电话电报咨询委员会 CCITT）建议的定义，将媒体划分为以下 5 种类型。

（1）**感觉媒体**（Perception Medium）：指能直接作用于人的听觉、视觉、触觉等感觉器官，使人能直接产生感觉的一类媒体，如语言、音乐、声音、图形、图像等。

（2）**表示媒体**（Representation Medium）：指传输感觉媒体的中介媒体，为加工、处理和传输感觉媒体而人为研究、构造出来的一种媒体，即用于数据交换的编码，是感觉媒体数字化后的表示形式，如语音和图像编码等。构造表示媒体的目的是更有效地将感觉媒体从一地向另外一地传送，便于加工和处理。表示媒体有各种编码方式，例如，文本可用 ASCII 码编制；音频可用 PCM 脉冲编码调制的方法来编码；静态图像可用静止图像压缩编码标准 JPEG 编码；运动图像可用运动图像压缩编码标准 MPEG 编码；视频图像可用不同的电视制式如 PAL、NTSC、SECAM 制式进行编码。

（3）**表现媒体**（Presentation Medium）：指将感觉媒体输入到计算机中或通过计算机展示感觉媒体的物理设备，即获取和还原感觉媒体的计算机输入和输出设备，如键盘、摄像机、显示器、喇叭等。

（4）**存储媒体**（Storage Medium）：指存储表示媒体信息的物理设备，即存放感觉媒体数字化后的代码的媒体称为存储媒体，如硬盘、CD-ROM、磁带、唱片、光盘、纸张等。

（5）**传输媒体**（Transmission Medium）：指传输表示媒体的物理介质。传输信号的物理载体称为传输媒体，如同轴电缆、光纤、双绞线、电磁波等。

在上述的各种媒体中，表示媒体是核心，计算机信息处理过程就是处理表示媒体的过程。

从表示媒体与时间的关系来分，不同形式的表示媒体可以被划分为静态媒体和连续媒体两大类。静态媒体是信息的再现与时间无关，如文本、图形、图像；连续媒体具有隐含的时间关系，其播放速度将影响所含信息的再现，如声音、动画、视频等。

从人机交互的角度可把媒体分为：视觉类媒体、听觉类媒体和触觉类媒体等几大类。在人的感知系统中，视觉所获取的信息占 60% 以上；听觉获取的信息占 20% 左右；另外触觉、嗅觉、味觉等占其余部分。

1.1.2 多媒体与多媒体技术

1. 多媒体

多媒体（Multimedia）是由两种以上单一媒体融合而成的信息综合表现形式，是多种媒体的综合、处理和利用的结果。概括来说，是多种媒体表现、多种感官作用、多种设备支持、多种学科交叉、多种领域应用。

多媒体的实质是将不同表现形式的各种媒体信息数字化，然后利用计算机对数字化的媒体信息进行加工或处理，通过逻辑连接形成有机整体，同时实现交互控制，以一种友好的方式供用户使用。

多媒体与传统传媒有以下几点不同：多媒体信息都是数字化的信息，而传统传媒基本是模拟信号；传统传媒只能让人们被动地接受信息，而多媒体可以让人们主动与信息媒体交互；传统传媒一般是单一形式，而多媒体是两种以上不同媒体信息的有机集成。

2. 多媒体技术

通常人们常说的多媒体技术都是和计算机联系在一起的，是以计算机技术为主体，结合通信、微电子、激光、广播电视等多种技术而形成的用来综合处理多种媒体信息的交互性信息处理技术。具体来说，多媒体技术是以计算机（或微处理芯片）为中心，将文本、图形、图像、音频、视频和动画等多种媒体信息通过计算机进行数字化综合处理，使多种媒体信息建立逻辑连接，并集成一个具有交互性的系统技术。这里说的"综合处理"主要是指对这些媒体信息的采集、压缩、存储、控制、编辑、变换、解压缩、播放、传输等。在应用上，多媒体一般泛指多媒体技术。

3. 多媒体技术的特征

从研究和发展的角度看，多媒体技术具有多样性、集成性、交互性、实时性和数字化 5 个基本特征，这也是多媒体技术要解决的 5 个基本问题。

1) 多样性

多样性指媒体种类及其处理技术的多样化。多媒体技术涉及多样化的信息，信息载体自然也随之多样化。多种信息载体使信息在交换时有更灵活的方式和更广阔的自由空间。多样性指两个方面：

一方面指信息媒体的多样化。多样化的信息载体包括磁盘介质、磁光盘介质、光盘介质、语音、图形、图像、视频、动画等。计算机无失真处理和再现多样化信息的能力还有待于提高。

另一方面是指多媒体计算机在处理输入的信息时，不仅仅是简单获取及再现信息，而是能够根据人的构思、创意，进行加工、组合与变换来处理文字、图形及动画等媒体信息，产生艺术创造表现力，以达到生动、灵活、自然的效果。

多样化不仅是指多种信息的输入，即信息的获取（Capture），而且还指信息的输出，称为表现（Presentation）。输入和输出并不一定相同，若输入与输出相同，就称为记录或重放。如果对输入进行加工、组合与变换，则称为创作（Authoring）。创作可以更好地表现信息，丰富其表现力，使用户更准确更生动地接收信息。这种形式过去在影视制作过程中大量采用，现在多媒体技术中也采用这种方法。

2) 集成性

集成性主要表现在两个方面，即多种信息媒体的集成和处理这些媒体的软硬件技术及其设备和系统的集成。在多媒体系统中，各种信息媒体不是像过去那样，采用单一方式进行采集与处理，而由多通道同时统一采集、存储与加工处理，更加强调各种媒体之间的协同关系及利用它所包含的大量信息。在硬件方面，多媒体硬件系统（包括能处理多媒体信息的高速并行的 CPU 多通道输入输出接口及外设、宽带通信网络接口及大容量的存储器等）将这些硬件设备集成为统一的系统。在软件方面，则应有多媒体操作系统来管理多媒体开发与制作的软件系统、高效的多媒体应用软件和创作工具软件等。这些多媒体系统的硬件和软件在网络的支持下，集成为处理各种复合信息媒体的信息系统。

3）交互性

交互性是指通过各种手段，有效地控制和使用信息，使参与的各方（不论是发送方还是接收方）都可以进行编辑、控制和传递。除了操作上的控制自如（可通过键盘、鼠标、触摸屏等操作）外，在媒体综合处理上也可做到随心所欲。

当人们完全进入一个与信息环境一体化的虚拟信息世界时，全方位的交互将使得人们能够体验到逼真的感觉，这才是交互式应用的高级阶段，这种技术称为虚拟现实技术。

4）实时性

由于声音及活动的视频图像是和时间密切相关的连续媒体，所以，多媒体技术必须要支持实时处理。

5）数字化

处理多媒体信息的关键设备是计算机，所以，要求不同媒体形式的信息都要进行数字化。因为计算机所能理解的就是数字化的东西，也就是由一连串的二进制形式"01010101"所呈现的数据。

在将各种媒体信息处理为数字化信息后，计算机就能对数字化的多媒体信息进行存储、加工、控制、编辑、交换、查询和检索，所以，多媒体信息必须是数字化信息。由比特流组成的数字媒体通过计算机和网络进行信息传播，改变了传统信息传播者和受众的关系以及信息的组成、结构、传播过程、方式和效果。

1.1.3　多媒体系统

多媒体系统（Multimedia System）是指由多媒体网络设备、多媒体终端设备、多媒体软件、多媒体服务系统及相关的多媒体数据组成的有机整体。多媒体系统是一种趋于人性化的多维信息处理系统，它以计算机系统为核心，利用多媒体技术，实现多媒体信息（包括文本、声音、图形、图像、视频、动画等）的采集、数据压缩编码、实时处理、存储、传输、解压缩、还原输出等综合处理功能，并提供友好的人机交互方式。

随着计算机网络技术与多媒体技术的迅猛发展，多媒体系统已逐渐发展成通过网络获取服务，并与外界进行联系的网络多媒体系统。

由于多媒体数据的多样性，原始素材往往分布在不同的空间和时间里，这使得分布式多媒体数据库的建立和管理以及多媒体通信等成为多媒体计算机系统的关键技术。

由于多媒体资源具有一些特殊性质，因此，多媒体系统往往需要涉及一些专门的技术，如多媒体的计算机表示与压缩、多媒体数据库管理、多媒体逻辑描述模型、多媒体数据存储技术、多媒体通信技术等。

从目前多媒体系统的开发和应用趋势来看，多媒体系统大致可以分为两类：一类是具有编辑和播放双重功能的开发系统，这种系统适合于专业人员制作多媒体软件产品；另一类则是面向实际用户的多媒体应用系统。

1.1.4 多媒体信息的基本元素

目前,多媒体信息在计算机中的基本形式可划分为:文本、图形、图像、音频、视频和动画等,这些基本信息形式也称为多媒体信息的基本元素。

1. 文本

文本(Text)是以文字、数字和各种符号表达的信息形式,是现实生活中使用最多的信息媒体,主要用于对知识的描述。

文本有两种主要形式:格式化文本和无格式化文本。文本文件中,如果只有文本信息,没有其他任何有关格式的信息,则称为非格式化文本文件或纯文本文件;而带有各种文本排版信息等格式信息的文本文件,称为格式化文本文件。文本内容的组织方式都是按线性方式顺序组织的,文本信息的处理是最基本的信息处理。文本可以在文本编辑软件里制作,如 Word 等编辑工具中所编辑的文本文件大都可被输入到多媒体应用设计之中,也可以直接在制作图形的软件或多媒体编辑软件中一起制作。

2. 图形

图形(Graphic)是指用计算机绘图软件绘制的从点、线、面到三维空间的各种有规则的图形,如直线、矩形、圆、多边形以及其他可用角度、坐标和距离来表示的几何图形。

在图形文件中只记录生成图的算法和图上的某些特征点,因此也称矢量图。通过读取这些指令并将其转换为屏幕上所显示的形状和颜色而生成图形的软件通常称为绘图程序。在计算机还原输出时,相邻的特征点之间用特定的诸多段小直线连接就形成曲线。若曲线是一条封闭的图形,也可靠着色算法来填充颜色。图形的最大优点在于可以分别控制处理图中的各个部分,如在屏幕上移动、旋转、放大、缩小、扭曲而不失真,不同的物体还可在屏幕上重叠并保持各自的特性,必要时仍可分开。因此,图形主要用于表示线框型的图画、工程制图、美术字等。绝大多数 CAD 和 3D 造型软件使用矢量图形来作为基本图形存储格式。

微机上常用的矢量图形有".3ds"(用于 3D 造型)、".dxf"(用于 CAD)、".wmf"(用于桌面出版)等。图形技术的关键是图形的制作和再现,图形只保存算法和特征点,所以,相对于图像的大数据量来说,它占用的存储空间也就较小,但在屏幕每次显示时,它都需要经过重新计算。另外在打印输出和放大时,图形的质量较高。

3. 图像

这里指的是静止图像。图像(Image)可以从现实世界中捕获,也可以利用计算机产生数字化图像。图像是由单位像素组成的位图来描述的,每个像素点都用二进制数编码,用来反映像素点的颜色和亮度。

图形与图像在多媒体中是两个不同的概念,其主要区别如下。

(1) 构造原理不同:图形的基本元素是图元,如线、点、面等元素;图像的基本元素是像素,一幅位图图像可考虑为由一个个像素点组成的矩阵。

（2）数据记录方式不同：图形存储的是画图的函数；图像存储的则是像素的位置信息和颜色信息以及灰度信息。

（3）处理操作不同：图形通常用 Draw 程序编辑，产生矢量图形，可对矢量图形及图元独立进行移动、缩放、旋转和扭曲等变换，主要包括描述图元的位置、维数和形状的指令和参数；图像一般用图像处理软件（Paint、Brush、Photoshop 等）对输入的图像进行编辑处理，主要是对位图文件及相应的调色板文件进行常规性的加工和编辑，但不能对某一部分控制变换。由于位图占用存储空间较大，一般要进行数据压缩。图形在进行缩放时不会失真，可以适应不同的分辨率；图像放大时会失真，由此可以看到整个图像是由很多像素组合而成的。

（4）处理显示速度不同：图形的显示过程是根据图元顺序进行的，它使用专门软件将描述图形的指令转换成屏幕上的形状和颜色，其产生需要计算时间。图像是将对象以一定的分辨率解像以后将每个点的信息以数字化方式呈现，可直接快速在屏幕上显示。

（5）表现力不同：图形描述轮廓不很复杂，色彩不很丰富的对象，如几何图形、工程图纸、CAD、3D 造型软件等。图像能表现含有大量细节（如明暗变化、场景复杂、轮廓色彩丰富等）的对象，如照片、绘图等。通过图像软件可进行复杂图像的处理以得到更清晰的图像或产生特殊效果。

4. 音频

音频（Audio）是指在 20Hz～20kHz 频率范围的连续变化的声波信号。声音具有音调、音强、音色三要素。音调与频率有关，音强与幅度有关，音色由混入基音的泛音所决定。从用途上音频可分为语音、音乐和合成音效 3 种形式；从处理的角度音频可分为波形音频和 MIDI 音频等。

（1）波形音频：以数字方式来表示声波，即利用声卡等专用设备对语音、音乐、效果声等声波进行采样、量化和编码，使之转化成数字形式，并压缩存储，使用时再解码还原成原始的声波波形。

（2）MIDI 音频：MIDI 即电子乐器数字接口，MIDI 技术最初应用在电子乐器上用来记录乐手的弹奏，以便以后重播。引入支持 MIDI 合成的声卡之后 MIDI 才正式地成了一种计算机的数字音频格式。MIDI 是一种记录"乐谱"和音符演奏方式的数字指令序列音频格式，数据量极小。

MIDI 音频与波形音频不同，它不对声波进行采样、量化和编码，而是将电子乐器键盘的演奏信息（包括键名、力度和时间长短等）记录下来，这些信息称为 MIDI 消息，是乐谱的一种数字式描述。对应于一段音乐的 MIDI 文件不记录任何声音信息，而只是包含了一系列产生音乐的 MIDI 消息。播放时只需读出 MIDI 消息，生成所需的乐器声音波形，经放大处理即可输出。

将音频信号集成到多媒体中，可提供其他任何媒体不能取代的效果，不仅烘托气氛，而且增加活力。音频信息增强了对其他类型媒体所表达的信息的理解。

5. 视频

视频(Video)是指从摄像机、录像机、影碟机以及电视接收机等影像输出设备得到的连续运动图像信号,即若干有联系的图像数据连续播放便形成了视频。这些视频图像使多媒体应用系统功能更强大、更精彩。但由于上述视频信号的输出大多是标准的彩色全电视信号,要将其输入到计算机中,不仅要有视频信号的捕捉,实现其由模拟信号向数字信号的转换,还要有压缩和快速解压缩及播放的相应软硬件处理设备与之配合,而且在处理过程中免不了受到电视技术的各种影响。

电视主要有 3 大制式,即 NTSC(525/60)、PAL(625/50)、SECAM(625/50)3 种(括号中的数字为电视显示的线行数和频率)。当计算机对其进行数字化时,就必须要在规定时间内(如 1/30 秒内)完成量化、压缩和存储等多项工作。视频文件的存储格式有:AVI、MPG、MOV 等。

对于动态视频的操作和处理除了在播放过程中的动作与动画相同外,还可以增加特技效果,如硬切、淡入、淡出、复制、镜像、马赛克、万花筒等,用于增加表现力,但这在媒体中属于媒体表现属性的内容。

6. 动画

动画(Animation)则是采用计算机动画设计软件创作由若干幅图像进行连续播放而产生的具有运动感觉的连续画面。动画的连续播放既指时间上的连续,也指图像内容上的连续,即播放的相邻两幅图像之间内容相差不大。动画压缩和快速播放也是动画技术要解决的重要问题,其处理方法有多种。计算机设计动画方法有两种:一种是造型动画,一种是帧动画。前者是对每一个运动的物体分别进行设计,赋予每个对象一些特征,如大小、形状、颜色等,然后用这些对象构成完整的帧画面。造型动画每帧由图形、声音、文字、调色板等造型元素组成,控制动画中每一帧的图元表演和行为的是由制作表组成的脚本。帧动画则是由一幅幅位图组成的连续的画面,就像电影胶片或视频画面一样,要分别设计每个屏幕显示的画面。

计算机制作动画时,只要做好主动作画面,其余的中间画面都可以由计算机内插来完成。不运动的部分直接复制过去,与主动作画面保持一致。当这些画面仅是二维的透视效果时,就是二维动画;如果通过 CAD 形式创造出空间形象的画面,就是三维动画;如果使其具有真实的光照效果和质感,就成为三维真实感动画。存储动画的文件格式有FLC、MMM 等。

视频和动画的共同特点是每幅图像都是前后关联的,通常后幅图像是前幅图像的变形,每幅图像称为帧。帧以一定的速率(帧/秒)连续投射在屏幕上,就会产生连续运动的感觉。当播放速率在 24fps 以上时,人的视觉有自然连续感。

1.2　多媒体相关技术简介

多媒体技术是多学科、多技术交叉的综合性技术,主要涉及 3 大类技术,即从系统角度研究的多媒体基础技术和从应用角度研究的多媒体信息处理技术以及从人性化交互方式角度研究的人机交互技术。

从系统性能的层面上看,关心的重点在多媒体系统的构成与实现,因此,必须研究解决多媒体信息的快速处理、多媒体数据的压缩与还原、大容量信息存储与检索与多媒体信息的快速传输等基本问题,这就形成了多媒体的基础技术。

从应用研究角度看,多媒体技术就是将多种媒体信息通过计算机进行数字化综合处理的技术,这就是多媒体信息处理技术包含的内容,即图、文、声、像(视频和动画)技术和多媒体信息集成技术。

人机交互技术是从人性化角度提出的,主要解决多媒体信息的输入输出问题,更着重于多媒体系统的交互方式和交互性能研究,是对多媒体技术的扩展和深化。

本书主要讨论的是多媒体信息处理技术,也就是通常所说的多媒体应用技术。

1.2.1　多媒体数据压缩技术

多媒体数据压缩编码技术是多媒体技术中最为关键的技术。

数字化后的多媒体信息的数据量非常庞大,例如,对于在彩色电视信号的动态视频图像,数字化处理后的 1 秒钟数据量达十多兆字节,650MB 容量的 CD-ROM 仅能存 1 分钟的原始电视数据。超大数据量给存储器的存储容量、带宽及计算机的处理速度都带来极大的压力,因此,需要通过多媒体数据压缩编码技术来解决数据存储与信息传输的问题。

数字化后的多媒体信息的图像、视频信号和音频信号数据中存在的很大冗余(空间冗余、时间冗余、结构冗余、知识冗余、视觉冗余、图像区域相同性冗余、纹理统计冗余等)使数据压缩成为可能。数据压缩的实质是在满足还原信息质量要求的前提下,采用代码转换或消除信息冗余量的方法来实现采样数据量的大幅缩减。

与数据压缩相对应的处理称为解压缩,又称数据还原。它是将压缩数据通过一定的解码算法还原到原始信息的过程。通常,人们把包括压缩与解压缩内容的技术统称为数据压缩技术。

根据质量有无损失,压缩编码可分为有损失编码和无损失编码两类。前者指压缩后的数据经解压后还原得到的数据与原始数据相同,没有误差;后者则存在一定的误差。

压缩编码的方法非常多,编码过程一般都涉及较深的数学理论基础问题。在众多的压缩编码方法中,衡量一种压缩编码方法优劣的重要指标有:压缩比要高,压缩与解压缩要快,算法要简单,硬件实现要容易,解压缩质量要好。在选用编码方法时还应考虑信源本身的统计特征、多媒体硬软件系统的适应能力、应用环境及技术标准等。

1.2.2　多媒体信息存储技术

多媒体数据有两个显著的特点,其一是数据表现有多种形式,且数据量很大,尤其对动态的声音视频图像更为明显;其二是多媒体数据传输具有实时性,声音和视频必须严格地同步。这就要求存储设备的存储容量必须足够大,存取速度要快,以便高速传输数据,使得多媒体数据能够实时地传输和显示。

多媒体信息存储技术主要研究多媒体信息的逻辑组织、存储体的物理特性、逻辑组织到物理组织的映射关系、多媒体信息的存取访问方法、访问速度、存储可靠性等问题，具体技术包括磁盘存储技术、光存储技术以及其他存储技术。

光存储技术是伴随着多媒体技术的发展而发展的，并且 CD-ROM 存储器已经成为多媒体计算机的标准配置。CD-ROM 从存储方式上可分为 CD-R（只读光盘）和 CD-RW（可读可擦写光盘）两种，从存储格式上可分为数据 CD、音乐 CD、VCD、DVD、Photo-CD 等不同格式标准的光盘。

1.2.3 多媒体网络通信技术

多媒体网络通信技术是指通过对多媒体信息特点和网络技术的研究，建立适合传输文本、图形、图像、声音、视频、动画等多媒体信息的信道、通信协议和交换方式等，解决多媒体信息传输中的实时与媒体同步等问题。

现有的通信网络大体上可分为三类：电信网络（包括移动多媒体网络）、计算机网络和有线电视网络。多媒体通信网络技术主要解决网络吞吐量、传输可靠性、传输实时性和提高服务质量（QoS）等问题，实现多媒体通信和多媒体数据及资源的共享。

多媒体通信对多媒体产业的发展、普及和应用有着举足轻重的作用，但由于多媒体信息及大部分的网络多媒体应用对网络带宽的要求非常高，多媒体通信构成了整个多媒体产业发展的关键和“瓶颈”。多媒体通信是一个综合性的技术，涉及多媒体、计算机及通信等领域，它们之间相互影响和促进。大数据量的连续媒体在网上的实时传输不仅向窄带网络及包交换协议提出了挑战，而且对于媒体技术本身，如数据的压缩、各媒体间的时空同步等，也提出了更高的要求。

另外，利用计算机网络以及在网络上进行分布式与协作操作，可以更广泛地实现信息共享。多媒体空间的合理分布和有效的协作操作将缩小个体与群体、局部与全球的工作差距；通过更有效的协议及分布式技术可以超越时空限制，充分利用信息，协同合作，相互交流，节约时间和经费。

1.2.4 多媒体专用芯片技术

专用芯片是改善多媒体计算机硬件体系结构和提高其性能的关键。为了实现音频、视频信号的快速压缩、解压缩和实时播放，需要大量的快速计算。只有不断研发高速专用芯片，才能取得满意的处理效果。专用芯片技术的发展依赖于大规模集成电路（VastLarge Scale Integration，VLSI）技术的发展。

多媒体计算机专用芯片可归纳为两种类型：一种是固定功能的芯片，其主要用来提高图像数据的压缩率；另一种是可编程数字信号处理器 DSP 芯片，主要用来提高图像的运算速度。

最早推出的固定功能的专用芯片是图像处理的压缩处理芯片，即将实现静态图像的数据压缩/解压缩/算法做在一个专用芯片上，从而大大提高其处理速度，如 C-Cube 公司生产的 MPEG 解压缩芯片被广泛地应用于 VCD 播放机中。随后，许多半导体厂商和公司又推出执行国际标准压缩编码的专用芯片。由于压缩编码的国际标准较多,一些厂家和公司还推出多功能视频压缩芯片。

可编程数字信号处理器 DSP 芯片是一种非常适合进行数字信号处理的微处理器。由于其采用多处理器并行技术,计算能力超强,可望达到 2bips,特别适合于高密度、重复运算及大数据流量的信号处理。这些高档的专用多媒体处理器芯片,不仅大大提高了音频、视频信号处理速度,而且在音频、视频数据编码时增加了特技效果。

1.2.5　人机交互技术

人机交互(Computer Human Interaction,CHI)技术是研究人与计算机之间相互通信的技术,它涉及认知心理学、人机工程学和虚拟现实等多个学科的内容。多媒体人机交互技术是指人们通过多种媒体与计算机进行通信的技术,主要研究多媒体信息的输入输出以及人与计算机系统的交互方式和交互性能。其主要内容如下。

媒体变换技术:指改变媒体的表现形式;

媒体识别技术:对信息进行一对一的映像过程;

媒体解析技术:对信息进行更进一步的分析处理并理解信息内容。

1.2.6　多媒体软件技术

1. 多媒体操作系统

多媒体操作系统是多媒体软件技术的核心,负责多媒体环境下多任务的调度,提供多媒体信息的各种基本操作和管理,保证音频、视频同步控制以及信息处理的实时性,具备综合处理和使用各种媒体的能力,能灵活地调度多种媒体数据并能进行相应的传输和处理,改善工作环境并向用户提供友好的人机交互界面等。

多媒体操作系统是多媒体应用软件的操作支撑环境,支持对多媒体信息处理的各种复杂技术的要求,支持提供丰富的制作多媒体素材的工具软件。

2. 多媒体数据库技术

数据的组织和管理是任何信息系统都要解决的核心问题。数据量大、种类繁多、关系复杂是多媒体数据的基本特征,这使数据的组织方法和存储方法变得复杂。因此,以什么样的数据模型表达和模拟这些多媒体信息空间? 如何组织和存储这些数据? 如何管理这些数据? 如何操纵和查询这些数据? 这些都是传统数据库系统的能力和方法所难以解决的问题。

多媒体数据库中,要处理结构化和大量非结构化数据,解决数据模型、数据压缩与还原、多媒体数据库操作及多媒体数据对象表现等主要问题。

多媒体数据库技术主要从三个方面开展研究,一是研究分析多媒体数据对象的固有特性;二是在数据模型方面开展研究,实现多媒体数据库管理;三是研究基于内容的多媒体信息检索策略。

3. 多媒体信息处理与应用开发技术

多媒体信息处理主要研究各种媒体信息(如文本、图形、图像、声音、视频等)的采集、编辑、处理、存储、播放等技术。多媒体应用开发技术主要是在多媒体信息处理的基础上,研究和利用多媒体著作或编程工具,开发面向应用的多媒体系统,并通过光盘或网络发布,这也是本书主要涉及的内容。

1.2.7　虚拟现实技术

虚拟现实(Virtual Reality,VR)技术是一种可以创建和体验虚拟世界的计算机系统,一种逼真地模拟人在自然环境中视觉、听觉和运动等行为的高级人机交互(界面)技术。虚拟现实技术是多媒体技术的重要发展和应用方向,旨在为用户提供一种身临其境和多感觉通道的体验,寻求最佳的人机通信方式。它是由计算机硬件、软件以及各种传感器所构成的三维信息人工环境,即虚拟环境;由可实现的和不可实现的物理上的、功能上的事物和环境构成。用户投入这种环境中,就可与之交互作用。计算机的数据库中存有多种图像、声音及有关数据。当你戴上专用的头盔时,多媒体计算机把这些虚拟世界图像,从头盔的显示器显示给你。当你戴上专用的数据手套,手一动,有很多传感器就测出了你的动作(例如,去开门)。计算机接到这一信息,就去控制图像,使门打开,你眼前就出现了室内的图像景物,并给出相应的声音及运动感觉。

虚拟现实技术出现于 20 世纪 80 年代末,已在娱乐、医疗、工程和建筑、教育和培训、军事模拟、科学和金融可视化等方面获得了应用。例如,三维地形图在 VR 中用于地貌环境的虚拟仿真和军事地形的模拟,这些图像多数是十分逼真的有照片效果的风景名胜图像,也有非常直观的三维地形透视效果图;虚拟节目主持人可以用合成的虚拟声音,三维的动作和表情为你主持节目;在当代电影中,有多媒体技术的支持,使艺术家可以大胆,甚至荒唐地构思,几乎任何惊奇的影视特技、夸张的凶险场景都能实现。

虚拟现实技术在娱乐游戏、建筑设计、CAD 机械设计、计算机辅助教学、虚拟实验室、国防军事、航空航天、生物医学、医疗外科手术、艺术体育、商业旅游等领域显示出广阔的应用前景。本书第 8 章将讨论相关问题。

1.3　多媒体技术的发展与应用

1.3.1　多媒体技术的发展

20 世纪 50 年代诞生的计算机,只能认识 0、1 组合的二进制代码,后来逐渐发展成能处理文本和简单几何图形的计算机系统,并具备了处理更复杂信息的技术潜力。随着技术的发展,到 20 世纪 70 年代中期,出现了广播、出版和计算机三者融合发展的电子媒体的趋势,这为多媒体技术的快速形成创造了良好的条件。习惯上,人们把 1984 年美国 Apple 公司推出的 Macintosh 机作为计算机多媒体时代到来的标志。

1984年，Apple公司率先推出的Macintosh机引入了位图（Bitmap）的概念来对图形进行处理，并使用了窗口图形符号（Icon）作为用户接口。这是当前普遍应用的Windows系列操作系统的雏形。Macintosh机的推出，标志着计算机多媒体时代的到来。

1986年3月，飞利浦公司与索尼公司联合推出了交互式紧凑光盘系统CD-I，把各种多媒体信息以数字化的形式存放在容量为650MB的只读光盘上。

1987年3月，RCA公司推出了交互式数字视频系统DVI，它以计算机技术为基础，用标准光盘片来存储和检索静止图像、运动图像、声音和其他数据。

1990年11月由微软公司、飞利浦公司等14家厂商组成的多媒体市场协会应运而生，并制定了MPC标准。与此同时，ISO和CCITT等国际标准化组织先后制定并颁布了JPEG、MPEG-1、G721、G727和G728等国际标准，有力地推动了多媒体技术的快速发展。

目前的多媒体计算机系统主要有两种：一种是Apple公司的PowerMac系统，功能强、性能高，价格也相对较高，主要占领多媒体处理性能较强的高端市场；另一种是以Windows系列操作系统为平台的MPC，是应用最为广泛的多媒体个人计算机系统。

多媒体技术的标准、硬件、操作系统和应用软件等的变革，特别是大容量存储设备、数据压缩技术、高速处理器、高速通信网、人机交互方法及设备的改进，为多媒体技术的发展提供了必要的条件。计算机、广播电视和通信等领域正在互相渗透，趋于融合，多媒体技术越来越成熟，应用越来越广泛。

1.3.2　多媒体技术的应用

多媒体技术的发展使计算机的信息处理在规范化和标准化的基础上更加多样化和人性化，特别是多媒体技术与网络通信技术的结合，使得远距离多媒体应用成为可能，也加速了多媒体技术在经济、科技、教育、医疗、文化、传媒、娱乐等各个领域的广泛应用。多媒体技术已成为信息社会的主导技术之一，其典型的应用主要有以下几方面。

1. 在家庭娱乐方面

（1）交互式电视。交互式电视将来会成为电视传播的主要方式。通过增加机顶盒和铺设高速光纤电缆，可以将现在的单向有线电视改造成为双向交互电视系统。这样，用户看电视将可以使用点播、选择等方式随心所欲地找到自己想看的节目，还可以通过交互式电视实现家庭购物、多人游戏等多种娱乐活动。

（2）交互式影院。交互式影院是交互式娱乐的另一方面。通过互动的方式，观众可以以一种参与的方式去"看"电影。这种电影不仅可以通过声音、画面制造效果，也可以通过座椅产生触感和动感，而且还可以控制电影情节的进展。电影全数字化后，电影制造厂只要把电影的数字文件通过网络发往电影院或家庭就可以了，但质量和效果都比普通电影高出一大截。

（3）交互式立体网络游戏。多媒体游戏给我们的日常生活带来了更多的乐趣。从二维的平面世界到三维的立体空间，用户可以沉浸在虚拟的游戏世界中，去驾车、去旅游、去战斗、去飞行。

2. 在教育培训方面

多媒体教学是多媒体的主要应用对象,利用多媒体技术编制的教学课件,测试和考试课件能创造出图文并茂、绘声绘色、生动逼真的教学环境和交互式学习方式,从而大大激发学生的学习积极性和主动性,大面积提高教学质量。通过多媒体通信网络,可以建立起具有虚拟课堂、虚拟实验室和虚拟图书馆的远程学习系统。通过该系统,可以参加学校的听课、讨论、做实验和考试,也可以得到导师面对面的指导。

员工培训是生产或商业活动中不可缺少的重要环节。多媒体技能培训系统不仅可以省去大量的设备和原材料消耗费用和避免不必要的身体伤害,而且由于教学内容直观生动并能自由交互,还可以使培训印象深刻,培训效果成倍提高。

3. 在信息咨询方面

使用多媒体技术编制的各种图文并茂的软件可开展各类信息咨询服务。各公司、企业、学校、部门甚至个人都可以建立自己的信息网站,进行自我展示并提供信息服务。例如,旅游、邮电、交通、商业、气象等公共信息都可存放在多媒体系统中,向公众提供多媒体咨询服务。用户可通过触摸屏进行操作,查询到所需的多媒体信息资料。

4. 在电子出版物方面

电子出版物不仅包括只读光盘这种有形载体,还包括计算机网络上传播的无形载体网络电子出版物。电子出版物的制作过程包括信息材料的组织、记录、制作、复制、传播,最后到读者阅读和使用。

多媒体电子出版物是一种存储在光盘上的电子图书,它具有存储容量大、媒体种类多、携带方便、检索迅速、可长期保存、价格低廉等优点。

据有关资料分析,世界 CD-ROM 光盘出版物总量从 1988 年的 8000 个增加到 1994年的 1.1 万个,增长 38%;据预测,光盘出版物的市场将以每年 30%～40%的速度增长。

5. 在网络及通信方面

多媒体通信技术可以把电话、电视、图文传真、音响、摄像机等各类电子产品与计算机融为一体,完成多媒体信息的网络传输、音频播放和视频显示。现有的计算机网、公用通信网和广播电视网三网相互渗透趋于融合,使高速、宽带、大容量的光纤通信实用化,改变了人们的生活方式和习惯,并将继续对人类的生活、学习和工作产生深远的影响。

多媒体应用的发展趋势主要有以下几点:

分布式、网络化、协同工作的多媒体系统;三电(电信、电脑、电器)通过多媒体数字化技术,相互渗透融合;以用户为中心,充分发展交互多媒体和智能多媒体技术与设备。

从多媒体发展前景上看,家庭教育和个人娱乐是目前国际多媒体市场的主流,多媒体通信和分布式多媒体系统是今后的发展方向,进一步提高多媒体计算机系统的智能性是不变的主题。随着科学技术水平的不断提高和社会需求的不断增长,多媒体技术的覆盖范围和应用领域将会继续扩大。

目前,多媒体技术正向着高分辨率、高速度、操作简单、高维化、智能化和标准化的方向发展,它将集娱乐、教学、通信、商务等功能于一身,对它的应用几乎渗透到社会生活的各个领域。这标志着人类视听一体化的理想生活方式即将到来。

本 章 小 结

本章主要介绍了媒体、多媒体、多媒体技术以及多媒体系统等基本概念,并简述了多媒体技术的产生、发展和应用情况。其知识点如下。

(1) 按照 CCITT 的分类标准,媒体分为感觉媒体、表示媒体、表现媒体、存储媒体和传输媒体 5 大类。

(2) 多媒体是由两种以上单一媒体有机融合而成的信息综合表现形式,是多种媒体的综合、处理和利用的结果。多媒体信息的主要表现形式有文字、图形、图像、声音、动画与视频等。

(3) 多媒体技术是以计算机(或微处理芯片)为中心,把数字、文字、图形、图像、声音、动画、视频等不同媒体形式的信息集成在一起,进行加工处理的交互性综合技术,具有多样性、集成性、交互性、实时性和数字化 5 个基本特性。

(4) 多媒体信息的组织方式有线性组织和非线性组织两种形式。不同组织方式需要不同的控制程序——浏览器来表现其内容。超媒体中的非线性关系是通过超级链接来实现的。

(5) 多媒体技术的具体内容主要涉及多媒体的基础技术、关键技术、多媒体系统的体系结构以及多媒体信息处理技术等内容。

(6) 多媒体技术促进了通信、大众传媒与计算机的融合,在教育、商业、医疗、军事、出版等各行各业得到了广泛应用。多媒体技术将朝着高速、简单、智能、综合以及更人性化的方向发展。

思考与练习

一、单选题

1. 媒体有两种含义,即表示信息的载体和( )。
    A. 表达信息的实体　　　　　　　　B. 存储信息的实体
    C. 传输信息的实体　　　　　　　　D. 显示信息的实体

2. ( )是指用户接触信息的感觉形式,如视觉、听觉和触觉等。
    A. 感觉媒体　　　B. 表示媒体　　　C. 显示媒体　　　D. 传输媒体

3. 多媒体技术是将( )融合在一起的一种新技术。
    A. 计算机技术、音频技术和视频技术
    B. 计算机技术、电子技术和通信技术
    C. 计算机技术、视听技术和通信技术

D. 音频技术、视频技术和网络技术

4. 请根据多媒体的特性判断以下(　　)属于多媒体的范畴。

    A. 交互式视频游戏　　　　　　　　B. 光盘

    C. 彩色画报　　　　　　　　　　　D. 立体声音乐

5. (　　)不是多媒体技术的典型应用。

    A. 教育和培训　　　　　　　　　　B. 娱乐和游戏

    C. 视频会议系统　　　　　　　　　D. 计算机支持协同工作

6. 多媒体技术中使用数字化技术,与模拟方式相比,(　　)不是数字化技术的专有特点。

    A. 经济,造价低

    B. 数字信号不存在衰减和噪音干扰问题

    C. 数字信号在复制和传送过程中不会因噪音的积累而产生衰减

    D. 适合数字计算机进行加工和处理

二、多项选择题

1. 传输媒体包括(　　)。

    A. Internet　　　　B. 光盘　　　　　C. 光纤　　　　　D. 同轴电缆

    E. 局域网　　　　　F. 城域网　　　　G. 双绞线

2. 多媒体实质上是指表示媒体,它包括(　　)。

    A. 数值　　　　　　B. 文本　　　　　C. 图形　　　　　D. 无线传输介质

    E. 视频　　　　　　F. 语音　　　　　G. 音频　　　　　H. 动画

    I. 图像

3. 多媒体技术的主要特性有(　　)。

    A. 多样性　　　　　B. 交互性　　　　C. 实时性　　　　D. 可靠性

    E. 数字化　　　　　F. 集成性

三、简答题

1. 什么是媒体? 媒体是如何分类的?

2. 什么是多媒体? 它有哪些关键特性?

3. 多媒体的集成性具体内容是什么? 集成所要达到的目标是什么?

4. 多媒体技术的主要发展方向在哪几个方面?

5. 多媒体数据处理技术中包含多媒体的创作技术和多媒体集成技术。请查阅有关资料分析说明两者之间的区别。

6. 虚拟现实技术主要应用在哪些领域?

第 2 章

chapter 2

多媒体硬件环境

学习目标

1. 熟悉多媒体计算机系统的组成;
2. 了解几种光存储器的存储原理、技术指标和数据格式;
3. 熟悉几种常用外部设备的工作原理、功能和特点。

多媒体计算机可以综合处理文本、图像、声音、视频等多种信息,是基于多媒体计算机的硬件平台,多媒体计算机硬件环境是进行多媒体创作的物质基础。在多媒体计算机系统(简称多媒体系统)中,需要对声音、文字、图像、视频等多种媒体进行数字化处理。完成这些工作随之带来的一个首要问题是数字化的音频、视频数据量非常大,需要大容量的存储器。其次,音频、视频信号的输入和输出都需要实时效果,这就要求计算机提供高速处理能力来满足多媒体处理的实时性要求,一般需要专用芯片或功能卡来支持这种需求。同时,多媒体系统信息获取和表现也需要有专门的外设来提供支持。本章主要介绍典型的多媒体计算机系统(MPC)的组成、多媒体存储设备、多媒体输入输出设备等内容,与多媒体音频和视频有关的硬件在后续章节中介绍。

2.1 多媒体系统的组成结构

多媒体系统能灵活地调度和使用多种媒体信息,使之与硬件协调地工作,并且具有交互性。因此,多媒体系统是一个软硬件结合的综合系统,它的硬件系统和软件系统具体层次结构如图 2-1 所示。

2.1.1 多媒体硬件系统

多媒体硬件系统平台包括计算机硬件及各种媒体的输入输出设备,如扫描仪、照相机、摄像机、刻录光驱、打印机、投影仪和触摸屏等。其中,插接在计算机上的多媒体接口卡是制作、编辑和播放多媒体应用程序必不可少的硬件设备,如声卡、显示卡、视频压缩卡等,它们通过相应的驱动程序进行管理和控制。

多媒体应用系统		第 7 层	
多媒体开发工具		第 6 层	
多媒体信息处理软件		第 5 层	软件系统
多媒体操作系统		第 4 层	
多媒体 I/O 驱动程序		第 3 层	
多媒体扩展硬件(音频、视频卡)		第 2 层	硬件系统
计算机硬件	其他多媒体 I/O 设备	第 1 层	

图 2-1　多媒体系统的层次结构

　　多媒体硬件系统是由计算机传统硬件设备、CD-ROM 驱动器、音频输入输出和处理设备、视频输入输出和处理设备等选择性组合而成。一个典型的功能较齐全的多媒体计算机硬件系统如图 2-2 所示。

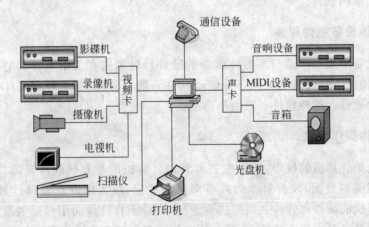

图 2-2　多媒体硬件系统组成

　　在多媒体硬件系统中计算机主机是基础性部件,没有它,多媒体系统就无法实现。计算机主机是决定多媒体性能的重要因素,这就要求计算机具有高速的 CPU、大容量的内外存储器、高分辨率的显示设备、高速率的宽带传输总线等。

　　声卡是处理和播放多媒体声音的关键部件,它通过插入主板扩展槽中与主机相连。卡上的输入输出接口可以与相应的输入输出设备相连。常见的输入设备包括麦克风、收录机和电子乐器等,常见的输出设备包括扬声器和音响设备等。声卡由声源获取声音,并进行模/数转换或压缩,而后存入计算机中进行处理。声卡还可以把经过计算机处理的数字化声音通过解压缩、数/模转换后,送到输出设备进行播放或录制。声卡支持语音、音响、音乐等录制或播放,同时它还提供 MIDI 接口,以便连接电子乐器。声卡是多媒体硬件系统中必不可少的部件。

　　视频卡通过插入主板扩展槽中与主机相连。卡上的输入输出接口可以与摄像机、影碟机、录像机和电视机等设备相连。视频卡采集来自输入设备的视频信号,并完成由模拟量到数字量的转换、压缩,以数字化形式存入计算机中。一般的 MPC 用户如果只做多媒体演示应用而不对视频进行实时处理,多媒体硬件环境可不考虑配置视频卡。

光盘是一种大容量的存储设备,可存储任何多媒体信息。它便于携带,是最经济最实用的数据载体。如果多媒体计算机系统需读取存储在光盘片的数据,则要求配置一台 CD-ROM 驱动器。

多媒体信息输入输出还需要一些专门的设备,如使用扫描仪把图片转换成数字化信息输入到计算机,图文信息通过打印机输出,开发的多媒体应用系统需要使用刻录机将其制作成光盘进行传播等。

多媒体个人计算机系统在硬件方面,根据应用不同,构成配置可多可少。MPC 的基本硬件构成只包括计算机传统硬件、CD-ROM 驱动器和声卡。

2.1.2　多媒体软件系统

任何计算机系统都是由硬件和软件构成,多媒体系统除了具有前述的有关硬件外,还需配备有相应的软件。

1. 多媒体设备驱动程序

多媒体设备驱动程序是与多媒体设备的硬件特性紧密相关的软件。它完成设备的初始化、各种操作以及设备的关闭等。驱动软件一般常驻内存,每种多媒体硬件需要一个相应的驱动软件。这些软件一般由厂商提供。

2. 多媒体操作系统

操作系统是计算机的核心,负责控制和管理计算机的所有软硬件资源,对各种资源进行合理的调度和分配,改善资源的共享和利用情况,最大限度地发挥计算机的效能。它还控制计算机的硬件和软件之间的协调运行,改善工作环境向用户提供友好的人机界面。操作系统是最基本的系统软件,其他所有软件都是建立在操作系统基础之上的。

多媒体操作系统必须具备对多媒体数据和多媒体设备的管理和控制功能,具有综合使用各种媒体的能力,能灵活地调度多种媒体数据并能进行相应的传输和处理,且使各种媒体硬件和谐地工作。目前流行的 Windows NT、Windows 2000、Windows XP 等均适用于多媒体个人计算机。

3. 多媒体信息处理软件

主要功能包括不同媒体信息的采集、压缩、编辑、播放等,如音频的录制编辑软件、MIDI 文件的制作编辑软件、图像扫描及预处理软件、全动态视频采集软件、动画生成与编辑软件等。常见的音频编辑软件有 SoundEdit、CoolEdit 等;图形图像编辑软件有 CorelDRAW、Adobe Photoshop 等;非线性视频编辑软件有 Adobe Premiere、Ulead Studio 等;动画编辑软件有 Animator Studio 和 3D Studio MAX 等。

4. 多媒体开发软件

多媒体开发工具有两种类型:一种是桌面设计型的多媒体开发工具,其特点是大量的桌面设计,少量采用编程,如不同版本的 Authorware、MS FrontPage、Directort 等;另一种是基于程序设计的多媒体编程工具,如 MS Visual Studio. net 集成开发环境等。它们都能够对文本、声音、图像、视频等多种媒体信息进行控制和管理,并按要求连接成完整的多媒体应用软件。

5. 多媒体应用系统

位于多媒体计算机系统的最高层,是利用多媒体创作工具设计开发的面向应用领域的多媒体软件系统。它是由各种应用领域的专家或开发人员利用多媒体开发工具软件或计算机语言,组织编排大量的多媒体数据而最终成为多媒体产品,是直接面向用户的。多媒体应用系统所涉及的应用领域主要有文化教育教学软件、信息系统、电子出版、音像、影视特技、动画等。

2.2　光存储设备

多媒体信息的数据量非常大,要占用巨大的存储空间,光存储技术的发展为存储多媒体信息提供了保证。光盘存储器具有存储密度高、存储容量大、工作稳定、寿命长、价格低廉等优点,已成为普遍使用的信息存储载体。当前,多媒体信息的发行多是通过 CD-ROM 光盘(只读型压缩光盘存储器)实现的,计算机系统配备 CD-ROM 驱动器是多媒体计算机的重要标志。

光存储技术是通过激光在记录介质上进行读写数据的存储技术。其基本原理是:改变一个存储单元的某种性质(如反射率、反射光极化方向等),使其性质的变化反映被存储为二进制数 0、1。在读取数据时,光电检测器检测出光强和光极性的变化,从而读出存储在介质上的数据。

2.2.1　光存储设备的类型

1. 光存储设备的组成

光存储设备由光盘驱动器和光盘盘片组成。光盘驱动器是读、写光盘数据的控制和驱动设备,光盘盘片是存储数据的介质。

2. 光存储设备的类型

按照光存储设备的读写能力,常用的光存储设备可分为三类:只读型、可写型、可重写型。

1) 只读型光存储系统

只读型光盘的数据是在制作光盘时写入的,这种光盘上的数据只能读取,而无法改变。用户可使用光盘驱动器从只读光盘上多次读出存储的数据。它用于大量的、通常不需要改变的数据信息存储,如各类电子音像出版物等。常见的 CD-ROM、CD-DA、VCD 和 DVD 等都属于只读型光盘。

　　2）可写型光存储系统

　　可写型光盘由厂家制作好后，用户可以使用可写型驱动器对其写入数据，以后还能在未记录的部分追加新的数据，但是已经写入的数据不能再修改、可多次读出。本类型的光盘主要用于重要数据的长期保存，目前广泛使用的 CD-R 就属于这类光盘。

　　3）可重写型光存储系统

　　可重写型光盘像磁盘一样具有可擦写性，也就是说用户可以使用可重写型光盘驱动器对其进行追加、删除、改写数据。目前人们使用的 CD-RW 和 DVD-RW 是可重写型光盘最具发展前途的代表，其逐步普及将改变人们使用光盘的方式。

2.2.2　光盘存储格式标准

　　光盘从问世以来，出现了各种各样的应用于不同领域的光盘存储格式。下面介绍几种常见的光盘存储格式。

　　（1）CD-DA。CD-DA（Compact Disc-Digital Audio）是 1982 年推出的激光唱盘标准，它的信息存放标准是根据国际标准化组织（ISO）"红皮书"（Red Book）定义的。它专门用来以音轨的方式存储数字化的高保真音频信息，常见的音乐 CD 盘就是这种格式。

　　（2）CD-ROM。CD-ROM 信息存放标准是根据 ISO 9660"黄皮书"（Yellow Book）标准定义的。主要用于作为计算机的辅助存储器，存储计算机使用的数据。CD-ROM 标准是在 CD-DA 之后产生的，两者之间有许多相似之处，也有其根本区别，即 CD-DA 只能存放音乐，而 CD-ROM 可以存放文本、图形、声音、视频及动画，面向计算机。

　　（3）CD-R。CD-R（Compact Disk-Recordable）是基于"橙皮书"（Orange Book）的一种可刻录多次的光盘。CD-R 空白盘上一旦按照某种文件格式写入数据，就变成了 CD-DA、CD-ROM 或 VCD 光盘形式。

　　（4）Photo CD。Photo CD（Photo Compact Disk）是 Kodak 公司推出的使用光盘存储数字照片的标准。照片的分辨率非常高，还可加上解说词和背景音乐，成为有声的电子相册。

　　（5）VCD。VCD（Video-CD）是激光视盘标准。它是 JVC、Philips 等公司于 1993 年联合制定的数字电视视盘技术规范，称为"白皮书"（White Book）标准。VCD 采用 MPEG-1（活动图像压缩国际标准-1）数据压缩技术把视频和音频信息记录在轨道上，其视频效果略高于录像带，音质则同 CD 唱盘相当。VCD 按照 MPEG-1 标准对音频、视频数据进行压缩后，提高了存储空间的利用率，使一张盘片能存放 74 分钟的活动图像与伴音。

　　（6）DVD-ROM。DVD（Digital Versatile Disc）是新一代光盘存储介质，具有更高的存储密度，其容量和读取速度分别是普通 CD 的 8～25 倍和 9 倍以上。DVD 与新一代音频、视频处理技术（如 MPEG-2、HDTV）相结合，可提供近乎完美的声音和影像。

　　（7）蓝光 DVD 和 HD DVD。2002 年 2 月，以 Sony 和 Philips 等公司为核心的生产商联合发布了蓝光 DVD（Blueray Disk，BD）技术标准，表明了下一代 DVD 的产生。单层蓝光 DVD 盘可以存储 25GB 的数据，双层可存储 50GB 的数据，这使得光存储器容量有了很大的突破，可用来保存更大容量的高清晰画质和音质。

HD DVD 格式是由日本东芝公司等开发的一种高清晰 DVD 光盘格式,它的激光规格和现行的 DVD 规格很相似,但其容量有较大的提高。HD DVD 盘片分只读性和可重写型两种,其只读型单面双层可达 30GB,可重写型单面双层可达 40GB。HD DVD 所提出的规格较易与现有的 DVD 产品兼容,因而,具有较强的市场竞争力。

2.2.3 CD-ROM 光存储系统

CD-ROM(Compact Disc-Read Only Memory)光存储系统包括 CD-ROM 驱动器和 CD-ROM 盘片两部分。其中 CD-ROM 只读光盘中的信息是制作光盘时采用专用设备一次性装入;CD-ROM 驱动器主要任务是完成对 CD-ROM 盘片上的数据读取。

1. CD-ROM 光盘的结构

CD-ROM 盘片是直径为 120mm 的圆盘,中心定位孔为 15mm,盘片厚度为 1.2mm。CD-ROM 盘片用单面存储数据,另一面用来印刷商标。

CD-ROM 盘片的结构从下到上由盘基、铝反射层和保护层组成,如图 2-3 所示。

图 2-3　CD-ROM 盘片的结构

盘基一般是用聚碳酸脂塑料压制成的透明衬底,只读光盘中的数据在聚碳酸脂层上以一系列凹坑和非凹坑的形式记录下来。

盘基上层为铝反射层,当光盘驱动器读盘时用来反射激光光束。

铝反射层之上是保护层,一般使用树脂材料,它直接涂在反射层上,该层上印有盘片标识、商标等。

与磁盘以同心圆方式排列的磁道存储数据不同,CD-ROM 光盘的信息是以盘面由内向外螺旋形信息轨道(光道)的一系列凹坑和非凹坑的形式存储的。光道上不论内圈还是外圈,各处的存储密度是一样的。光道的间距为 $1.6\mu m$,光道宽度为 $0.6\mu m$,光道上凹坑深约为 $0.12\mu m$。

2. CD-ROM 光盘的制作过程

CD-ROM 光盘的制作包含以下几个阶段。

(1) 预处理。预处理包括数据准备和预制作光盘两个阶段。数据准备是把所要存储到光盘上的文件收集和整理存储到硬盘等存储介质上;预制作光盘是指把准备好的数据按照需要的光盘存储格式进行转换。

(2) 母盘制作。把经过预处理的数据送入激光光盘编码器,经过编码调制的激光束照射玻璃主盘上的感光胶,形成长度不同的曝光区与非曝光区,然后用化学方法使曝光区脱落产生凹坑,而非曝光区被保留下来,因此,二进制数据就以凹坑和非凹坑的形式记录下来。之后对该盘进行化学电镀处理,在表面形成一层银或镍,分离后就得到了金属原版盘。通过金属原版盘再制作母盘,最后由母盘制作出压模。

(3) 压模复制光盘。光盘的盘基是用聚碳酸脂塑料做的。把加热后的聚碳酸脂注入批量复制设备成型机的盘模中,压模上的数据压制到正在冷却的塑料盘上,然后在盘上涂覆一层铝用于读出数据时反射激光束,最后涂上一层保护漆用于印制标识。

3. CD-ROM 驱动器的工作原理

CD-ROM 驱动器的激光头由激光发射器、半反射棱镜、透镜和光电二极管组成。

在读光盘时,激光发射器发出的激光束透过半反射棱镜会聚在物镜上,经透镜聚焦成极小的光点并透过光盘表面的透明基底照射到凸凹面上。此时光盘的反射层就会将照射的光线反射回去,透过透镜再照射到半反射棱镜上。由于半反射棱镜是半反射结构,因此,不会让光线再穿过它返回到激光发射器,而是反射到光电二极管上。由于从凹坑和非凹坑反射回来的光强度不同,在边沿发生突变,光强度突变被表示为"1",持续一段时间的连续光强被表示为"0"。光电二极管检测到的是用"0"或"1"排列的数据,并将它们解析成保存的数据。

4. CD-ROM 驱动器的主要技术指标

(1) 平均存取时间。平均存取时间是指从计算机向光盘驱动器发出命令开始,到光盘驱动器在光盘上找到需读/写信息的位置并接受读/写命令为止的一段时间。平均存取时间越小越好,一般不超过 95ms。

(2) 数据传输速率。数据传输速率一般是指单位时间内光盘驱动器读取出的数据量。该数值与光盘转速和存储密度有关。数据传输速率有单速(150Kbps)、倍速(300Kbps)、四速(600Kbps),依此类推。

(3) 接口方式。光盘驱动器接口标准有 SCSI 接口、IDE 接口和最新的 USB 接口。SCSI 接口型驱动器需采用专门的 SCSI 接口卡与计算机主板连接,它的速度快,数据传输率高,价格较高;IDE 接口的光驱采用普通的 IDE 接口方式与计算机主板相连,在实用性上好于其他接口,价格便宜、兼容性好,应用最广泛;USB 接口的光驱使用 USB 接口与计算机相连,其优点是便于携带、安装,但它的数据传输率要比 SCSI 和 IDE 接口低。

(4) 缓存大小。缓存大小是衡量光盘驱动器性能的重要技术指标之一。CD-ROM 驱动器读取数据时,先将数据暂时存储到缓存中,然后进行传输。缓存容量越大,一次读取的数据量越大,获取数据的速度越快。CD-ROM 驱动器的缓存容量一般都在 128~512KB。

2.2.4 CD-R 光存储系统

CD-R 是 Compact Disc-Recordable 的缩写。

CD-R 光盘是一种记录式的光盘,基于橙皮书的 CD-R 空白光盘实际上没有记录任何信息,一旦按照某种文件格式通过刻写程序和设备将需要长期保存的数据写入空白的 CD-R 盘片上,CD-R 光盘就可以变成基于红皮书、绿皮书和黄皮书等格式。写入 CD-R 盘上的数据可在 CD-ROM 驱动器上读出。

CD-R 驱动器被称为"光盘刻录机",通过光盘刻录机可将数据写到 CD-R 光盘上。写入 CD-R 盘上的数据不能擦除,但允许在 CD-R 盘的空白部分多次写入数据。

1. CD-R 盘片的结构

CD-R 盘片的结构从下到上由 4 层组成：盘基、感光层、反射层和保护层。其中感光层为有机染料层，反射层用金（或纯银）材料取代铝材料。

压制 CD-R 盘的印模具有很长的螺旋形脊背，使压制的 CD-R 盘形成预刻槽。预刻槽是摆动的，用于跟踪记录期间的轨迹。

2. CD-R 的刻录和读取原理

CD-R 刻录原理如下：用输入数据来调制刻录机写激光光线的强弱，光线通过 CD-R 空白盘的聚碳酸脂层照射到有机染料层的表面一个特定部位上，强的激光束照射时产生的热量将有机染料烧熔，形成光痕（凹坑）。光痕处与原染料层的反射率不相同，因而，可以记录"0"、"1"数字信号。

必须注意在 CD-R 刻录数据过程中工作不能中断。如果 CD-R 在螺旋轨道上顺序刻写数据时，中途由于某种原因（如缓冲存储区欠载或人为中止刻录等）使得刻录中断，这张 CD-R 盘就报废了。

当 CD-ROM 驱动器读取 CD-R 盘上的信息时，激光将透过聚碳酸脂和有机染料层照射镀金层的表面，并反射到 CD-ROM 的光电二极管检测器上。由于光痕会改变激光的反射率，CD-ROM 驱动器的光电检测器根据反射回来的光线的强弱来分辨数据 0 和 1。

3. CD-R 刻录机的选择

衡量 CD-R 刻录机性能的技术指标主要包括它所支持的数据格式种类、刻录方式、刻录速度、缓存器大小、平均无故障时间和数据错误率等，选择刻录机时要综合考虑各种因素。

（1）支持的数据格式。在选购前，首先应弄清要刻录什么格式的盘，再选择刻录机的类型及配套刻录软件。CD-R 刻录机及其配套软件包应支持红皮书、黄皮书、橙皮书、绿皮书、白皮书及 CD-ROM/XA 标准。现有的 CD-R 刻录机一般均支持 CD-DA、CD-ROM、CD-ROM/XA、VCD 和 CD-I 5 种光盘数据格式。

（2）支持的刻录方式。CD-R 刻录机的刻录方式有整盘刻录、轨道刻录和多段刻录 3 种。整盘刻录必须将不超过光盘容量的所有数据一次性写入 CD-R 光盘，而轨道刻录和多段刻录则允许用户分多次将数据按轨道记录到 CD-R 盘上。

（3）刻录机的写入速度。刻录机的写入速度可分为 1 倍速、2 倍速、4 倍速等。应注意，刻录速度太快会增加数据出错的概率。

（4）缓存区（Buffer）的容量。缓存大小是衡量刻录机性能的重要技术指标之一。在刻录光盘时，数据流必须连续地写入，因此，要先将数据写入缓存，刻录机从缓存获取数据。刻录机边从缓存中读取数据，后续的数据边写入缓存，如果后续的数据没有及时写入缓存而缓存中的数据已被全部写入到光盘上，将导致缓冲存储区欠载，光盘刻录中断，光盘报废。缓存区的容量应越大越好，通常为 1MB 以上。

（5）平均无故障时间（MTBF）。MTBF 是一个重要的指标，在一定程度上反映了

CD-R 刻录机的性能和寿命。

（6）数据可靠性。CD-R 刻录机刻录的数据是否可靠，与刻录机的光学性能和空白盘片的质量好坏直接相关，这是因为刻录机是利用聚焦激光束把 CD-R 盘中的有机染料烧成光痕来记录数据的，激光束聚焦不良或有机染料质量不稳定都会影响数据可靠性。

2.2.5　CD-RW 光存储系统

CD-RW 是 Compact Disc-Rewriteable 的缩写。CD-RW 驱动器为"可擦写光盘刻录机"，CD-RW 盘片具有反复擦写功能。

1. CD-RW 盘片的结构

CD-RW 盘片是在盘基上沉积电介质层、相变记录层、冷却层、保护层等形成多层结构。

2. CD-RW 盘片擦写原理

CD-RW 盘片的记录介质层采用了相变材料，这种材料的特点是在固态时存在两种状态：非晶态和晶态。利用记录介质的非晶态和晶态之间的互逆变化来实现数据的记录和擦除。写过程是把记录介质的信息点从晶态转变为非晶态；擦过程是写过程的逆过程，即把激光束照射的信息点从非晶态恢复到晶态。为了实现反复擦写数据，CD-RW 刻录机使用了 3 种能量不相同的激光。

高能激光：又称为写入激光（Write Power），使记录材料达到非晶态；

中能激光：也称为擦除激光（Erase Power），使记录材料转化为晶态；

低能激光：也称为读出激光（Read Power），它不能改变记录材料的状态，通常用于读取盘片数据。

3. CD-RW 盘片的擦写过程

在写入数据期间，用写入激光束照射在空白 CD-RW 盘片的某一特定区域上，激光温度高于相变材料融化点温度（500℃～700℃）。这时被照射区域内的相变材料融化形成液态，然后迅速充分冷却下来，液态时的非晶态就被固定下来。这种状态造成了相变材料体积的收缩，从而在激光照射的地方形成了一个凹坑，以便储存数据。而当擦除激光束照射相变材料时，由于激光束的温度未达到相变材料融化点但又高于结晶温度（200℃），照射一段充足的时间（至少长于最小结晶时间），则还原到晶态。

2.2.6　DVD 光存储系统

尽管 CD 光存储家族成员众多，且覆盖了许多领域，但其存储容量还局限于 650MB 左右。近年来，计算机软硬件技术的发展和多媒体技术的广泛应用，对光盘存储容量和读取速度提出了更高的要求，DVD 光存储便应运而生。DVD 光存储达到了 17GB 级的容量，并在多媒体视听领域发挥出越来越重要的作用。

1. DVD 光存储系统的类型

同 CD 光存储系统一样，DVD 光存储设备也分只读型 DVD-ROM、写读型 DVD-R 和可重写型 DVD-RW。

1）DVD-ROM 存储系统

DVD-ROM 驱动器是只读型，它与 CD-ROM 驱动器的作用相似。DVD 标准向下兼容，DVD-ROM 驱动器可以读取 CD-ROM 光盘；第二代 DVD-ROM 驱动器还与 CD-R 兼容，可读取 CD-R 驱动器和 CD-RW 驱动器刻录出来的光盘。大部分 DVD-ROM 驱动器具有低于 100ms 的平均寻道时间和大于 1.3Mbps 的数据传输率。

表 2-1 列出了 DVD 与 CD 盘片物理特征的比较。

表 2-1　DVD 盘片与 CD 盘片物理特征比较

	DVD	CD
盘片直径	120mm	120mm
盘片厚度	0.6mm×2	1.2mm
记录容量	4.7GB(单面单层) 8.5GB(单面双层) 9.4GB(双面单层) 17GB(双面双层)	0.688GB
信道间距	0.74μm	1.6μm
记录信息的最小长度	0.4μm	0.83μm
激光波长	650nm	780nm
盘片旋转速度	4.0m/s(CLV)	1.2m/s(CLV)
层数	1,2,4	1

DVD 盘片和 CD 盘片在外观和尺寸上很相似，直径相同，厚度也相同。但 CD 盘片厚度为 1.2mm，而 DVD 盘片是由两片 0.6mm 厚的衬底粘合而成的。DVD 盘片有单面单层、单面双层、双面单层、双面双层 4 种。

DVD 驱动器缩短了激光器的波长来提高聚焦激光束的精度并加大聚焦透镜的数值孔径，因此，DVD 盘片的光道间距和记录信息的最小凹坑、非凹坑长度减小了许多，这是 DVD 盘存储容量提高的主要原因。DVD 信号的调制方式和错误校正方法也做了相应的修正以适合高密度的需要。

2）DVD-R 存储系统

DVD-R 是可写数据的 DVD 规格。DVD-R 驱动器可对空白的 DVD-R 盘片进行一次性写入数据的操作。

3）DVD-RW 存储系统

DVD-RW 是可重写数据的 DVD 规格。DVD-RW 驱动器可对 DVD-RW 盘片进行追加、删除、改写数据。

2. DVD 存储格式标准

DVD 在发展初期,它的原名为 Digital Video Disk,后来改为 Digital Versatile Disk (数字多用光盘),因为它不仅可以存储视频信息,而且还有更广泛的用途。

1) DVD-Video

DVD-Video 为数字视频信息的 DVD 规格,专门存放以 MPEG-2 数据压缩技术压缩的视频和音频信息。DVD-Video 画质比以往的 MPEG-1 标准的 VCD 清晰得多,并可提供杜比数码环绕立体声效果。DVD-Video 提供 4∶3 和 16∶9 两种屏幕比例的选择,可以有 8 种语言的配音以及 32 种字幕。DVD 视盘在制作过程中通过加密或干扰,防止复制。一张单面单层 DVD-Video 盘可容纳 133 分钟的视频节目。

2) DVD-Audio

DVD-Audio 为数字音乐信息的 DVD 规格,着重超高音质的表现。

3) DVD-ROM

DVD-ROM 存储计算机使用的各种数据。

2.3 多媒体常用外部设备

多媒体信息输入计算机以及从计算机输出到外部需要一些专门的设备,如照片可使用扫描仪数字化并输入到计算机,摄像机、录像机的视频信号也可数字化存储到计算机中,以及图像信息可通过打印机输出,开发的多媒体应用系统需要使用刻录机将软件制作成光盘进行传播等。

2.3.1 扫描仪

一幅彩色图像可以看成是二维连续函数,其颜色是位置的函数,从二维连续函数到离散的矩阵表示,涉及不同空间位置。取亮度和颜色作为样本,并用一组离散的整数值表示,这个过程称为采样量化,即图像的数字化。

扫描仪是一种图像输入设备,利用光电转换原理,通过扫描仪光电管的移动或原稿的移动,把黑白或彩色的原稿信息数字化后输入到计算机中。它还用于文字识别、图像识别等新的领域。

1. 扫描仪的结构、原理

1) 结构

扫描仪由 CCD(Charge Coupled Device,电荷耦合器件阵列)、光源及聚焦透镜组成。CCD 排成一行或一个阵列,阵列中的每个器件都能把光信号变为电信号。光敏器件所产生的电量与所接收的光量成正比。

2) 信息数字化原理

以平面式扫描仪为例,把原件面朝下放在扫描仪的玻璃台上,扫描仪内发出光照射原件,反射光线经一组平面镜和透镜导向后,照射到 CCD 的光敏器件上。来自 CCD 的电量送到模/数转换器中,将电压转换成代表每个像素色调或颜色的数字值。步进电机驱动扫描头沿平台作微增量运动,每移动一步,即获得一行像素值。

扫描彩色图像时分别用红、绿、蓝滤色镜捕捉各自的灰度图像,然后把它们组合成为 RGB 图像。有些扫描仪为了获得彩色图像,扫描头要分三遍扫描。另一些扫描仪中,通过旋转光源前的各种滤色镜使得扫描头只须扫描一遍。

2. 扫描仪的类型与性能

1) 按扫描方式分类

按扫描方式扫描仪分为四种:手动式、平板式、滚筒式和胶片式。

手动式扫描仪体积小、重量轻、携带方便。一次扫描宽度仅为 105mm,其分辨率通常为 400dpi,扫描精度低。

平板式扫描仪用线性 CCD 阵列作为光转换元件,单行排列,称为 CCD 扫描仪。几千个感光元件集成在一片 20～30mm 长的衬底上。CCD 扫描仪使用长条状光源投射原稿,原稿可以是反射原稿,也可以是透射原稿。这种扫描方式速度较快、价格较低、应用最广。

滚筒式扫描仪使用圆柱型滚筒设计,把待扫描的原稿装贴在滚筒上,滚筒在光源和光电倍增管 PMT 的管状光接收器下面快速旋转,扫描头做慢速横向移动,形成对原稿的螺旋式扫描,其优点是可以完全覆盖所要扫描的文件。滚筒式扫描仪对原稿的厚度、硬度及平整度均有限制,因此,滚筒式扫描仪主要用于大幅面工程图纸的输入。

胶片式扫描仪主要用来扫描透明的胶片。胶片式扫描仪的工作方式较特别,光源和 CCD 阵列分居于胶片的两侧。扫描仪的步进电机驱动的不是光源和 CCD 阵列,而是胶片本身,光源和 CCD 阵列在整个过程中是静止不动的。

2) 按扫描幅面分类

幅面表示可扫描原稿的最大尺寸,最常见的为 A4 和 A3 幅面的台式扫描仪。此外,还有 A0 大幅面扫描仪。

3) 按接口标准分类

扫描仪按接口标准分为三种:SCSI 接口、EPP 增强型并行接口、USB 通用串行总线接口。

4) 按反射式或透射式分类

反射式扫描仪用于扫描不透明的原稿,它利用光源照在原稿上的反射光来获取图形信息;透射式扫描仪用于扫描透明胶片,如胶卷、X 光片等。目前已有两用扫描仪,它是在反射式扫描仪的基础上再加装一个透射光源附件,使扫描仪既可扫反射稿,又可扫透射稿。

5) 按灰度与彩色分类

按灰度与彩色分类扫描仪可分灰度扫描仪和彩色扫描仪两种。用灰度扫描仪扫描只能获得灰度图形。彩色扫描仪可还原彩色图像。彩色扫描仪的扫描方式有三次扫描和单次扫描两种。三次扫描方式又分三色和单色灯管两种。前者采用 R、G、B 三色卤素灯管做光源,扫描三次形成彩色图像,这类扫描仪色彩还原准确。后者用单色灯管扫描三次,棱镜分色形成彩色图像;也有的通过切换 R、G、B 滤色片扫描三次,形成彩色图像。采用单次扫描的彩色扫描仪,扫描时灯管在每线上闪烁红、绿、蓝三次,形成彩色图像。

3. 扫描仪的技术指标

描述扫描仪的技术指标,主要包括扫描精度、灰度级、色彩精度、扫描速度等。

1) 扫描精度

扫描精度通常用光学分辨率×机械分辨率来衡量。

光学分辨率(水平分辨率):指的是扫描仪上的感光元件(CCD)每英寸能捕捉到的图像点数,表示扫描仪对图像细节的表达能力。光学分辨率用每英寸点数 DPI(Dot Per Inch)表示。光学分辨率取决于扫描头里的 CCD 数量。

机械分辨率(垂直分辨率):指的是带动感光元件(CCD)的步进电机在机构设计上每英寸可移动的步数。

最大分辨率(插值分辨率):指通过数学算法所得到的每英寸的图像点数。做法是将感光元件所扫描到的图像资料通过数学算法,如内差法,在两个像素之间插入另外的像素。适度地利用数学演算手法将分辨率提高,可提高原稿所扫描的图像品质。

一个完整的扫描过程是感光元件扫描完原稿的第一条水平线后,再由步进电机带动感光元件进行第二条水平扫描,如此周而复始直到整个原稿都被扫描完毕。

一台具有 600×1200dpi 分辨率的扫描仪表示其横向光学分辨率及纵向机械分辨率分别为 600dpi 及 1200dpi。分辨率越高,所扫描的图片越精细,产生的图像就越清晰。

2) 灰度级

灰度级是表示灰度图像的亮度层次范围的指标,是指扫描仪识别和反映像素明暗程度的能力。换句话说就是扫描仪从纯黑到纯白之间平滑过渡的能力。灰度级越大,扫描层次越丰富,扫描的效果也就越好。目前,多数扫描仪用 8bit 编码即 256 个灰度等级。

3) 色彩精度

彩色扫描仪要对像素分色,把一个像素点分解为 R、G、B 三基色的组合。对每一基色的深浅程度也要用灰度级表示,称为色彩精度。

色彩精度表示彩色扫描仪所能产生的颜色范围,通常用表示每个像素点上颜色的数据位数(bit)表示。常见扫描仪色彩位数有 24、30、36、48bit。

4) 扫描速度

扫描仪的扫描速度也是一个不容忽视的指标,时间太长会使其他配套设备出现闲置等待状态。扫描速度不能仅看扫描仪将一页文稿扫入计算机的速度,而应考虑将一页文稿扫入计算机再完成处理总共需要的时间。

5) 鲜锐度

鲜锐度是指图片扫描后的图像清晰程度。扫描仪必须具备边缘扫描处理锐化的能力。调整幅度应广而细致,锐利而不粗化。

4. 扫描仪的选择

在选购扫描仪时,首要的考虑因素是扫描仪的精度。扫描仪的精度决定了扫描仪的档次和价格。目前,600×1200dpi 的扫描仪已经成为行业的标准,而专业级扫描则要用 1200×2400dpi 以上的分辨率,用户可根据需求进行选择。

其次要考虑扫描仪的色彩位数。色彩位数越多,扫描仪能够区分的颜色种类也就越多,所能表达的色彩就越丰富,能更真实地表现原稿。对普通用户 24bit 已经足够。

最后考虑扫描仪的接口类型。SCSI 接口扫描仪需要在计算机中安装一块接口卡,显得比较麻烦;EPP 增强型并行接口扫描仪价格便宜、安装方便;USB 接口即插即用,支持热插拔,使用方便且速度较快。

扫描仪工作过程中会产生噪音,选购时也应考虑使用环境是否能容忍它的噪音音量。

2.3.2　数码照相机

普通照相机是将被摄物体发射或反射的光线通过镜头聚焦,将影像记录于卤化银感光胶片上。感光胶片的片基上涂覆有银的卤化物小颗粒,这种化合物在光线的照射下会分解生成银单质。再通过现影、定影等一系列操作,洗去未分解的卤化物得到稳定的负片,最后在相纸上成像,得到照片。

数码照相机使用电荷耦合器件作为成像部件。它把进入镜头照射于电荷耦合器件上的光影信号转换为电信号,再经模/数转换器处理成数字信息,并把数字图像数据存储在照相机内的磁介质中。数码照相机通过液晶显示屏来浏览拍摄后的效果,并可对不理想的图像进行删除。相机上有标准计算机接口,以便数字图像传送到计算机中。

1. 数码照相机的结构

1) CCD 矩形网格阵列

数码照相机的关键部件是 CCD(Charge Coupled Device,电荷耦合器件阵列)。与扫描仪不同,数码相机的 CCD 阵列不是排成一条线,而是排成一个矩形网格分布在芯片上,形成一个对光线极其敏感的单元阵列,使照相机可以一次摄入一整幅图像,而不像扫描仪那样逐行地慢慢扫描图像。

CCD 是数码照相机的成像部件,可以将照射于其上的光信号转变为电压信号。CCD 芯片上的每一个光敏元件对应将来生成的图像的一个像素(pixel),CCD 芯片上光敏元件的密度决定了最终成像的分辨率。

2) 模/数转换器

照相机内的 A/D 转换器将 CCD 上产生的模拟信号转换成数字信号,变换成图像的像素值。

3) 存储介质

数码照相机内部有存储部件,通常存储介质由普通的动态随机存取存储器、闪速存储器或小型硬盘组成。存储部件上可存储多幅图像,无须电池供电也可以长时间保存数字图像。

4）接口

图像数据通过一个串行口或 SCSI 接口或 USB 接口从照相机传送到计算机。

2. 数码照相机的工作过程

用数码照相机拍照时，进入照相机镜头的光线聚焦在 CCD 上。当照相机判定已经聚集了足够的电荷（即相片已经被合适地曝光）时，就"读出"在 CCD 单元中的电荷，并传送给模/数转换器，模/数转换器把每一个模拟电平用二进制数量化。从模/数转换器输出的数据传送到数字信号处理器中进行压缩后存储在照相机的存储器中。

3. 数码照相机的主要技术指标

（1）CCD 像素数。数码照相机的 CCD 芯片上光敏元件数量的多少称为数码相机的像素数，是目前衡量数码相机档次的主要技术指标之一，决定了数码相机的成像质量。如果一部相机标示着最大分辨率为 1600×1200dpi，则其乘积等于 192 000dpi，即为这部相机的有效 CCD 像素数。相机技术规格中的 CCD 像素通常会标成 200 万甚至 211 万，其实这是它的插值分辨率。在选购时一定要分清楚相机的真实分辨率。

（2）色彩深度。色彩深度用来描述生成的图像所能包含的颜色数。数码照相机的色彩深度有 24bit、30bit，高档的可达到 36bit。

（3）存储功能。影像的数字化存储是数码相机的特色，在选购高像素数码相机时，要尽可能选择能采用更高容量存储介质的数码相机。

2.3.3 触摸屏

触摸屏是一种坐标定位装置，属于输入设备。作为一种特殊的计算机外设，它提供了简单、方便、自然的人机交互方式。通过触摸屏，用户可直接用手向计算机输入坐标信息。

1. 触摸屏原理

触摸屏系统一般包括触摸屏控制卡、触摸检测装置和驱动程序三个部分。触摸检测装置安装在显示器屏幕表面的前端，主要作用是检测用户的触摸位置，并传送给触摸屏控制卡。触摸屏控制卡有一个自己的 CPU 和固化在芯片中的监控程序，它的作用是从触摸检测装置上接收触摸信息，并将它转换成触点坐标，再送给主机。同时它能接收主机发来的命令并加以执行。

2. 触摸屏的种类

按照触摸屏技术原理分类，触摸屏有 5 种类型：红外线触摸屏、电阻触摸屏、电容式触摸屏、表面声波触摸屏、近场成像触摸屏。

1）红外线触摸屏

红外线触摸屏是一种利用红外线技术的装置。在显示器前面架上一个边框形状的传感器,边框的四边排列了红外线发射管及接收管,在屏幕表面形成一个红外线网。用户以手指触摸屏幕某一点,便会挡住经过该位置的横竖两条红外线,检测 X、Y 方向被遮挡的红外线位置便可得到触摸位置的坐标数据,然后传送到计算机中进行相应的处理。

红外线触摸屏价格便宜、安装容易、能较好地感应轻微触摸与快速触摸,但是它对环境要求较高。由于红外线式触摸屏依靠红外线感应动作,外界光线变化会影响其准确度;红外线式触摸屏表面的尘埃污秽等也会引起误差,影响其性能,因此,不适宜置于户外和公共场所使用。

2) 电阻触摸屏

电阻触摸屏的屏体部分是一块与显示器表面相匹配的多层复合薄膜,由一层玻璃或有机玻璃作为基层,在基层两个表面涂上一层透明的导电层,在两层导电层之间有极小的间隙使它们互相绝缘。在最外面再涂覆一层透明、光滑,且耐磨损的塑料层。

当手指触摸屏幕时,平常相互绝缘的两层导电层就在触摸点位置由于外表面受压与另一面导电层有了一个接触点,因其中一面导电层附上横竖两个方向的均匀电压场,使得侦测层的电压由零变为非零,这种接通状态被控制器侦测到后,进行 A/D 转换,并将得到的电压值与均匀电压场相比即可计算出触摸点的坐标。

电阻触摸屏对环境的要求不苛刻,它可以用任何不伤及表面材料的物体来触摸,但不可使用锐器触摸,否则可能划伤整个触摸屏而导致报废。

3) 电容式触摸屏

电容式触摸屏外表面是一层玻璃,中间夹层的上下两面涂有一层透明的导电薄膜层,再在导体层外上一块保护玻璃。上面的导电层是工作层面,四边各有一个狭长的电极,在导电体内形成一个低电压交流电场。

用户触摸电容式触摸屏时,会改变工作层面的电容量,而四边电极则对触摸位置的容量变化做出反应。距离触摸位置远近不同的电极反映强弱不同,这种差异经过运算和变换形成触摸位置的坐标数据。

电容式触摸屏不怕尘埃,但是当环境的温度、湿度、强电场、大功率发射接收装置、附近大型金属物等会影响工作的稳定性。例如,当使用电容式触摸屏会有如下现象。(1)当手持金属导体物靠近电容式触摸屏时能引起电容屏的误动作;(2)空气的湿度过大时身体靠近显示器但手并未触摸时也能引起电容屏的误动作;(3)戴手套或手持绝缘物触摸时电容式触摸屏没有反应等。

4) 表面声波触摸屏

表面声波触摸屏的触摸屏部分是玻璃平板,安装在显示器屏幕的前面。玻璃屏的左上角和右下角各固定了竖直和水平方向的超声波发射换能器,右上角则固定了两个相应的超声波接收换能器。同时,玻璃屏的四个周边则刻有 $45°$ 角由疏到密间隔排列非常精密的反射条纹。

左上角和右下角发射换能器通过控制器把触摸屏电缆送来的脉冲信号转化为超声波,并分别向下和向上两个方向表面传递,然后由玻璃板下边的一组精密反射条纹把声波能量反射,分别在玻璃表面沿 X、Y 方向传递。声波能量经过屏体表面,再由反射条纹聚集成线传播给接收换能器,接收换能器将返回的表面声波能量变为电信号。当手指触摸玻璃屏时，玻璃表面途经手指部位的声波能量被部分吸收，接收波形对应手指挡住部位信号衰减了一个缺口，控制器分析接收信号的衰减并由缺口的位置判定坐标，之后控制器把坐标数值传给主机。

表面声波触摸屏的特点是性能稳定、反应速度快、受外界干扰小，适合公共场所使用。

5）近场成像触摸屏

近场成像触摸屏的传感机构是中间有一层透明金属氧化物导电涂层的两块层压玻璃。在导电涂层上施加一个交流信号，从而在屏幕表面形成一个静电场。当有手指或其他导体接触到传感器的时候，静电场就会受到干扰，与之配套的影像处理控制器可以探测到这个干扰信号及其位置并把相应的坐标参数传给操作系统。

近场成像触摸屏非常耐用，灵敏度很好，可以在要求非常苛刻的环境及公众场合使用，其不足之处是价格比较贵。

2.3.4　数字笔输入

早期计算机获取文本数据的方式主要是通过键盘手工地输入，随着计算机硬件设备和多媒体技术的发展，输入方式也扩展了许多。除了键盘输入外，还有手写输入、语音输入、扫描输入等。

手写输入是使用一种外观像笔的设备（称为输入笔），在一块特殊的板上书写文字。计算机自动识别后，将其转换成文本数据存储起来。这种输入法接近人的书写习惯，能够轻松地完成文字输入。

手写输入系统由硬件和软件两部分组成。硬件包括手写板和数字手写笔；软件用来识别写入的信息并将其转换成文本数据存储起来。

1. 手写板的分类

手写板分为电阻式压力板、电磁式感应板和电容式触控板 3 种。

1）电阻式压力板手写板

电阻式压力板手写板由一层可变形的电阻薄膜和一层固定的电阻薄膜构成，中间由空气相隔离。书写时用笔或手指对上层电阻薄膜加压使之变形，当与下层接触时，下层电阻薄膜就感应出笔或手指的位置。这种手写板的材料容易疲劳，使用寿命较短，但制作简单，成本较低。

2）电磁式感应板手写板

电磁式感应板手写板通过手写板下的布线电路通电后，在一定时间范围内形成电磁场，来感应带有线圈的笔尖的位置进行工作。它又分为"有压感"和"无压感"两种类型。它的特点是对供电有一定的要求，易受外界环境的电磁干扰，使用寿命短。

3）电容式触控板写字板

电容式触控板写字板通过人体的电容来感知手指的位置，即当手指接触到触控板的瞬间，就在板的表面产生了一个电容。在触控板表面附着有一种传感矩阵，这种传感矩阵与一块特殊芯片一起，持续不断地跟踪着你手指电容的"轨迹"，经过内部一系列的处理每时每刻精确定位手指的位置(X、Y 坐标),同时测量由手指与板间距离(压力大小)形成的电容值的变化,确定 Z 坐标。

电容式触控板写字板的特点是用手指和笔都能操作,使用方便。手指和笔与触控板的接触几乎没有磨损,性能稳定,使用寿命长,产品成本较低,价格便宜。

2. 数字手写笔

数字手写笔有两种:一种是用线与手写板连接的有线笔;另一种是无线笔。无线笔写字比有线笔更灵活,更接近普通的笔。

3. 数字手写笔软件

数字手写笔软件用来识别写入的信息并将其转换成文本数据存储起来。软件的性能通常从能否有效识别连笔字、倒插笔画字、联想字、同形字,界面可操作性等方面来考查。

2.3.5　彩色打印机

打印机作为输出设备,可打印文本、图像信息。如果需要获得接近照片效果的高质量打印,可选择激光彩色打印机。

激光彩色打印机使用 4 个鼓,处理过程极其复杂。其主要由着色装置、有机光导带、打印机控制器、激光器、传送鼓、传送滚筒及熔合固化装置构成。

工作时,有机光导带内的预充电装置先在光导带上充电,产生一层均匀电荷,激光器产生的激光束射到光导带上时,使光导带相应点放电。激光束的强度通过打印机控制器受所要打印图像数据的控制,因此,射到光导带上的激光束的强度就反映了该图像的信息。由于光导带不停运动,所以,不同强度的激光束就在光导带上形成放电程度不一的放电区,这些放电区就组成了与该图像相对应的潜像。当光导带上的潜像从着色装置下方通过时,与光导带接触的着色装置打开,着色剂附着在光导带放电区(充电区对着色剂起排斥作用,所以着色剂不能附着其上)。光导带不停地旋转,以上着色过程多次进行,从而使四种颜色都按原图像色彩附着其上,这样就得到一个完整的彩色图像。与此同时,传送鼓被充电,将光导带上的彩色图像剥离下来,而后靠传送鼓和传送滚筒之间的偏压将彩色图像从传送鼓上转移下来印到纸上,再经熔合固化装置采用热压的方法把彩色图像固化在纸上得到最后的彩色图像成品。

本 章 小 结

本章主要介绍了多媒体的基本硬件环境,包括计算机系统的体系结构、光存储器和多媒体常用的输入输出设备等。

多媒体硬件系统主要包括计算机主要配置和各种外部设备以及与各种外部设备连

接的控制接口卡；软件系统包括多媒体驱动软件、多媒体操作系统、多媒体数据处理软件、多媒体开发工具软件和多媒体应用软件。

光存储器具有容量大、工作稳定、密度高、寿命长、便于携带、价格低廉等优点，成为多媒体信息存储普遍使用的设备。只要计算机系统配备 CD-ROM 驱动器即可读取光盘上的信息。小批量的多媒体信息光盘可用刻录机把信息记录到可写光盘片上。

多媒体输入输出设备用于向多媒体计算机提供媒体信息或输出与展现处理过的信息，本章第 3 部分介绍了其工作原理及技术指标。

思考与练习

一、选择题

1. 下列配置中（   ）是 MPC 必不可少的。
   A. CD-ROM 驱动器　　　　　　　B. 高质量的声卡
   C. 高分辨率的图形、图像显示　　　D. 高质量的视频采集

2. DVD 光盘最小存储容量是（   ）。
   A. 650MB　　　　B. 740MB　　　　C. 4.7GB　　　　D. 17GB

3. 目前市面上应用最广泛的 CD-ROM 驱动器是（   ）。
   A. 内置式的　　　B. 外置式的　　　C. 便携式的　　　D. 专用型的

4. 下列指标（   ）不是 CD-ROM 驱动器的主要技术指标。
   A. 平均出错时间　　B. 分辨率　　　C. 兼容性　　　D. 感应度

5. 下列关于触摸屏的叙述正确的是（   ）。
   A. 触摸屏是一种定位设备
   B. 触摸屏是基本的多媒体系统交互设备之一
   C. 触摸屏可以仿真鼠标操作
   D. 触摸屏也是一种显示屏幕

6. 扫描仪可在下列（   ）应用中使用。
   A. 拍摄数字照　　　　　　　　　B. 图像输入
   C. 光学字符识别　　　　　　　　D. 图像处理

7. 下列关于数码照相机的叙述正确的是（   ）。
   A. 数码相机的关键部件是 CCD
   B. 数码相机有内部存储介质
   C. 数码相机拍照的图像可传送到计算机
   D. 数码相机输出的是数字或模拟数据

二、填空题

1. 光盘在存储多媒体信息方面具有存储密度高、_____、工作稳定、_____、价格低廉等优点。

2. 按光盘的读写性能分,可将其分为只读型、_____和_____ 3 种类型。

3. 多媒体 I/O 设备主要包括视频、音频与图像输入和输出设备、_____、_____和通信设备 5 大类。

三、简答题

1. 列举常见的光盘存储格式标准。

2. 从读写功能上来区分,光存储器分为哪几类?

3. 简述 CD-ROM 和可擦写光盘的工作原理。

第 3 章

chapter 3

多媒体音频技术

学习目标

1. 了解声音信号的分类及质量的度量方法；
2. 掌握音频信号数字化的步骤；
3. 理解音频信号处理的方法；
4. 了解音频信号压缩方法及音频编码标准；
5. 掌握应用常用的音频处理软件对声音信号进行处理的过程；
6. 了解语音识别技术及其应用。

音频信号是人们经常采用的一种媒体形式。人们与计算机交换信息最熟悉、最习惯的方式是通过声音方式。通过给计算机装上麦克风和加入语音识别软件，可以让计算机听到并能听懂和理解人们的讲话；通过给计算机装上扬声器、加上语音和音乐合成软件，就可让计算机讲话和奏乐。随着计算机数据处理能力的不断增强，音频处理技术受到重视，并得到了广泛的应用。本章主要介绍音频信号数字化的基本概念，声卡的功能与基本原理，音频信号压缩方法及编码标准、音频信号的编辑处理等知识。

3.1 数字音频的基本概念

3.1.1 声音与音频的概念

为了准确理解音频的概念，首先从声音的定义说起，之后从声音分类的讨论中去探讨音频的含义。

1. 声音的定义

声音是因物体的振动而产生的一种物理现象。振动使物体周围的空气绕动而形成声波，声波以空气为媒介传入人的耳朵，于是人们就听到了声音。因此，从物理本质上讲，声音是一种波。用物理学的方法分析，描述声音特征的物理量有声波的振幅（Amplitude）、周期（Period）和频率（Frequency）。因为频率和周期互为倒数，因此，一般只用振幅和频率两个参数来描述声音。

需要指出的是,一个现实世界的声音不是由某个频率或某几个频率的波组成,而是由许许多多不同频率、不同振幅的正弦波叠加而成,所以,一个声音中会有最低和最高频率。通俗地说,频率反映声音的高低,振幅则反映声音的大小。声音中含有的高频成分越多,音调就越高(或说越尖),反之则越低;而声音的振幅越大,声音则越大,反之声音则越小。

2. 声音的分类

声音的分类有多种标准,根据客观需要可分为以下 3 种。

1)按频率划分

(1)亚音频(Infrasound)　　　　0～20Hz

(2)音频(Audio)　　　　　　　20Hz～20kHz

(3)超音频(Ultrasound)　　　　20kHz～1GHz

(4)过音频(Hypersound)　　　　1GHz～1THz

注意:频率分类的意义主要是为了区分音频和非音频声音。

2)按原始声源划分

(1)语音:指人类为表达思想和感情而发出的声音;

(2)乐音:弹奏乐器时乐器发出的声音;

(3)声响:除语音和乐音之外的所有声音,如风雨声、雷声等自然界的声音或物体发出的声音。

注意:区分不同声源发出的声音是为了便于针对不同类型的声音使用不同的采样频率进行数字化处理和依据它们产生的方法和特点采取不同的识别、合成和编码方法。

3)按存储形式划分

(1)模拟声音:对声源发出的声音采用模拟方式进行存储,如用录音带录制的声音。

(2)数字声音:对模拟声源发出的声音进行数字化处理后,用 0、1 表示的声音数据流,或者是计算机合成的语音和音乐。

3. 音频

音频(Audio)是用声音的频率界定的,指频率在 20Hz～20kHz 范围内的声波。音频所覆盖的声音频率是人的耳朵所能听到的声音。

需要指出的是,不是所有称得上声音的声波就一定是人能听到的。语音的频率一般为 300～3000Hz,乐音的频率一般在 20Hz～20kHz 之间,最低可低到 10Hz,自然界的很多声响的频率范围都比语音和乐音的频率范围广,如鲸在互相传递信息时所发出的声音人就感觉不到。

了解人能接听的频率范围有两方面的意义:一是明确多媒体声音信息的讨论集中在音频声音范围内,而不是所有频率的声音,这些声音包括了人的语音、乐音和自然声响;二是并非所有声音对人类都有意义,实际上任何一种自然声响中频率超过 20kHz 的部分是可以丢弃的,这为合理地确定对声音的采样频率、减少声音中的冗余信息提供了理论依据。

4. 声音质量的评价标准

声音质量的评价是一个很困难的问题,也是一个值得研究的课题。目前声音质量的度量有两种基本方法,一种是客观质量度量,另一种是主观质量的度量。

声音客观质量度量的传统方法是对声波的测量与分析,其方法是先用机电换能器把声波转换为相应的电信号,然后用电子仪表放大到一定的电压级进行测量与分析。计算技术的发展,使许多计算和测量工作都使用了计算机或程序实现。这些带计算机处理系统的高级声学测量仪器能完成一系列测量工作。

度量声音客观质量的一个主要指标是信噪比 SNR(Signal to Noise Ration)。对于任何音频,信噪比都是一个比较重要的参数,它指音源产生最大不失真声音信号强度与同时发出噪音强度之间的比率,通常以 S/N 表示,一般用分贝(dB)为单位。信噪比越高表示音频质量越好。信噪比用下式计算:

$$SNR = 10\log\left[(V_{signal})^2/(V_{noise})^2\right] = 20\log\left(V_{signal}/V_{noise}\right)$$

其中,V_{signal} 表示信号电压,V_{noise} 表示噪音电压;SNR 的单位为分贝(dB)。

采用客观标准方法很难真正评定某种编码器的质量,在实际评价中,主观的质量度量比客观质量的度量更为恰当和合理。主观质量度量通常是对某编码器的输出的声音质量进行评价,例如,播放一段音乐,记录一段话,然后重放给实验者听,再由实验者进行综合评定。每个实验者对某个编解码器的输出进行质量判分,采用类似于考试的五级分制,不同的平均分值对应不同的质量级别和失真级别,一般分为优、良、中、差、劣 5 级。可以说,人的感觉机理最具有决定意义。当然,可靠的主观度量值是较难获得的。

声音的质量与它所占用的频带宽度有关,频带越宽,信号频率的相对变化范围就越大,音响效果也就越好。按照带宽可将声音质量分为 4 级,由低到高依次如下。

电话话音音质,200～3400Hz,简称电话音质;

调幅广播音质,50～7000Hz,简称 AM 音质;

调频广播音质,20～15 000Hz,简称 FM 音质;

激光唱盘音质,10～20 000Hz,简称 CD 音质。

由此可见,质量等级越高,声音所覆盖的频率范围就越宽。

3.1.2　模拟音频与数字音频

1. 模拟音频和模拟音频记录技术

模拟音频即前面提到的模拟声音,是指随时间连续变动的音频声音波形的模拟记录形式,通常采用电磁信号对声音波形进行模拟记录。

模拟音频可以有多种声源作为记录时的输入,如果用发声的原始程度作为标准的话,声源可以分为两大类,即一次声源和二次声源。自然界发出的一切声音,不论是语音、乐音还是声响都是模拟音频的输入声源,都是一次声源。二次声源又分两类,一是声音的模拟记录形式经由各种电子设备的输出可以作为再次记录该模拟声音的输入的声源,如磁带机的输出;二是声音的数字记录形式经由各种数字声音输出设备输出后又可作为模拟声音的声源,如 CD 唱机的输出。

就记录技术而言,记录模拟声音的波形形状从而将声波振动转变成磁带的磁向排列的技术称为模拟音频记录技术。

2. 数字音频

数字音频并非一种新的声音,它不过是模拟音频声音进入计算机后的一种记录和存储形式。计算机在处理声音时,除了输出仍用波形形式外,记录、存储和传送都不能使用波形形式,即声音在进入计算机时,必须进行数字化,使时间上连续变化的波形声音变成一串 0、1 构成的数据序列,这种数据序列就是数字音频。光盘、硬盘都可以作为数字音频的记录媒体。

3. 模拟音频与数字音频特点比较

模拟音频与数字音频相比,有如下特点。

(1) 模拟音频是连续的波动信号,数字音频是离散的数字信号;

(2) 模拟音频不便进行编辑修改,数字音频编辑、特效处理容易;

(3) 模拟音频用磁带或唱片作记录媒体,容易磨损、发霉和变形,不利长久保存;数字音频主要用光盘存储,不易磨损,适宜长久保存;

(4) 模拟音频进入计算机时必须数字化为数字音频,而数字音频最终要转换为模拟音频才能输出。

3.1.3 音频信号的数字化

音频信号的数字化就是对时间上连续波动的声音信号进行采样和量化,对量化的结果选用某种音频编码算法进行编码,所得结果就是音频信号的数字形式,即数字音频。

1. 采样和采样频率

采样又称抽样或取样,它是把时间上连续的模拟信号变成时间上断续离散的有限个样本值的信号,如图 3-1 所示。在图 3-1 中,假定声音波形如其中左图所示,它是时间的连续函数 $X(t)$。若要对其采样,需按一定的时间间隔(T)从波形中取出其幅度值,得到一组 $X(nT)$ 序列,即 $X(T),X(2T),X(3T),X(4T),X(5T),X(6T)$ 等。T 称为采样周期,$1/T$ 称为采样频率。而 $X(nT)$ 序列是连续波形的离散信号。显然,离散信号 $X(nT)$ 只是从连续信号 $X(t)$ 上取出的有限个振幅样本值。

根据奈奎斯特采样定理,只要采样频率等于或大于音频信号中最高频率成分的两倍,信息量就不会丢失,也就是说**只有采样频率高于声音信号最高频率的两倍时,才能把数字信号表示的声音还原成为原来的声音**(原始连续的模拟音频信号),否则就会产生不同程度的失真。采样定律用公式表示为:

$$f_s \geqslant 2f \quad \text{或者} \quad T_s \leqslant T/2$$

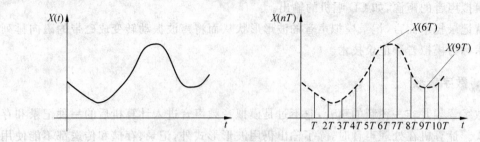

图 3-1　连续波形采样示意图

其中，f 为被采样信号的最高频率。如果一个信号中的最高频率为 f_{max}，则采样频率最低要选择 $2f_{max}$。

奈奎斯特采样定理的著名实例就在我们日常生活中使用的电话和 CD 唱片。电话话音的信号频率约为 3.4kHz，在数字电话系统中，为将人的声音变为数字信号，采用脉冲编码调制 PCM 方法，每秒钟可进行 8000 次的采样；CD 唱片存储的是数字信息，要想获得 CD 音质的效果，则要保证采样频率为 44.1kHz，也就是能够捕获频率高达 22 050Hz 的信号。在多媒体技术中通常选用三种音频采样频率，11.025kHz、22.05kHz 和 44.1kHz。一般在允许失真条件下，尽可能将采样频率选低些，以免占用太多的数据量。

常用的音频采样频率和适用情况如下。

8kHz，适用于对语音采样，能达到电话话音音质标准的要求；

11.025kHz，可用于对语音及最高频率不超过 5kHz 的声音采样，能达到电话话音音质标准以上，但不及调幅广播的音质要求；

16kHz 和 22.05kHz，适用于对最高频率在 10kHz 以下的声音采样，能达到调幅广播音质标准；

37.8kHz，适用于对最高频率在 17.5kHz 以下的声音采样，能达到调频广播音质标准；

44.1kHz 和 48kHz，主要用于对乐音采样，可以达到激光唱盘的音质标准；对最高频率在 20kHz 以下的声音，一般采用 44.1kHz 的采样频率，可以减少对数字声音的存储开销。

2. 量化和量化位数

采样只解决了音频波形信号在时间坐标（即横轴）上把一个波形切成若干个等分的数字化问题，但是每一等分的长方形的高是多少呢？即需要用某种数字化的方法来反映某一瞬间声波幅度的电压值的大小，该值的大小影响音量的高低。我们把对声波波形幅度的数字化表示称为"量化"。

量化的过程是先将采样后的信号按整个声波的幅度划分成有限个区段的集合，把落入某个区段内的样值归为一类，并赋予相同的量化值。如何分割采样信号的幅度呢？还是采取二进制的方式，以 8 位（bit）或 16 位的方式来划分纵轴。也就是说在一个以 8 位为记录模式的音效中，其纵轴将会被划分为 2^8 个量化等级（Quantization Levels），用以记录其幅度大小。而在一个以 16 位为记录模式的音效中,在每一个固定采样区间内所被采集的声音幅度,将以 2^{16} 个不同的量化等级加以记录。

声音的采样与量化可以参考图 3-2。

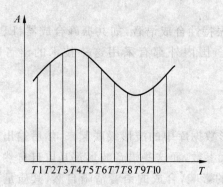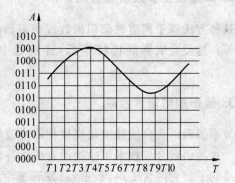

图 3-2　声音的采样(左)与量化(右)

3. 编码

模拟信号量经采样和量化以后,形成一系列的离散信号——脉冲数字信号。这种脉冲数字信号可以以一定的方式进行编码,形成计算机内部运行的数据。编码就是对量化结果的二进制数据以一定格式表示的过程;也就是按照一定的格式把经过采样和量化得到的离散数据记录下来,并在有用的数据中加入一些用于纠错、同步和控制的数据。在数据回放时,可以根据所记录的纠错数据判别读出的声音数据是否有错,如果在一定范围内有错,可加以纠正。

编码的形式比较多,常用的编码方式是 PCM——脉冲编码调制。关于编码详细知识的讲述请见 3.3 节数字音频的压缩编码。

3.1.4　语音合成

模拟声音数字化的首要目的,是方便计算机存储和传送声音信息,但最终目的仍然在于将这些声音信息输出以供人类使用。前面已经提到过,数字音频必须转换为模拟音频才能输出。这种让计算机实现声音产生的技术称为声音重现技术。

一种真正用计算机产生声音的方法是声音合成技术,声音合成包括了语音合成和音乐合成。本节首先介绍语音合成技术,下一小节介绍音乐合成。

语音合成从研究技术来讲,可分为发音器官参数合成、声道模型参数合成和波形编辑合成。

1. 发音器官参数语音合成

这是一种对人类发音过程进行直接模拟而得到的语音合成技术。它通过定义唇、舌、声带等人类发音器官的参数来模拟人进行发音,这些参数包括唇开口度、舌的高度、舌的位置及声带的张力等。由这些发音参数估计声道的截面积函数,进而计算声波。但人的发音生理过程的复杂性,理论计算与物理模拟之间的差异,致使合成语音的质量还不够理想。

2. 声道模型参数语音合成

这种方法基于声道截面积函数或声道谐振特性合成语音,如共振峰合成器、LPC合成器等。这类合成器的比特率低,音质适中。国内外都有采用这一技术的语音合成系统。

3. 波形编辑语音合成

波形编辑语音合成技术是直接把语音波形数据库中的波形级联起来,然后输出连续语流。这种语音合成技术用原始语音波形替代参数,而这些语音波形都是取自自然语音的词或句子。它隐含了声调、重音、发音速度的影响,合成的语音清晰自然,其质量普遍高于参数合成。

波形编辑语音合成技术多用于文-语转换系统(TTS)中。文-语转换是把计算机内的文本转换成连续自然的语气流,现已有英、日、德、法、汉语的系统面市。这些系统要达到真实品质的语音音质,还必须解决好几个问题,如语音基元的选取、波形拼接过程中的平滑滤波、韵律修改以及语音学的分析和处理。

提示:在 Windows Vista(或 XP)中运行 narrator 命令,会调出"Microsoft 讲述人",这是一个典型的 TTS 应用程序。它可以讲述 Windows 的菜单操作,也可以把键盘的按键操作转化为语音输出。界面如图 3-3 和图 3-4 所示。

图 3-3　Microsoft 讲述人窗口

图 3-4　讲述人的声音设置对话框

3.1.5　音乐合成与 MIDI

音乐合成是声音合成的另一分支,与语音合成的对象不同,音乐合成的对象是乐音,而不是人类的语音,因而,有其自身的特点。

1. 乐音的基本特点及要素

乐音区别与噪音的最大特点是乐音随时间作周期性变化的波动。乐音的频谱包括确定的基频谱和这个基频整数倍的谐波谱,这一特性构成了乐音的谐和性。

除了谐和性外,乐音还包括以下几个要素:音高、音色、响度和时值。

音高:反映声波的基频。基频越低,给人的感觉越低沉。对于平均律(一种普遍使用的音律)来说,各音的对应频率如表 3-1 所示。知道了音高与频率的关系,就能够设法产生规定音高的单音了。

表 3-1　音高与频率的关系

音阶	C	D	E	F	G	A	B
简谐音符	1	2	3	4	5	6	7
频率(Hz)	261	293	330	349	592	440	494

音色:指的是声音的音质。它是由声音的频谱决定的。各阶谐波比例不同,随时间衰减的程度不同,音色就不同。"小号"的声音具有极强的穿透力和明亮感,只因"小号"声音中高次谐波非常丰富。具有固定音高和相同谐波的乐音,当由不同的乐器发出时,仍能听出它们之间的差异,这正是由不同乐器的音色各异所致。不同的乐器具有不同的音色,是由它们自身结构特点决定的。

响度:衡量声音强度的一个参数,也是听判乐音的基础。人耳对于声音细节的分辨与响度直接有关,只有在响度适中时,人耳辨音才最灵敏。如果一个音的响度太低,便难以正确判别它的音高和音色;而响度过高,也会影响判别的准确性。

时值:一个相对的时间概念。一个乐音只有包含在比它更短的音的旋律中才会显得长。时值的变化导致旋律的行进:或平缓、均匀,或跳跃、颠簸,以表达不同的情感。

2. 音乐合成的原理和方法

音乐合成的方法正是在明确了乐音上述特性的基础上提出的。目前实施音乐合成的方法主要有两种:一是调频合成法,又称 FM 合成法;二是波形表(Wavetable)合成法,又称波表合成法。

FM 合成法是美国斯坦福大学的 John Chowning 于 20 世纪 70 年代发明的。从时域看,乐音是一个周期性的声音波,如果对乐音波形经傅里叶展开,乐音则可以分解成以基波为基础,带有若干谐波频率的若干正弦波的级数和。而观察其频域值,乐音的频谱包括确定的基频谱和这个基频整数倍的谐波谱。FM 合成法正是从乐音的频谱特性分布中得到启示,通过使用调频(FM)技术,利用不同调制波频率和调制指数,对载波进行调制,得到了具有不同频谱分布的波形。这些波形恰巧再现了某些乐器的音色。当然,FM 合成法合成的音乐只能说是电子模拟音乐,因为这种方法可以制造出真实乐器得不到的音色。在波形表开发成功前,这是一种相当不错的音乐合成技术。

波表合成技术是继 FM 之后,迄今合成效果最真实的音乐合成技术。这种方法是先把音乐演奏家在各种不同乐器上演奏的不同音符,以适当的采样率、量化位数录制下来,形成乐音的波形数据,然后将各种波形数据存储在 ROM 中。发音时,通过查找到所选预期的波形数据,经过调制、滤波、再合成等处理形成立体声后发声。因此,采用真实乐音样本来进行合成回放所得到的波表合成音乐,比使用不同频率的正弦波调制载波所得到的模拟音乐更自然和真实。

3. MIDI

MIDI(Musical Instrument Digital Interface)是乐器数字接口英文首写字母的缩写。实际上,它是一套有关数字合成音乐的国际标准。与这套标准相关联的是 MIDI 端口、MIDI 通信电缆、MIDI 通信协议、MIDI 文件、MIDI 音乐等一系列概念。

依照 MIDI 标准的规定,在 MIDI 电缆上传送的是符合 MIDI 通信协议要求的 MIDI 消息。定义和产生歌曲的 MIDI 消息和数据存于 MIDI 文件中。使用音序器可以建立 MIDI 文件,它获取 MIDI 消息,并把它们存于文件中。演奏 MIDI 文件时,音序器把 MIDI 消息从文件送到合成器,合成器把这些消息转换成特定乐器、特定音高和时长的声音。合成器用数字信号处理器(Digital Signal Processor,DSP)或其他芯片产生并修改波形,得以合成音乐和声音,并通过发声器和扬声器送出去,声音就这样产生了。

3.1.6 声音文件格式

目前,在微机中常见的声音文件格式主要有以下四种:WAV 格式、VOC 格式、MP3 格式和 MIDI 格式。

1. WAV 格式

WAV 格式的声音文件,存放的是对模拟声音波形经数字化采样、量化和编码后得到的音频数据。原本由声音波形而来,所以,WAV 文件又称波形文件。WAV 文件是 Windows 环境中使用的标准波形声音文件格式,一般也用 .wav 作为文件扩展名。WAV 文件对声源类型的包容性强,只要是声音波形,不管是语音、乐音,还是各种各样的声响,甚至于噪音都可以用 WAV 格式记录并重放。当采样频率达到 44.1kHz,量化采用 16 位并采用双通道记录时,就可获得 CD 品质的声音。

2. VOC 格式

VOC 格式的声音文件,与 WAV 文件同属波形音频数字文件,主要适用于 DOS 操作系统。它是由音频卡制造公司的龙头老大——Creative Labs 公司设计的,因此,Sound Blaster 就用它作为音频文件格式。声霸卡也提供 VOC 格式与 WAV 格式的相互转换软件。

3. MP3 格式

MP3 格式的文件,从本质上讲,仍是波形文件。它是对已经数字化的波形声音文件采用 MP3 压缩编码后得到的文件。MP3 压缩编码是运动图像压缩编码国际标准 MPEG-1 所包含的音频信号压缩编码方案的第 3 层。与一般声音压缩编码方案不同,

MP3 主要是从人类听觉心理和生理学模型出发,研究出的一套压缩比高,而声音压缩品质又能保持很好的压缩编码方案。所以,MP3 现在得到了广泛的应用,并受到电脑音乐爱好者的青睐。

4. MIDI 格式

MIDI 的含义是乐器数字接口(Musical Instrument Digital Interface),它本来是由全球的数字电子乐器制造商建立起来的一个通信标准,以规定计算机音乐程序、电子合成器和其他电子设备之间交换信息与控制信号的方法。按照 MIDI 标准,可用音序器软件编写或由电子乐器生成 MIDI 文件。

MIDI 文件记录的是 MIDI 消息,它不是数字化后得到的波形声音数据,而是一系列指令。在 MIDI 文件中,包含着音符、定时和多达 16 个通道的演奏定义。每个通道的演奏音符又包括键、通道号、音长、音量和力度等信息。显然,MIDI 文件记录的是一些描述乐曲如何演奏的指令而非乐曲本身。

与波形声音文件相比,同样演奏时长的 MIDI 音乐文件比波形音乐文件所需的存储空间要少很多。例如,同样 30 分钟的立体声音乐,MIDI 文件只需 200KB 左右,而波形文件则要大约 300MB。MIDI 格式的文件一般用 .mid 作为文件扩展名。

MIDI 文件有几个变通格式,一是以 .cmf 为扩展名,另一个以 .rmi 为扩展名。和 VOC 文件一样,CMF 文件也是随声霸卡一起诞生的;有所不同的是,CMF 文件是用于记录 FM 音乐参数和模拟信息的音乐文件,它与 MIDI 文件十分相似。而 RMI 则是 Microsoft 公司的 MIDI 文件格式。除此之外,不同音序器软件通常还有自定义的 MIDI 文件格式,它们之间虽然互不兼容,但有些可以相互转换。

3.2　音频接口卡

音频是多媒体技术的重要特征之一。PC 自问世以来虽就带有扬声器,但它只能实现一些简单的发声功能,且产生的声音十分单调。自从配备了声卡,计算机才能真正实现声音录放和合成功能,这为计算机的应用开辟了一个图文并茂与声像结合的新世界。音频接口卡又称声卡,是多媒体计算机的基本配置,本节介绍声卡的功能及基本原理。

3.2.1　声卡的功能

声卡的功能如下。

1. 录制与播放声音文件

完成音频信号的 A/D 和 D/A 变换,将音频信号通过声音卡录入计算机,并以文件的形式进行保存。在需要播放时,只需调出相应的声音文件进行播放,就像普通录放机一样。从而使计算机既有图像显示,又有声音输出。音频卡还可以与 CD-ROM 驱动器相连,实现对 CD 唱片、VCD、MP3 音乐的播放。

2. 编辑与合成声音文件

编辑与合成就像一部数字音频编辑器，它可以对声音文件进行多种特殊效果处理：包括倒播、增加回音、静噪、淡入和淡出、往返放音、交换声道以及声音由左向右移位或声音由右向左移位等，这些对音乐爱好者都是非常有用的。

3. MIDI 音乐录制和合成

MIDI 接口是乐器数字接口的标准，它规定了电子乐器与计算机之间相互数据通信的协议。通过软件，计算机可以直接对外部电子乐器进行控制和操作。

音乐合成功能和性能依赖于合成芯片。目前合成器芯片主要是采用调频（FM）方式合成音乐，通常音频卡给出的性能是以这些合成芯片为基础的。有的音频卡带有波形表音乐合成，达到真实乐器效果的 CD 质量音响，支持 32、64、128 复音的多音色 MIDI 通道。

4. 文-语转换和语音识别

有些声卡在出售时还捆绑了文-语转换软件和语音识别软件。文语转换就是通过语音合成技术把计算机内的文本文件或字符串转换成语音。语音识别技术应用于需要以语音作为人机交互手段的场合，实现听写和控制计算机功能。

音频卡的另外一些功能是完成与 CD-ROM 和游戏棒的接口。

3.2.2 声卡的结构和工作原理

声卡的主要作用之一是对声音信息进行录制与回放，在这个过程中采样的位数和采样的频率决定了声音采集的质量。输入模拟音频信号经 A/D 转换形成声音格式文件存储，数字化过程中的采样频率可根据用户需求进行选择，一般声音卡均支持双通道立体声信号的采样，可支持的采样频率有：8kHz、11.025kHz、16kHz、22.05kHz、32kHz、44.10kHz、48kHz。

声卡采用大规模集成电路，将音频技术范围的各类电路以专用芯片形式集成在声卡上，并可直接插入计算机的扩展槽中使用。虽然声卡的品牌与型号各异，功能也不尽相同，但基本包含以下各功能部件，如图 3-5 所示。

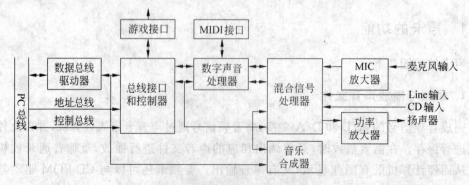

图 3-5 声卡的各功能部件框图

1．数字化音频信号处理

数字化过程中的量化等级即采样的位数，可以是 8、12、16 或 32bit，可根据对声音的应用效果加以选择。位数越高，量化精度越高，音质就越好。

数字化过程中的编码方式一般可以采用脉冲编码调制（PCM）、差分脉冲编码调制（DPCM）和自适应差分脉冲编码调制（ADPCM）。在声音卡硬件或计算机软件的支持下，生成的声音数据还可采用其他压缩编码方式，如 MP3 等。

经过数字化的音频信号可进行进一步的处理，如压缩编码。数字信号处理功能在声音卡上一般采用专用电路数字信号处理芯片 DSP 来完成，在部分声音卡上则完全依靠计算机软件加以支持。

在对数字音频信号进行重放时，首先需要对其进行解码，之后要将数字音频信号变为模拟音频信号并送给合成放大器放大后输出。

2．混合信号处理器

音频卡上的混合信号处理器可进行多声源混音处理，混音器通过 I/O 端口（输入或输出端口）可对混音器的各种功能进行如下可编程设置。

控制数字化声音输出的音量；

控制 FM 输出音乐音量，设置左声道或左右声道同时输出以及静音（mute）方式；

控制 CD-ROM 中播放的音量；

控制外线输入和话筒输出的音量；

控制总音量输出，调整左、右及中央声道输出，达到控制音频媒体表现效果；

选择声音 I/O 模式，即单声道或立体声；

选择或组合声音输入源；

选择 I/O 滤波器，低通、高通或关闭滤波器，适应输出要求。

3．MIDI 音乐合成器

电子音乐是通过电压或电流的波动来产生声音的，用电子电路模拟自然界或真实乐器所产生的声音就称为电子音乐合成。MIDI 音乐合成器有波表（Wavetable）合成和频率调制（FM）合成两种方式。波表合成技术是事先将各种乐器的波形存入表中，播放 MIDI 文件时通过查乐器波形表来获得乐器的波形；频率调制合成技术采用不同调制波频率和调制指数形成不同的谐波来模拟乐器的音色。频率调制合成技术可以创造出真实乐器不能产生的特殊音色，而波表合成技术合成的音乐更具有真实感，目前的声卡多数采用波表合成技术。

4．声卡的声道数

声卡所支持的声道数也是技术发展的重要标志，从单声道到最新的环绕立体声。

1）单声道与立体声

单声道在早期的声卡中采用得比较普遍，但缺乏对声音的位置定位，而立体声技术则彻底改变了这一状况。声音在录制过程中被分配到两个独立的声道,从而达到了很好的声音定位效果。这种技术在音乐欣赏中显得尤为有用,听众可以清晰地分辨出各种乐器来自的方向,从而使音乐更富想象力,更加接近于临场感受。立体声技术广泛运用于自 Sound Blaster Pro 以后的大量声卡,成为影响深远的一个音频标准。时至今日,立体声依然是许多产品遵循的技术标准。

2) 四声道环绕

立体声虽然满足了人们对左右声道位置感体验的要求,但是随着技术的进一步发展,人们逐渐发现双声道已经越来越不能满足需求。PCI 声卡的大宽带带来了许多新的技术,其中发展最为迅速的当数三维音效。三维音效的主旨是为人们带来一个虚拟的声音环境,通过特殊的 HRTF 技术营造一个趋于真实的声场,从而获得更好的游戏听觉效果和声场定位。HRTF 是"头部相关转换函数"的英文缩写,是一种音效定位算法,它是实现三维音效比较重要的一个因素。

要达到好的 3D 音频效果,仅仅依靠两个音箱是远远不够的,新的四声道环绕音频技术则很好地解决了这一问题。四声道环绕规定了 4 个发音点:前左、前右,后左、后右,听众则被包围在这中间。同时还建议增加一个低音音箱,以加强对低频信号的回放处理(这也就是如今 4.1 声道音箱系统广泛流行的原因)。就整体效果而言,四声道系统可以为听众带来多个来自不同方向的声音环绕,可以获得身临各种不同环境的听觉感受,给用户以全新的体验。如今四声道技术已经广泛融入各类中高档声卡的设计中,成为未来发展的主流趋势。

3) 5.1 声道

5.1 声道已广泛运用于各类传统影院和家庭影院中,一些比较知名的声音录制压缩格式,如杜比 AC-3(Dolby Digital)、DTS 等都是以 5.1 声音系统为技术蓝本的。其实 5.1 声音系统来源于 4.1 环绕,不同之处在于它增加了一个中置单元。这个中置单元负责传送低于 80Hz 的声音信号,在欣赏影片时有利于加强人声,把对话集中在整个声场的中部,以增加整体效果。目前,更强大的 7.1 系统已经开始出现了。它在 5.1 的基础上又增加了中左和中右两个发音点,以求达到更加完美的境界。

3.2.3　声卡的选择及应用

目前,市场上声卡的生产厂家很多、型号也很多,性能上也有所差异。在选购时,除了价格因素外,还要考虑声卡的性能、质量和兼容性。

1. 声卡的技术指标

声卡的性能是通过它的一系列技术指标来评判的,主要的技术性能指标如下。

(1) 采样频率和量化位数。它们是影响声卡录制和回放声音质量的主要参数。采样频率和量化位数越高,声音的保真度越高。采样频率通常采用 11.025kHz(语音效果)、22.05kHz(音乐效果)、44.1kHz(高保真效果)。常用的量化位数为 8、12、16 位。

(2) MIDI 合成方式。MIDI 合成方式主要有两种:调频合成(FM)和波形表合成(Wavetable)。调频合成利用硬件产生若干个简单的正弦波来模拟实际乐器的声音;波形表合成方式调用各种实际乐器录制的数字声音样本进行还原回放,更具真实感,效果好。

（3）DSP 数字信号处理器。在高档的声卡上,一般都带有 DSP 数字信号处理器。

（4）音频压缩。声卡应支持多种标准的音频编码算法。

2. 声卡与外部设备的连接

声卡与外部设备的连接如图 3-6 所示。

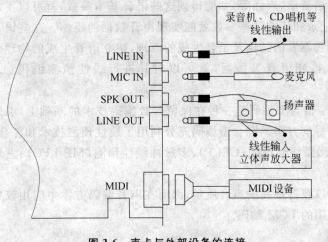

图 3-6　声卡与外部设备的连接

3.3　数字音频的压缩编码

3.3.1　概述

将量化后的数字声音信息直接存入计算机将会占用大量的存储空间。在多媒体音频信号处理中,一般需要对数字化后的声音信号进行压缩编码,使其成为具有一定字长的二进制数字序列,以减少音频的数据量,并以这种形式在计算机内传输和存储。在播放这些声音时,需要经解码器将二进制编码恢复成原来的声音信号播放。

声音信号能进行压缩编码的基本依据主要有 3 点:

（1）声音信号中存在着很大的冗余度,通过识别和去除这些冗余度,便能达到压缩的目的。

（2）音频信息的最终接收者是人,人的视觉和听觉器官都具有某种不敏感性。舍去人的感官所不敏感的信息对声音质量的影响很小,在有些情况下,甚至可以忽略不计。例如,人耳听觉中有一个重要的特点,即听觉的"掩蔽"。它是指一个强音能抑制一个同时存在的弱音的听觉现象。利用该性质,可以抑制与信号同时存在的量化噪音。

（3）对声音波形取样后,相邻采样值之间存在着很强的相关性。

按照压缩原理的不同,声音的压缩编码可分为 3 类,即波形编码、参数编码和混合型编码。

波形编码：这种方法主要利用音频采样值的幅度分布规律和相邻采样值间的相关性进行压缩，目标是力图使重构的声音信号的各个样本尽可能地接近于原始声音的采样值。这种编码保留了信号原始采样值的细节变化，即保留了信号的各种过渡特征，因而复原的声音质量较高。波形编码技术有 PCM（脉冲编码调制）、ADM（自适应增量调制）和 ADPCM（自适应差分脉冲编码调制）等。

参数编码：参数编码是一种对语音参数进行分析合成的方法。语音的基本参数是基音周期、共振峰、语音谱、声强等，如能得到这些语音基本参数，就可以不对语音的波形进行编码，而只要记录和传输这些参数就能实现声音数据的压缩。这些语音基本参数可以通过分析人的发音器官的结构及语音生成的原理，建立语音生成的物理或数学机构模型通过实验获得。得到语音参数后，就可以对其进行线性预测编码（Linear Predictive Coding，LPC）。

混合型编码：混合型编码是一种在保留参数编码技术的基础上，引用波形编码准则去优化激励源信号的方案。混合型编码充分利用了线性预测技术和综合分析技术，其典型算法有：码本激励线性预测（CELP）、多脉冲线性预测（MP-LPC）、矢量和激励线性预测（VSELP）等。

波形编码可以获得很高的声音质量，因而在声音编码方案中应用较广。下面介绍波形编码方案中常用的 PCM 编码。

3.3.2　脉冲编码调制

1. 编码原理

PCM 编码调制是对连续语音信号进行空间采样、幅度值量化及用适当码字将其编码的总称，即它把连续输入的模拟信号变换为在时域和振幅上都离散的量，然后将其转化为代码形式传输或存储，原理框图如图 3-7 所示。在图 3-7 中，它的输入是模拟声音信号，输出是 PCM 样本。图中的"防失真滤波器"是一个低通滤波器，用来滤除声音频带以外的信号；"波形编码器"可暂时理解为"采样器"，"量化器"可理解为"量化阶大小"（Step-Size）生成器或者称为"量化间隔"生成器。

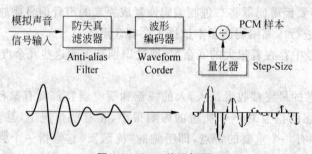

图 3-7　PCM 编码框图

从模拟声音信号输入到声音信号的数字化，这中间是一个声音信号的处理过程。模拟信号数字化一般有 2 个步骤：第一步是采样，就是每隔一段时间间隔读一次声音的幅度;第二步是量化,就是把采样得到的声音信号幅度转换成数字值,但那时并没有涉及如何进行量化。PCM 方法可以按量化方式的不同,分为均匀量化 PCM、非均匀量化 PCM和自适应量化 PCM 等几种。

2. 均匀量化

如果采用相等的量化间隔对采样得到的信号进行量化称为均匀量化。均匀量化就是采用相同的"等分尺"来度量采样得到的幅度,也称为线性量化,如图 3-8 所示。均匀量化 PCM 就是直接对声音信号作 A/D 转换,在处理过程中没有利用声音信号的任何特性,也没有进行压缩。该方法将输入的声音信号的振幅范围分成 2^B 个等份(B 为量化位数),所有落入同一等份数的采样值都编码成相同的 B 位二进制码。只要采样频率足够大,量化位数也适当,便能获得较高的声音信号数字化效果。为了满足听觉上的效果,均匀量化 PCM 必须使用较多的量化位数,这样所记录和产生的音乐,可以达到最接近原声的效果。当然提高采样率及分辨率,将引起储存数据空间的增大。

为了适应幅度大的输入信号,同时又要满足精度要求,就需要增加样本的位数。但是,对话音信号来说,大信号出现的机会并不多,增加的样本位数没有充分利用。为了克服这个不足,出现了非均匀量化的方法,这种方法也叫做非线性量化。

3. 非均匀量化

非线性量化的基本想法是,对输入信号进行量化时,大的输入信号采用大的量化间隔,小的输入信号采用小的量化间隔,如图 3-9 所示。这样就可以在满足精度要求的情况下用较少的位数来表示。声音数据还原时,采用相同的规则。

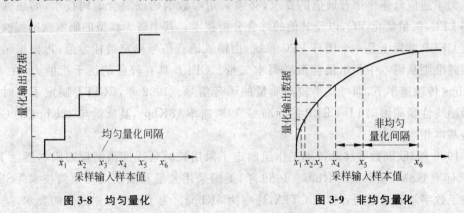

图 3-8　均匀量化　　　　　　　　　图 3-9　非均匀量化

3.4　音频编码标准

3.4.1　ITU-T G 系列声音压缩标准

随着数字电话和数据通信容量日益增长的迫切要求,而又不希望明显降低传送话音信号的质量,除了提高通信带宽之外,对话音信号进行压缩是提高通信容量的重要措施。另一个可说明话音数据压缩的重要性的例子是,用户无法使用 28.8Kbps 的调制解调器来接收因特网上的 64Kbps 话音数据流,这是一种单声道、8 位/样本、采样频率为 8kHz 的话音数据流。ITU-TSS 为此制定了并且继续制定一系列话音(Speech)数据编译码标准。其中,G.711 使用 μ 率和 A 率压缩算法,信号带宽为 3.4kHz,压缩后的数据率为 64Kbps;G.721 使用 ADPCM 压缩算法,信号带宽为 3.4kHz,压缩后的数据率为 32Kbps;G.722 使用 ADPCM 压缩算法,信号带宽为 7kHz,压缩后的数据率为 64Kbps。在这些标准基础上还制定了许多话音数据压缩标准,如 G.723、G.723.1、G.728、G.729、G.729.A 等。在此简要介绍以下几种音频编码技术标准。

1. 电话质量的音频压缩编码技术标准

电话质量语音信号频率规定在 300Hz～3.4kHz,采用标准的脉冲编码调制 PCM。当采样频率为 8kHz,进行 8bit 量化时,所得数据速率为 64Kbps,即一个数字电话。1972 年,CCITT 制定了 PCM 标准 G.711,速率为 64Kbps,采用非线性量化,其质量相当于 12bit 线性量化。

1984 年,CCITT 公布了自适应差分脉冲编码调制 DPCM 标准 G.721,速率为 32Kbps。这一技术是对信号和它的预测值的差分信号进行量化,同时再根据邻近差分信号的特性自适应改变量化参数,从而提高压缩比,又能保持一定信号质量。因此,ADPCM 对中等电话质量要求的信号能进行高效编码,而且可以在调幅广播和交互式激光唱盘音频信号压缩中应用。

为了适应低速率语音通信的要求,必须采用参数编码或混合编码技术,如线性预测编码 LPC,矢量量化 VQ,以及其他的综合分析技术。其中较为典型的码本激励线性预测编码 CELP 实际上是一个闭环 LPC 系统,由输入语音信号确定最佳参数,再根据某种最小误差准则从码本中找出最佳激励码本矢量。CELP 具有较强的抗干扰能力,在 4K～16Kbps 传输速率下,即可获得较高质量的语音信号。1992 年,CCITT 制定了短时延码本激励线性预测编码 LD-CELP 的标准 G.728,速率 16Kbps,其质量与 32Kbps 的 G.721 标准基本相当。

1988 年,欧洲数字移动特别工作组制定了采用长时延线性预测规则码本激励 RPE-LTP 标准 GSM,速率为 13Kbps。1989 年,美国采用矢量和激励线性预测技术 VSELP,制定了数字移动通信语音标准 CTIA,速率为 8Kbps。为了适应保密通信的要求,美国国家安全局 NSA 分别于 1982 年和 1989 年制定了基于 LPC,速率为 2.4bps 和基于 CELP,速率为 4.8Kbps 的编码方案。

2. 调幅广播质量的音频压缩编码技术标准

调幅广播质量音频信号的频率在 50Hz～7kHz 范围。CCITT 在 1988 年制定了 G.722 标准。G.722 标准是采用 16kHz 采样,14bit 量化,信号数据速率为 224Kbps,采用子带编码方法,将输入音频信号经滤波器分成高子带和低子带两个部分,分别进行

ADPCM 编码,再混合形成输出码流,224Kbps 可以被压缩成 64Kbps,最后进行数据插入(最高插入速率达 16Kbps)。因此,利用 G.722 标准可以在窄带综合服务数据网 N-ISDN 中的一个 B 信道上传送调幅广播质量的音频信号。

3. 高保真度立体声音频压缩编码技术标准

高保真立体声音频信号频率范围是 50Hz～20kHz,采用 44.1kHz 采样频率,16bit 量化进行数字化转换,其数据速率每声道达 705Kbps。1991 年,国际标准化组织 ISO 和 CCITT 开始联合制定 MPEG 标准,其中 ISO CDlll72-3 作为"MPEG 音频"标准,成为国际上公认的高保真立体声音频压缩标准。MPEG 音频第一和第二层次编码是将输入音频信号进行采样频率为 48kHz、44.1kHz、32kHz 的采样,经滤波器组将其分为 32 个子带,同时利用人耳屏蔽效应,根据音频信号的性质计算各频率分量的人耳屏蔽门限,选择各子带的量化参数,获得高的压缩比。MPEG 第三层次是在上述处理后再引入辅助子带、非均匀量化和熵编码技术,再进一步提高压缩比。MPEG 音频压缩技术的数据速率为每声道 32～448Kbps,适合于 CD-DA 光盘应用。

3.4.2 MP3 压缩技术

MP3 的全名是 MPEG Audio Layer-3,简单地说就是一种声音文件的压缩格式。1987 年,德国的研究机构 IIS(Institute Integrierte Schaltungen)开始着手一项声音编码及数字音频广播的计划,名称叫做 EUREKA EU147,即 MP3 的前身。之后,这项计划由 IIS 与 Erlangen 大学共同合作,开发出一套非常强大的算法,经由 150 国际标准组织认证之后,符合 ISO-MPEG Audio Layer-3 标准,就成为现在的 MP3。

ISO/MPEG 音频压缩标准里包括了三个使用高性能音频数据压缩方法的感知编码方案(Perceptual Coding Schemes),按照压缩质量(每 bit 的声音效果)和编码方案的复杂程度划分分别是 Layer 1、Layer 2、Layer 3。所有这三层的编码采用的基本结构是相同的。它们在采用传统的频谱分析和编码技术的基础上还应用了子带分析和心理声学模型理论,也就是通过研究人耳和大脑听觉神经对音频失真的敏感度,在编码时先分析声音文件的波形,利用滤波器找出噪音电平(Noise Level),然后滤去人耳不敏感的信号,通过矩阵量化的方式将余下的数据每一位打散排列,最后编码形成 MPEG 的文件。而音质听起来与 CD 相差不大。

MP3 的好处在于大幅降低数字声音文件的容量,而不会破坏原来的音质。以 CD 音质的 Wave 文件来说,如抽样分辨率为 16b,抽样频率 44.1kHz,声音模式为立体声,那么存储 1 秒钟 CD 音质的 Wave 文件,必须要用 16b×44 100Hz×2Stereo＝1 411 200bit,也就是相当于 1411.2Kb 的存储容量,存储介质的负担相当大。不过通过 MP3 格式压缩后,文件便可压缩为原来的 1/10～1/12,每 1 秒钟的 MP3 只需 112～128Kb 就可以了。

具体的 MPEG 的压缩等级与压缩比率参见表 3-2。

表 3-2   MPEG 的压缩等级与压缩比率

MPEG 编码等级	压缩比率	数字流码率/Kbps
Layer 1	1∶4	384
Layer 2	1∶6～1∶8	192～256
Layer 3	1∶10～1∶12	128～154

声音品质与 MP3 压缩比例关系见表 3-3。

表 3-3   声音品质与 MP3 压缩比例关系

声音质量	带宽/kHz	模式	比特率/Kbps	压缩比率
电话	2.5	单声道	8	96∶1
好于短波	4.5	单声道	16	48∶1
好于调幅广播	7.5	单声道	32	24∶1
类似调频广播	11	立体声	56～64	26～24∶1
接近 CD	15	立体声	96	16∶1
CD	>15	立体声	112～128	14～12∶1

3.4.3   MP4 压缩技术

MP4 并不是 MPEG-4 或者 MPEG-1 Layer 4,它的出现是针对 MP3 的大众化、无版权的一种保护格式,由美国网络技术公司开发,美国唱片行业联合会倡导公布的一种新的网络下载和音乐播放格式。

从技术上讲,MP4 使用的是 MPEG-2 AAC 技术,也就是俗称的 a2b 或 AAC。其中,MPEG-2 是 MPEG 于 1994 年 11 月针对数码电视(数码影像)提出的。它的特点是,音质更加完美而压缩比更加大(1∶15)。MPEG-2 AAC(ISO/IEC 13818-7)在采样率为 8～96kHz 下提供了 1～48 个声道可选范围的高质量音频编码。AAC 就是 Advanced Audio Coding(先进音频编码)的意思,适用于从比特率在 8Kbps 单声道的电话音质到 160Kbps 多声道的超高质量音频范围内的编码,并且允许对多媒体进行编码/解码。AAC 与 MP3 相比,增加了诸如对立体声的完美再现、比特流效果音扫描、多媒体控制、降噪优异等 MP3 没有的特性,使得在音频压缩后仍能完美地再现 CD 音质。

AAC 技术主要由以下 3 个部分组成。第一,AT&T 的音频压缩技术专利。它可以将 AAC 压缩比提高到 20∶1 而不损失音质。这样,一首 3 分钟的歌仅仅需要 2.25MB,这在互联网上的下载速度是很惊人的。第二,安全数据库。它可以为你的 AAC Music 创建一个特定的密钥,将此密钥存于其数据库中。同时,只有 AAC 的播放器才能播放含有这种密钥的音乐。第三,协议认证。这个认证包含了复制许可、允许复制副本数目、歌曲总时间、歌曲可以播放时间以及售卖许可等信息。它的工作原理如下:首先认证该歌曲内部的密钥,然后核实安全数据库中的密钥并找到其许可协议。这样就决定了歌曲以何种形式播放以及是否可以复制、贩卖。同时,数据库中的许可协议可以应用户要求随时修改,使得 AAC 歌曲本身包含的版权信息也可以随时更换。这是一种融合了版权的音乐技术,解决了 MP3 带来的版权冲击问题。

　　MP4 技术的优越性要远远高于 MP3,因为它更适合多媒体技术的发展以及视听欣赏的需求。但是,MP4 是一种商品,它利用改良后的 MPEG-2 AAC 技术并强加上由出版公司直接授权的知识产权协议作为新的标准;而 MP3 是一种自由音乐格式,任何人都可以自由使用。此外,MP4 实际上是由音乐出版界联合授意的官方标准;MP3 则是广为流传的民间标准。相比之下,MP3 的灵活度和自由度要远远大于 MP4,这使得音乐发烧友们更倾向于使用 MP3。更重要的一点是,MP3 是目前最为流行的一种音乐格式,它占据着大量的网络资源,这使得 MP4 的推广普及难上加难。长远来看,MP4 的流行是迟早的事(指其优越的技术性)。但是如果 MP4 不改进其技术构成(即强加的版权信息)的话,那么,自由的 MP3 使用了 MPEG-2 AAC 的技术后,胜负就很明显了。

3.5　数字音频处理软件简介

　　音频信息获取的途径主要有利用音频处理软件自己制作、利用现有的声音素材库和通过其他外部途径(如 CD、电视等)购买版权获得音频。下面简单介绍几种常用的音频处理软件。

3.5.1　Adobe Audition 2.0

　　Audition 的前身是 Cool Edit Pro,一个非常出色的数字音乐编辑器和 MP3 制作软件。不少人把 Cool Edit 形容为音频"绘画"程序。你可以用声音来"绘"制音调、歌曲的一部分、声音、弦乐、颤音、噪音或是调整静音。而且它还提供有多种特效为你的作品增色:放大、降低噪音、压缩、扩展、回声、失真、延迟等。你可以同时处理多个文件,轻松地在几个文件中进行剪切、粘贴、合并、重叠声音操作。使用它可以生成的声音有噪音、低音、静音、电话信号等。该软件还包含有 CD 播放器。其他功能包括:支持可选的插件、崩溃恢复、支持多文件、自动静音检测和删除、自动节拍查找、录制等。另外,它还可以在AIF、AU、MP3、Raw PCM、SAM、VOC、VOX、WAV 等文件格式之间进行转换,并且能够保存为 RealAudio 格式。

　　Adobe Audition 2.0 加入了无限音轨和低延迟混音、ASI0 零延迟、音频快速搜索等技术,功能非常强大,其窗口界面如图 3-10 所示。

　　在具体操作过程中,可以用 Audition 进行声音录制。如果发现录制的声音音量不合适,可以用工具栏中的"音量放大"工具来进行加工。Audition 还可以用于去除杂音(包括去除环境噪音,去除出气声,修改咔嗒声,清除呼吸声和去除在有效语音上的杂音)、增加回响效果、改变音高和音速、增加合唱效果、声音的淡入与淡出以及声音片段的合并等。

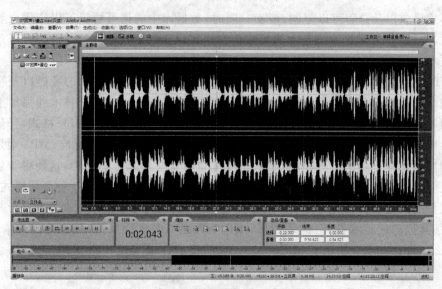

图 3-10　Adobe Audition 窗口

3.5.2　GoldWave

GoldWave 是一种相当棒的数码录音及编辑软件,除了附有许多的效果处理功能外,它还能将编辑好的文件存为 WAV、AU、SND、RAW 和 AFC 等格式,而且它可以不经由声卡直接抽取 SCSI 形式的 CD ROM 中的音乐来录制编辑。同时,作为 Wave 文件编辑处理工具,支持从 MP3、MPG、AVI、ASF、MOV 等文件中提取音频进行编辑。所以除了它强大的编辑功能外,用作把以上格式的音频转换成 WAV 文件也是很方便的。如果你安装了 MP3 或 WMA 的驱动程序的话,可以压缩成 MP3 或 WMA 格式的 WAV 文件。这种压缩的 WAV 文件除了直接欣赏之外,如果使用 FlaskMPEG 转换 MPEG 文件后出现影音错位问题的话,再使用 VirtualDub 把此文件和视频文件合并即可解决。不过它不支持流方式转换,所以需要足够的剩余磁盘空间。GoldWave 的窗口界面如图 3-11 所示。

GoldWave 同时是较新的、适合于一般教师进行音频素材采集与制作的软件。它集音频录制和编辑于一体,功能强大,不仅是一个录音程序,可以很方便地制作 CAI 课件的背景音乐、音效,录制 CD,转换音乐格式等,而且还具有各种复杂的音乐编辑和特效处理功能。该软件不需要安装,只要运行程序文件夹中的可执行程序即可。GoldWave 小巧玲珑,只有 600KB 左右,可从 http://www.goldwave.com 下载。

3.5.3　Cakewalk(音乐大师)

音序器软件作为 MIDI 软件的核心和基础,在电脑音乐中起着举足轻重的作用。它控制着 MIDI 信息的输入输出,指挥着与它连接的各种外设的正常工作。而 Cakewalk 一直又是其中的佼佼者,它以强大的功能、简单的操作受到全球 MIDI 爱好者的一致好评,在国内更有广泛的使用面,所以,它几乎成了 MIDI 音乐的代名词。

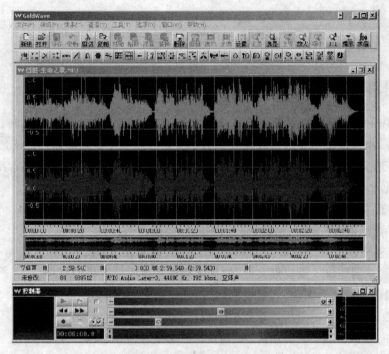

图 3-11　GoldWave 窗口

　　作为一种图形化的音乐编辑软件，Cakewalk 的主要工作界面就是各种工作窗口，对 MIDI 事件和音频事件的所有编辑和操作都是在工作窗口中完成的。如图 3-12 所示，音轨窗既是 Cakewalk 主界面的主要组成部分，又是重要的工作窗口。类似的还有钢琴窗帘、事件列表窗、调音台窗等。每个窗口各有所长，分别适用于不同的编辑对象和编辑特征。

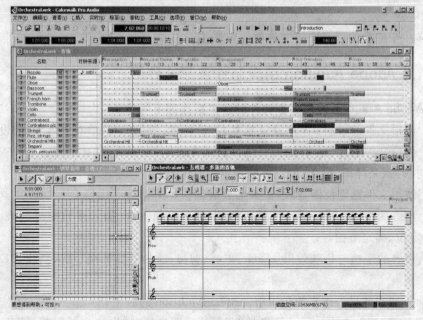

图 3-12　Cakewalk 窗口

3.6　数字音频的获取与文件格式转换

3.6.1　利用"录音机"生成和编辑波形文件

Windows 的录音机的主要功能是录音和放音。使用"录音机"可以录制、混合、播放和编辑声音，也可以将声音链接或插入到另一文档中。其主要功能操作如下所述。

（1）波形文件的录制：确保音频输入设备已经连接到计算机，录音机常用的输入设备是麦克风和 CD-ROM 播放机；

（2）波形文件的存储：存储的文件格式为波形（.wav）文件；

（3）声音的编辑：复制、粘贴、插入、删除等操作；

（4）音频变换与特殊效果：更改声音的大小、速度、回音等。

下面以"录制编辑一段波形文件"的具体操作来说明录音机的应用。

录制编辑一段波形文件。（解说词）

步骤 1：首先准备一份所需录制的材料作为解说词。

步骤 2：选择"开始"→"程序"→"附件"→"娱乐"→"录音机"菜单命令。打开"录音机"，单击"录音"按钮开始录音。Windows 录音机录制音频文件时一次能录制的时间为 60 秒，当录制时间大于 60 秒后，单击"录音"按钮继续录制。当朗读文章结束后，单击"停止"按钮结束录音。

步骤 3：执行菜单"文件"→"另存为"命令，在出现的"另存为"对话框的"格式"项中单击"更改"按钮。在"声音选定"对话框中修改"属性"项为"22.05Hz 16 位　86KBps"，单击"确定"按钮返回"另存为"对话框，选好保存的路径，文件名存为"解说词"，保存类型选 Wav。

这样一个完整的语音音频文件便保存好了。

3.6.2　用 Adobe Audition 编辑制作波形文件

用 Adobe Audition 制作波形文件的主要操作如下所述。

（1）波形文件的录制：录制及录制参数（采样率、量化位数、单双声道等）的设定；

（2）波形文件的存储：存储的文件格式（.wav、.au、.smp、.asf、.wma 等）的选择，文件格式与参数（采样率、量化位数、单双声道等）的变换；

（3）波形文件选定范围播放，记录播放时间；

（4）声音的编辑：剪切、复制、混合粘贴、插入多轨工程、插入多轨播放列表、删除静音、零点定位、确定节拍等；

（5）声音的变换与特殊效果：降噪、扩音、剪接、添加立体环绕、淡入淡出、3D 回响等音效。

下面以回响效果为例来简单了解 Adobe Audition 的应用。

步骤 1：打开需要添加回响效果的"背景音乐"，选择"效果"→"延迟效果"菜单命令，打开"回声"对话框。

"回声特征"：该选项组中的"反馈（Decay）"数字框表示一系列连续的回声中，一个回声相对于前一个回声衰减的百分比。如果将这个百分比设为 0，就听不到回声；设为 100％，声音的回声就再也安静不下来了。"延迟（Delay）"数字框表示一系列连续的回声中，相邻两个回声之间的时间间隔，单位是毫秒。"回声电平（Initial Echo Volume）"数字框表示在最终输出的声音中，混合到原始声音信号中的回声信号的量。

"逐次均衡回声（Successive Echo Equalization）"：该选项组用来对回声信号进行快速滤波。每一个竖直的滑动条都表示一个特定的频率，频率值写在滑动条下。滑块用来调节按"回声特征"选项组的设置产生的回声在某个特定频率上减少的音量。这个音量值标在滑条的上方。如果减少的音量为 0，这个频率上的回声音量就不受影响。"逐次均衡回声"选项组可以用来模拟自然物表面的特性，因为物体表面对声音的反射并不是所有频率均等的，甚至会吸收某些频率的信号。

"预置（Presets）"：该选项组提供了丰富的预置选项。如果可能的话，就听听这些预置选项所产生的奇特效果。

步骤 2：处理结束后，打开"文件"→"另存为"命令，选择好路径，文件名存为"回响音乐"单击"保存"按钮，完成回响处理。

3.6.3　转换 CD 音轨

转换 CD 音轨的软件很多，在此以比较常用的 CDCopy 为例来说明一下如何转换 CD 音轨。CDCopy 是一个常用的抓音轨工具，它对烂盘的纠错性能非常好，还可以把 CD 音轨转换为 WAV、AU、RA、Yamaha VQF、AAC、MP3 等多种声音格式。而且 CDCopy 是一个共享软件，可以从 http://cdcopy.actadivina.com 下载到它的最新版本。

在熟悉了 CDCopy 的操作界面后，可以利用窗口最下面的一排播放控制按钮来播放要抓取的音轨。下面就简单介绍如何抓取及转换音轨。

1. 选择文件格式

要从 CD 上把一首歌曲转换为音频文件保存在硬盘上，首先，要选择把 CD 音轨转换为什么格式的音频文件。这里，CDCopy 提供了十几种选择，一般只需要把 CD 音轨转换为 WAV 文件或 MP3 文件。对于其他的文件格式，极少用到，可以不去理会。如果要转换为 MP3 文件格式，就选择"MP3（MPEG Audio Layer-3）"。

2. 设置文件保存路径

选择好文件格式后，还要为音频文件设置一个保存的目录和文件名。单击 File 菜单下的 Save As 项，从弹出的"另存为"对话框中选择一个合适的目录和文件名，然后单击"保存"按钮确认。在为文件起名字时要注意，起的这个文件名只是文件的基本名，CDCopy 还会为转换完的每首歌曲名字加上一个音轨编号。例如要把第二条音轨转换为 MP3，文件起名为 test，那么文件转换完成后会发现真正的文件名是 test02.mp3。

3. 转换音轨

现在,就可以开始转换了。单击工具栏上的 Start Copying 按钮。在转换的过程中,窗口下面的 Progress 栏中显示了这首歌的大小、已经转换的扇区数和总扇区数,我们可以通过这些信息了解转换的进度。CDCopy 把 CD 音轨转换成 WAV 文件,CD 音轨要转换成 MP3,首先要转换为 WAV 文件,然后再把 WAV 文件压缩成 MP3 格式。在转换的过程中我们随时可以单击 Cancel Write Operation 按钮取消转换,接着又会弹出一个窗口,这是 CDCopy 在压缩 MP3。转换完成,打开资源管理器,就可以看到抓取下来的 MP3 文件。

3.6.4 MP3 与 WAV 格式的互换

转换 CD 音轨时介绍的软件 CDCopy 也可以用来实现 MP3 与 WAV 格式的互换。其实能实现 MP3 与 WAV 格式互换的软件有很多,例如,Ease MP3 WAV Converter(简体中文版)是一个用于音频文件格式转换的软件,可以实现 MP3 与 WAV 文件间的相互转换,同时它还有音质标准化、设定音效品质的功能。在这里从 WAV→MP3、MP3→WAV 两个转换过程来简要地介绍 MP3 与 WAV 格式的互换。

1. WAV→MP3

常见的转换工具有 L3enc、MPEG Layer-3 Audio Codec、RightClick-MP3、MP3Creator、MPlifier。这些是经常使用的工具,当初将 CD 转换成 MP3 的过程中,首先将 CD 转换成 WAV,接着再利用这些工具将 WAV 转换成 MP3。在这些工具里,MP3 Creator 相对来讲更优秀。它不仅可以将 WAV 转化成 MP3,而且还可以直接将 CD 里的音轨抓出来并编码为 MP3。

2. MP3→WAV

前面提到过 WAV 在 Windows 的应用中非常广泛,可有时这些 WAV 文件却不容易找到。而此时正好有一个 MP3 比较适合,这个时候就需要一个 MP3 转换成 WAV 的工具。通常这些工具主要有 MP32WAV Professional、MP3towav、RightClick-MP3、DART CD-Recorder、MP3Decoder 等。这里,主要介绍 MP3towav(http://qingyuan.csw.cnshare.net),这是一个将 MP3 转换为 WAV 的工具。其主要特点如下。(1)支持截段转换。也就是说你可以将 MP3 中的任意一小段转换为 WAV,当然也支持全曲转换。(2)快速高效。仅需要不到原曲 1/10 的时间即可完成,"瓶颈"也许是您的硬盘。(3)支持鼠标右键操作。仅需在 MP3 文件上右击,选择"转换到 WAV"即可完成工作。(4)可将 MP3 文件转换到指定的文件夹。(5)允许所有用户将自己的 MP3 网站链接到程序并随之传播。

3.6.5 其他格式的互换

在前面已经学习了 CD 音轨转换和 MP3 与 WAV 格式的互换,同时还可以利用一些其他软件进行其他格式的转换,如 CD→WAV(转换工具:CDCopy、AudioGrabber、

WinDAC32、Digital Audio Copy、MusicMatch Jukebox 等）、WAV→RM（转换工具：Real Producer G2）、RA→WAV（转换工具：Ra2Wav、Streambox Ripper）、WAV→VQF（转换工具：Yamaha soundVQ Encoder、Audiograbber 等）、RAW→WAV（转换工具：RAWtoWAV 等）、MP3→CD（转换工具：MP3CD Maker、CDCOPY、MP32WAV Professional、AudioWriter、Siren Jukebox 等）、CD→MP3（转换工具：MusicMatch Jukebox、Cdtomp、Cdex、Ultimate Encoder 等）、WAV→SWA（转换工具：Authorware 6.0 等）等。但是，应该注意：一般来说，转换次数越多，最终的音乐离原始的音乐差距也会越多，所以，选择好的转换方法就显得非常重要了；另外，在文件转换的时候不要运行任何其他程序，否则会导致文件转换中的错误甚至造成系统死机。

3.7　语音识别技术

随着计算机科学技术的发展，人们已经不能满足仅仅通过键盘和显示器与计算机交换信息，而是迫切需要一种更加自然、更能为人们所接受的方式与计算机沟通。计算机对自然语言的理解便是最直接的形式。语音识别（计算机理解自然语言的基础）一直是新一代智能计算机的重要组成部分。随着计算机处理和存储能力的不断增强，通过语音识别来录入信息，通过把语音信号转换为文本信息存储再转换为语音输出来减少数据量是两种最重要的应用。

语音识别技术在信息社会有着广阔的应用前景，除了上述的重要应用领域外，它还可以应用于残疾人帮助，电话信息查询，文本校对，火车站、飞机场、医院等公共场所的语音帮助和识别系统。

3.7.1　语音识别系统及其工作原理

语音识别以语音为研究对象，是语音信号处理的一个重要研究方向，是模式识别的一个分支，其目的就是让机器具有人的听觉功能，在人机语音通信中"听懂"人类口述的语言。根据不同的需求，语音识别的识别内容可分为狭义的语音识别（Speech Recognition）和说话人语音识别（Speaker Recognition）。前者指的是排除不同人的发音差异（如发声频率、说话习惯、口音等），力求提取代表语意的共性特征，"理解"发音人所说的话；后者又称为话者识别，是寻求不同说话人的个性特征，以辨认出说话人的身份。

虽然语音识别系统因语种、功能的不同而呈现出不同的特点，但基本的工作原理可以用图 3-13 所示的框图说明。

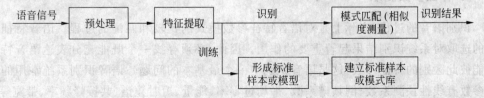

图 3-13　语音识别系统基本原理框图

其中,预处理包括语音信号采样、反混叠带通滤波、去除个体发音差异、设备、环境引起的噪声影响等,并涉及语音识别基元的选取和端点检测问题。特征提取部分用于提取语音中反映本质特征的声学参数,如平均能量、平均跨零率、共振峰等。训练在识别之前进行,通过让讲话者多次重复语音,从原始语音样本中去除冗余信息,保留关键数据,再按照一定规则对数据加以聚类,形成模式库。模式匹配部分是整个语音识别系统的核心,它根据一定的准则(如某种距离测度)以及专家知识(如构词规则、语法规则、语义规则等),计算输入特征与库存模式之间的相似度,判断出输入语音的语意信息。

在这一过程中处理的方法如下。

1. 连续语音流的预处理

(1) 波形硬件采样率的确定、分帧大小与帧移策略的确定;

(2) 剔除噪声的带通滤波、高频预加重处理、各种变换策略;

(3) 波形的自动切分(依赖于识别基元的选择方案)。

对模拟语音信号采样,将其数字化。采样频率的选取根据模拟语音信号的带宽依采样定理确定,以避免信号的频域混叠失真。

连续语音流切分也被称为语音端点检测,它在连续语音识别的预处理中,是极其重要的环节,其目的是找出语音信号中的各种识别基元(如音素、音节、半音节、声韵母、单词、意群等)的始点和终点的位置,将对连续语音的处理变为对各个语音单元的处理,从而大大降低系统的复杂度,提高系统的性能。

识别基元分点的准确确定,不仅可以使得解码出的状态序列具有很高的准确性,而且对于树搜索方式的解码、帧同步搜索等算法来说,大大增加了直接剪枝的机会,进而降低识别系统的时空复杂度,极大地提高系统总体性能。

语音流的切分引擎分为如下两个层次。

数据积累与粗略切分的有限状态自动机:它用来对连续采集的语音流进行积累,当达到适当的长度后,就可靠地分离出语音段与静音段。其功能是靠一个具有 5 个状态的有限自动机来实现的。它所用到的特征主要是时域的,如帧绝对能量、过零率等。

细节切分扫描过程:对上面状态机输出的语音段进行细节切分,其最终的输出单位为上层语音识别系统所需要的基元(如音节、半音节、声韵母)或特定的段(如词或意群),并提供足够的附加信息(如全音节的音调候选,词内所含音节个数范围、停顿时间等韵律信息)。它所用到的特征有时域的,也有频域的和变换域的,如基音周期的变化轨迹、FFT 等。

2. 特征参数提取

识别语音的过程,实际上是对语音特征参数模式的比较和匹配的过程。语音特征参数的选取对系统识别结果起着重要的作用。因此,必须寻找一个既能充分表达语音特征又能彼此区别的特征参数,这是语音识别中一个最基本的问题。语音识别系统常用的特征参数有线性预测系数、倒频谱系数、平均过零率、能量、短时频谱、共振峰频率、带宽等。

3. 参数模板存储

在建立识别系统时,首先进行特征参数提取,然后对系统进行训练和聚类。通过训练,系统建立并存储一个该系统须识别字(或音节)的参数模板库。

4. 识别判决

识别时,待识别语音信号经过与训练时相同的特征参数提取后,与模式模板存储器中的模式进行匹配计算和比较,并根据一定的规则进行识别判决,最后输出识别结果。

3.7.2　语音识别系统的应用

二十多年前,语音识别技术还只是科研人员在实验室里描述的一个梦想般的希望,但计算机硬、软件两个方面的进步终于促成了这一技术的平民化。目前,在信息处理、教育与商务应用、消费电子应用方面,语音识别技术都已经得到了广泛的应用。

1. 语音识别技术在信息处理领域的应用

在中国,电脑的普及还存在一些障碍,很多 PC 用户对其复杂的用户界面感到困惑,而且对部分人来讲,汉字的输入也是一大难题。因此,语音处理在这些方面有着广阔的应用。简单地讲,语音识别技术在信息处理领域的首要应用将在于提供一种全新的人机交互形式。在这样一种形式之下,将会拓展出许多应用分支。

1) 给计算机发送指令(Command 和 Control)

Windows 的图形用户界面虽然已经大大简化了操作环境,但大多数用户仍然会在其中迷失方向。而且,日益出现的新领域也超过了一般用户的理解能力。现在,随着语音识别技术的应用,计算机将会像一位与你交谈的伙伴,你可能只需要对着话筒说几句话,就可以实现那些隐藏在 Windows 层层菜单后面的功能。目前,国际商用机器公司(IBM)在这方面已经有成熟的产品。国内购买联想微机的用户应该已经体会到了这一技术的优势,语音输入已经取代键盘和鼠标成为与计算机交流的又一方式。

提示:在按照 Windows 或 Office 时可以选择安装语音识别软件。安装成功后会在输入法面板上显示"话筒"图标。通过语音识别可以命令 Windows 或者 Office 执行某些命令或操作。为了更好地执行命令,在语音识别前需要建立模式库,即进行语音识别训练,如图 3-14 所示。

2) 听写系统(Dictation)

IBM 曾在人民大会堂召开的新闻发布会上宣布了这一成熟技术商品化应用的成功。它的最主要特征是实现了中文连续语音识别,这标志着中文语音识别技术划时代的进展。这套系统还实现了非特定语音的识别,中文输入速度可达平均每分钟 150 字,平均最高识别率达到 95%,并具有"自我"学习的功能。很显然这将大大降低计算机应用的障碍,并简化了信息处理的方式。

3) 信息查询

语音识别技术使得计算机能够听懂指令,因此,将语音识别、语言理解与大量的数据

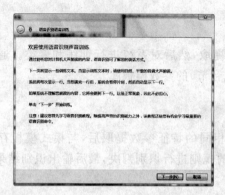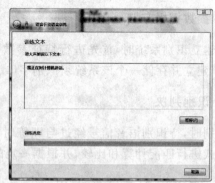

图 3-14　语音识别训练

库检索和查询技术相结合,就能够实现更轻松的信息查询方式。例如,图书馆的资料信息将能够对来自用户的语音输入进行理解,并将它转化为相应的指令,从数据库中获取结果并返回给用户;公司的决策者也不用再花很多时间来研究如何使用软件,他只要对着计算机表达出他所需要的信息就可以了,使用者通过简单的命令就可以获得所需的资料。

4) 网上交谈

网上交谈有两个层次,目前很流行的"聊天室"还限于文字层面。在计算机中安装上语音识别芯片或软件后,尽可以对着话筒说就是了,计算机将及时把它转换成文字并发送出去。最为理想的网上交谈是语音识别技术、机器翻译技术和语音合成技术的完美结合,这意味着可以面对世界上任何地方的某个人,虽然彼此并不懂对方的语言,而且远在天涯,却可以自由地交谈。当对着话筒说完后,计算机会识别你的语音并转化为文字,而机器辅助翻译则会马上将这些文字翻译成对方的文字并传送过去,对方的计算机则将这些文字再合成为语音并读出来。整个过程类似于"同声传译",只是机器在这里充当了主角。

2. 教育与商务应用

在教育与商务领域,语音识别技术的应用前景也是广泛的。

1) 语音教学软件

就教育领域来讲,语音识别技术最直接的应用就是帮助用户更好地练习语言技巧。在过去,用户只是通过简单的模仿来进行学习,而无法精确地比较自己发音的差异。美国一家公司开发的一套《Talk to Me》就是一个很好的语音教学软件。用户跟着计算机说完一句话后,计算机会同时显示标准发音和用户发音的波形比照图,并给出分数。用户通过比较波形图就可以发现自己在某个发音细节方面的差异,并且可以反复倾听对比来体会这种差异。同时,基于语音比较技术而给出的分数也更具公正性,并可以激励用户的学习潜质。

2) 电话查询

语音识别技术的另一个发展分支就是电话语音识别技术,贝尔实验室是这方面的先驱。电话语音识别技术将能够实现电话查询、自动接线以及一些专门业务(如旅游信息等)的操作,但电话语音识别的难度还包括对冗余信息的处理。

3)电子商务

随着网络技术的进一步发展,电子商务也正日渐流行。语音识别技术和电子商务的结合,将创造一种全新的交易方式。只需要坐在家中,通过向计算机发布命令就可以实现网上购物,从而免掉跋涉之劳。

3. 消费电子产品应用

计算机的发展方向将可能使得语音识别技术在手持计算机上进行,乃至固定到一个小小的芯片上。假如确实能够在一个指头大小的芯片上应用语音识别技术,那将不仅仅给用户带来一些方便而已。事实上,将这些算法嵌入到更小的芯片中去,将为语音识别应用开拓更新的领域。

现在,一般的家电产品,机械系统乃至各种小型特别专用系统都是通过微处理芯片进行控制的。设想技术的发展使得能够在这些芯片上集成一些算法,就可以部分地或全部地实现语音控制的功能。只要发布一个指令,机器(或电子产品)就能够理解,并按照这样一个指令去执行一系列包括各种操作的动作。你下了班回家,只需要坐在客厅里说几句话,房间里便能响起柔和的音乐,厨房里就自动开始烹调食品等。

3.7.3　语音识别系统的发展方向

尽管目前语音识别的技术应用比较广泛,在信息处理、教育与商务应用、消费电子应用方面,语音识别技术都已经展现出了它的巨大优势。但是我们希望实现的应该是非特定人的、大词汇表的、可识别连续自然发音的语音识别系统,它应该接近于人类对自然语音的识别能力。因此,目前的语音识别系统还有须待解决的问题,这也是目前语音识别研究的范围及未来语音识别系统努力的方向。

1. 增加系统的稳定性

即当条件变得与训练条件不同时,性能的下降应该是非突变的。例如,声音环境中的变化,不应当引起性能突然下降。

2. 增加系统的适应性

系统应该连续地适应于变化的条件,如新的说话者、话筒、任务等,并在使用中不断改善。使用者之间在年龄、性别、口音、发音速度、语音强度、发音习惯与方式等方面存在着较大的差异,系统应该把这些差异排除掉,实现对语音的稳定识别。

3. 寻找更好的语音模型

系统应该从语言模型中获得尽可能多的约束,来解决随着词汇量的增长和其他约束的放宽所带来的问题。目前的系统利用统计模型来帮助缩小搜索空间和消除声音的不确定性。系统可以识别的词汇量越大,它所需要的空间和时间花销就越多。随着词汇量的增多,词与词之间的差异就会变得越来越细微,这将会导致系统识别性能急剧下降。

4. 进行动力学建模

语音识别系统假定了一系列的片段或单词是相互独立的。而实际上词语和音素的知觉线索要求整合那些反映了发生器官运动的特征,这些运动本质上是动态的。所以,应该进行动力学建模,以便将这些信息结合到识别系统中。尽管连续发音是人们最为自然的发音方式,但是识别系统不能把连续语音作为一个整体来进行识别。系统的基本识别单元是连续语音的一个部分,这些识别基元同孤立情况下的识别基元有时并不是一致的。

本 章 小 结

本章主要介绍了与音频信号有关的基本概念、硬件设备及其应用软件,包括音频信号的分类及其特点、音频信号数字化过程、音频卡简介、音频信号的压缩与编码标准、数字音频的获取、语音识别技术等内容。

音频是指频率在 20Hz~20kHz 范围内的可听声音。多媒体中的声音主要包括数字音频和 MIDI 音乐两种类型。声音信号的基本处理包括采样、量化、编码压缩、编辑、存储、传输、解码、播放等环节。

音频接口卡是实现音频信号数字化和音频输出(语音合成)的硬件设备,实现音频信号的 A/D、D/A 转换。同时也能和 MIDI 设备通信,实现 MIDI 的制作和播放(音乐合成)。

数字音频编辑处理包括音频内容、格式、效果等方面的处理。内容处理通过拼接、合并、剪辑完成;格式处理主要指不同声音文件之间的相互转换;效果处理的内容很丰富,如淡入、淡出、混响、去噪等。

MIDI 文件中保存用 MIDI 消息所表示的乐谱,播放时要通过声卡中相应的合成器才会发出美妙的乐声,所以,MIDI 音乐的音质与设备相关。

思考与练习

一、单选题

1. 声波重复出现的时间间隔是(　　)。
    A. 频率　　　　　　　B. 周期　　　　　　C. 振幅　　　　　　D. 带宽
2. 声音的数字化过程是(　　)。
    A. 采样—量化—编码　　　　　　　　　B. 采样—编码—量化
    C. 采样—编码—量化　　　　　　　　　D. 量化—合成—编码
3. 音频采样和量化过程所用的主要硬件是(　　)。
    A. 数字编码器　　　B. 数字解码器　　　C. 模/数转换器　　　D. 数/模转换器

4. 人耳可以听到的声音的频率范围为( )。

    A. 20Hz～20kHz   B. 200Hz～15kHz

    C. 8000Hz～44.1kHz   D. 800Hz～88.2kHz

5. 通用的音频采样频率有 3 种,以下( )不是通用的音频采样频率。

    A. 22.05kHz   B. 20.5kHz   C. 11.025kHz   D. 44.1kHz

6. 以下数字音频文件中数据量最小的是( )。

    A. MID   B. MP3   C. WAV   D. WMA

7. 音频信号无失真的压缩编码是( )。

    A. 波形编码   B. 参数编码   C. 混合编码   D. 熵编码

8. 高保真立体声音频压缩标准是( )。

    A. G.722   B. G.711   C. G.728   D. MPEG

二、填空题

1. 声音包含三个要素: _____、_____ 和 _____。

2. 声音的质量按它所占用的频带宽度可以分为 4 级,它们是: _____、_____、_____ 和 _____。

3. 声音的信噪比为 _____。

4. 衡量数字音频的主要指标包括 _____、_____ 和 _____ 3 部分。

5. MIDI 音乐制作系统通常由 _____、_____ 和 _____ 3 个基本部件组成。

三、简答题

1. 音频文件的质量和数据量与哪些因素有关?

2. 某一段声音信号的采样频率为 44.1kHz、量化位数为 8 位、立体声、录音时间为 20 秒,其文件有多大?

第 4 章

chapter 4

多媒体图像处理技术

学习目标

1. 掌握图像技术的概念及基本原理；
2. 了解色彩原理及色彩模型；
3. 知道图像文件的转换；
4. 掌握 Photoshop 图像处理的基本技术与方法；
5. 能应用 Photoshop 软件处理简单的图像。

4.1 图像技术基础

多媒体图像处理又称为数字图像处理或计算机图像处理，它是指将图像信号转换成数字格式并利用计算机对其进行处理的过程。图像、色彩是图像处理的基础，下面从色彩基础、色彩模型、图像的基本属性、图像的分类 4 个方面来简单叙述图像技术基础。

4.1.1 色彩基础

图像作品是由人眼来感知的，人眼感知到最多的就是图像作品的轮廓和色彩。人眼对轮廓的感知是通过与真实环境中物体的比较，而人眼对作品色彩的感知只是一种理性上的感知，与人对色彩的敏感程度有关。因此，在计算机图像处理过程中，对色彩的处理是主要工作。色彩是很微妙的东西，它们本身的独特表现力可以用来产生出一种刺激人们大脑中对以某种形式存在的物体的共鸣，展现出对生活的看法与态度，扩大创作的想象空间，赋予处理新的不定性。

色彩一般分为无彩色和有彩色两大类。无彩色是指白、灰、黑等不带颜色的色彩，即反射白光的色彩；有彩色是指红、黄、蓝、绿等带有颜色的色彩。事实上，在日常生活中我们所观察的不仅仅是色彩，还包括形状、面积、体积等。为了寻找规律，人们抽出纯粹色知觉的要素，认为构成色彩的基本要素是色相、明度和纯度，也就是色彩的三个属性。要理解和运用色彩，必须掌握色彩归纳整理的原则和方法，其中最主要的是掌握色彩的属性。

色相是颜色的基本特性,指一种颜色区别于其他颜色的最基本和最显著的特征。一个物体的色相取决于这个物体对可见光进行选择性的吸收和反射后的结果。色相是色彩最基本的属性,即色彩的颜色范围,光谱中每一种颜色都是一种色相。

明度是指色彩的明暗程度。通常情况下,明度的取值范围为 0~256,即白色至黑色。对于同一色相,明度可能不同,色彩的明度和亮度是有区别的。亮度指物体表面反射色彩的光亮程度;而明度是人们对色彩明暗程度的感知,它以亮度为基础,却不等同于亮度。

纯度是指色彩的饱和程度,即某种颜色含该颜色的量值。对于颜色而言,纯度变化有两个趋势:纯度增加,亮度增加,相当于在颜色中增加白色;纯度降低,颜色变暗,相当于在颜色中增加黑色。

4.1.2　色彩模型

Photoshop 提供了多种色彩模型的转换,这里介绍常见的几种。

1. 位图颜色模式

位图模式其实就是黑白模式,它只能用黑色和白色来表示图像。只有灰度模式可以转换为位图模式,所以,一般的彩色图像需要先转换为灰度模式后再接着转换为位图模式。

2. 灰度颜色模式

灰度模式就是用 0~255 的不同灰度值来表示图像,它可以表现从黑到白的整个系列灰色色调。我们知道,位图图像记录的是每个像素的颜色值。在灰度颜色模式中,每个像素需要 8 位的空间来记录它的颜色值,8 位的颜色值可以产生 $2^8 = 256$ 级灰度(0 表示黑色,255 表示白色)。灰度图像就是用这 256 级灰度值来表现图片内容的。

3. 索引色彩模式

索引色彩模式使用 0~256 种颜色来表示图像。当一幅 RGB 或 CMYK 的图像转化为索引颜色时,Photoshop 将建立一个 256 色的色表来储存此图像所用到的颜色。索引色的图像占硬盘空间较小,但是图像质量也不高,适用于多媒体动画和网页图像制作。

4. RGB 颜色模式

这是我们用得最多的色彩模式了,它是以红、绿、蓝三种颜色作为原色的色彩模式。RGB 色彩模式产生颜色的方法为加色法,没有光时为黑色,加入 RGB 色的光产生颜色。RGB 每一色都有 0~255 种亮度的变化,当光亮达到最大时就为白色了。

5. CMYK 颜色模式

CMYK 是针对印刷而设计出的一种色彩模式,由品红、品蓝、品黄、黑色组成。CMYK 色彩模式为减色法,当颜色相互叠加后产生黑色;反之为白色。CMYK 模式中以黑色代替了其他的色彩,因此,CMYK 模式不可能像 RGB 模式那样产生出高亮的颜色。不论是 RGB 转换为 CMYK,还是 CMYK 转换为 RGB,其中的部分颜色都会产生"损耗",而发生偏色现象。

6. Lab 颜色模式

Lab 颜色模式是通过 A、B 两个色调参数和一个光强度来控制色彩。A、B 两个色调可以通过-128～+128 之间的数值变化来调整色相,其中 A 色调为由绿到红的光谱变化,B 色调为由蓝到黄的光谱变化;光强度可以在 0～100 范围内调节。当 RGB 和 CMYK 两种模式互换时,都需要先转换为 Lab 颜色模式,这样才能减少转换过程中的损耗。

7. HSB 颜色模式

HSB 颜色模式将色彩分解为色相、饱和度、亮度,其色相沿着 0°～360°的色环来进行变换,只有在色彩编辑时才可以看到这种色彩模式。色相又称为色调,反映了从物体表面反向或透过物体的光的波长,用颜色的名字来区分;饱和度指颜色的强度或纯度,也称为色质,表示与色相成正比的灰色成分的数量,以百分比度量;在标准色轮上,接近色轮边缘,颜色的饱和度增加,接近色轮中心时饱和度降低;亮度指颜色的相对亮度或暗度,通常以百分比度量,其中 0%为黑,100%为白。

4.1.3　图像的基本属性

描述一幅图像需要使用图像的属性,图像的属性包含分辨率、像素深度、真/伪彩色、图像的表示法、种类等。本节介绍前面三个特性。

1. 分辨率

我们经常遇到的分辨率有两种:显示分辨率和图像分辨率。

1) 显示分辨率

显示分辨率是指显示屏上能够显示出的像素数目。例如,显示分辨率为 1024×768 表示显示屏分成 768 行(垂直分辨率),每行(水平分辨率)显示 1024 个像素。屏幕能够显示的像素越多,说明显示设备的分辨率越高,显示的图像质量也就越高。除液晶显示器 LCD(Liquid Crystal Display)外,一般都采用 CRT 显示,它类似于彩色电视机中的 CRT。显示屏上的每个彩色像点由代表 R、G、B 三种模拟信号的相对强度决定,这些彩色像点就构成一幅彩色图像。

早期用的计算机显示器的分辨率是 0.41mm,随着技术的进步,分辨率由 0.41→0.38→0.35→0.31→0.28 一直到 0.26mm 以下。显示器的价格主要集中体现在分辨率上,因此,在购买显示器时应在价格和性能上综合考虑。

2) 图像分辨率

图像分辨率是指组成一幅图像的像素密度,也用水平和垂直的像素来表示,即每英寸多少点(dpi)表示数字化图像的大小。例如,用 200dpi 来扫描一幅 2×2.5 英寸的彩色照片,那么得到一幅 400×500 个像素点的图像。对同样大小的一幅图,如果组成该图的图像像素数目越多,则说明图像的分辨率越高,看起来就越逼真。相反,图像显得越粗糙。

图像分辨率与显示分辨率是两个不同的概念。图像分辨率是确定组成一幅图像的像素数目,而显示分辨率是确定显示图像的区域大小。当图像分辨率大于显示分辨率时,屏幕只显示部分图像;当图像分辨率小于显示分辨率时,图像只占屏幕的一部分。

2. 像素深度

像素深度指存储每个像素所用的位数,也用于度量图像的色彩分辨率。图像深度用来确定彩色图像每个像素可能有的颜色数,或者确定灰度图像每个像素可能有的灰度级数。例如,一幅彩色图像的每个像素用 R、G、B 三个分量表示,若每个分量用 8 位,那么一个像素共用 24 位表示,就说像素的深度为 24,每个像素可以是 $2^{24}=16\,777\,216$ 种颜色中的一种。在这个意义上,往往把像素深度说成是图像深度,表示一个像素的位数越多,它能表达的颜色数目就越多,它的深度就越深。

3. 真彩色、伪彩色与直接色

辨别真彩色、伪彩色与直接色的含义,对于编写图像显示程序、理解图像文件的存储格式有直接的指导意义,也不会对出现诸如这样的现象感到困惑:本来是用真彩色表示的图像,但在 VGA 显示器上显示的图像颜色却不是原来图像的颜色。

1) 真彩色

真彩色(True Color)是指在组成一幅彩色图像的每个像素值中,有 R、G、B 三个基色分量,每个基色分量直接决定显示设备的基色强度,这样产生的彩色称为真彩色。例如,用 RGB 5∶5∶5 表示的彩色图像,R、G、B 各用 5 位,用 R、G、B 分量大小的值直接确定三个基色的强度,这样得到的彩色是真实的原图彩色。

在许多场合,真彩色图通常是指 RGB 8∶8∶8,即图像的颜色数等于 224,也常称为全彩色(Full Color)图像。但在显示器上显示的颜色不一定是真彩色,要得到真彩色图像需要有真彩色显示适配器,目前在 PC 上用的 VGA 适配器是很难得到真彩色图像的。

2) 伪彩色

伪彩色(Photoshopeudo Color)图像的含义是,每个像素的颜色不是由每个基色分量的数值直接决定,而是把像素值当做彩色查找表(Color Look-Up Table,CLUT)的表项入口地址,去查找一个显示图像时使用的 R、G、B 强度值,用查找出的 R、G、B 强度值产生的彩色称为伪彩色。

3) 直接色

每个像素值分成 R、G、B 分量,每个分量作为单独的索引值对它做变换。也就是通过相应的彩色变换表找出基色强度,用变换后得到的 R、G、B 强度值产生的彩色称为直接色(Direct Color)。它的特点是对每个基色进行变换。

4.1.4　图像的分类

在计算机中,表达其生成的图形图像可以有两种常用的方法:一种叫矢量图;另一种叫点阵图像,即点位图。

点位图是连续色调图像最常用的电子媒介。在计算机中,它是将屏幕上的图像分成若干点阵(像素),每个像素都被分配一个特定的屏幕位置参数和颜色值,许许多多不同色彩的像素组合在一起,便构成了一幅图像。位图采用了点阵的方式,每个像素都能记录图像的色彩信息,因此,可以精准地表现色彩丰富的图像。点位图是把一幅彩色图分成许多的像素,每个像素用若干个二进制位来指定该像素的颜色、亮度和属性。因此,一幅图由许多描述每个像素的数据组成,这些数据通常称为图像数据。而这些数据又作为一个文件来存储,这种文件称为图像文件。

点位图的获取通常用扫描仪,以及摄像机、录像机、激光视盘、视频信号数字化卡等一类设备,通过这些设备把模拟的图像信号变成数字图像数据。点位图文件占据的存储器空间比较大。影响点位图文件大小的因素主要有两个:即前面介绍的图像分辨率和像素深度。分辨率越高,就是组成一幅图的像素越多,图像文件越大;像素深度越深,就是表达单个像素的颜色和亮度的位数越多,图像文件就越大。

矢量图与点位图相比,显示点位图文件比显示矢量图文件要快。矢量图侧重于"绘制"、去"创造",而点位图偏重于"获取"、去"复制"。矢量图和点位图之间可以用软件进行转换,由矢量图转换成点位图采用光栅化(Rasterizing)技术,这种转换也相对容易;由点位图转换成矢量图用跟踪(Tracing)技术,这种技术在理论上说是容易,但在实际中很难实现,对复杂的彩色图像尤其如此。

4.2   图像数字化过程

要在计算机中处理图像,必须先把真实的图像(照片、画报、图书、图纸等)通过数字化转变成计算机能够接受的显示和存储格式,然后再用计算机进行分析处理。图像的数字化过程主要分为采样、量化与编码 3 个步骤。

4.2.1   采样

采样的实质就是要用多少点来描述一张图像,采样的结果就是通常所说的图像分辨率。简单来讲,对二维空间上连续的图像在水平和垂直方向上等间距地分割成矩形网状结构,所形成的微小方格称为像素点。一幅图像就被采样成有限个像素点构成的集合。例如,一幅 640×480 像素的图像,表示这幅图像是由 307 200 个像素点组成。采样频率是指一秒钟内采样的次数,它反映了采样点之间的间隔大小。采样频率越高,得到的图像样本越细腻逼真,图像的质量越高,但要求的存储量也越大。

在进行采样时,采样点间隔大小的选取很重要,它决定了采样后的图像能真实地反映原图像的程度。一般来说,原图像中的画面越复杂,色彩越丰富,则采样间隔应越小。由于二维图像的采样是一维的推广,根据信号的采样定理,要从取样样本中精确地复原图像,可得到图像采样的奈奎斯特(Nyquist)定理:图像采样的频率必须大于或等于源图像最高频率分量的两倍。

4.2.2　量化

量化是指要使用多大范围的数值来表示图像采样之后的每一个点。量化的结果是图像能够容纳的颜色总数，它反映了采样的质量。例如，如果以 4 位存储一个点，就表示图像只能有 16 种颜色；若采用 16 位存储一个点，则有 $2^{16} = 65\,536$ 种颜色。所以，量化位数越大，表示图像可以拥有更多的颜色，自然可以产生更为细致的图像效果。但是，也会占用更大的存储空间。两者的基本问题都是视觉效果与存储空间的取舍。

假设有一幅黑白灰度照片，因为它在水平与垂直方向上的灰度变化都是连续的，都可认为有无数个像素，而且任一点上灰度的取值都是从黑到白可以有无限个可能值。通过沿水平和垂直方向的等间隔采样可将这幅模拟图像分解为近似的有限个像素，每个像素的取值代表该像素的灰度（亮度）。对灰度进行量化，使其取值变为有限个可能值。

经过这样采样和量化得到的一幅空间上表现为离散分布的有限个像素，灰度取值上表现为有限个离散的可能值的图像称为数字图像。只要水平与垂直方向采样点数足够多，量化比特数足够大，数字图像的质量就比原始模拟图像毫不逊色。

在量化时所确定的离散取值个数称为量化级数。为表示量化的色彩值（或亮度值）所需的二进制位数称为量化字长，一般可用 8 位、16 位、24 位或更高的量化字长来表示图像的颜色；量化字长越大，则越能真实地反映原有图像的颜色，但得到的数字图像的容量也越大。

4.2.3　压缩编码

数字化后得到的图像数据量十分巨大，必须采用编码技术来压缩其信息量。在一定意义上讲，编码压缩技术是实现图像传输与存储的关键。

目前已有许多成熟的编码算法应用于图像压缩。常见的有图像的预测编码、变换编码、分形编码、小波变换图像压缩编码等。

当需要对所传输或存储的图像信息进行高比率压缩时，必须采取复杂的图像编码技术。但是，如果没有一个共同的标准做基础，不同系统间不能兼容，除非每一编码方法的各个细节完全相同，否则各系统间的连接十分困难。

为了使图像压缩标准化，20 世纪 90 年代后，国际电信联盟（ITU）、国际标准化组织 ISO 和国际电工委员会 IEC 近年来已经制定并在继续制定一系列静止和活动图像编码的国际标准，现已批准的标准主要有 JPEG 标准、MPEG 标准、H.261 等。这些标准和建议是在相应领域工作的各国专家合作研究的成果和经验的总结。这些国际标准的出现也使图像编码尤其是视频图像编码压缩技术得到了飞速发展。目前，按照这些标准做的硬件、软件产品和专用集成电路已经在市场上大量涌现（如图像扫描仪、数码相机、数码摄像机等），这对现代图像通信的迅速发展及开拓图像编码新的应用领域发挥了重要作用。

4.3 图像文件基本格式及转换

4.3.1 图像文件基本格式

每一种图像处理软件几乎都有各自的方式处理图像,用不同的格式存储图像。为了利用已有图像文件,我们有必要了解主要的图像格式,以便在需要时对它们进行图像格式的转换。

1. GIF 格式

由于网络的流行,GIF 图像格式也开始流行起来。GIF,全称 Graphic Interchange Format,可译为图形交换格式,用于以超文本置标语言(Hypertext Markup Language)方式显示索引色彩图像,在互联网和其他在线服务系统上得到广泛应用。

GIF 是输出图像到网页最常采用的格式。GIF 支持 24 位彩色,由一个最多 256 种颜色的调色板实现,图像大小最多为 64K×64K。GIF 格式以 87a 和 89a 两种代码表示。GIF87a 严格支持不透明像素。而 GIF89a 可以控制那些区域透明,因此,更大地缩小了GIF 的尺寸。GIF89a 的特点是将 RGB 图像转换为索引彩色 GIF 文件中颜色的数字,以及指定 GIF 格式图像中的透明区域,用于以超文本置标语言使用 GIF 格式图像。这实际上利用了 Photoshop 格式图像中的层,然后 GIF89a 输出功能将图像转换为索引彩色并为互联网浏览器指定透明区域的颜色。如果要使用 GIF 格式,就必须转换成索引色模式(Indexed Color),使色彩数目转为 256 或更少。在 Photoshop 中,利用 Save as 命令保存GIF87a;要想保存 GIF89a,则必须使用 File|Export|GIF89a Export 命令。

GIF 格式和其他图像格式的最大区别在于,它完全是作为一种公用标准而设计的,由于网络的流行,很多平台都支持 GIF 格式。

2. PNG 格式

PNG 格式的开发是为了替代 GIF 格式,PNG 是专门为 Web 创造的。PNG 格式通常用于以超文本置标语言方式显示索引彩色图像,广泛地应用于因特网和其他在线服务系统。PNG 格式保留图像中所有的颜色信息和 Alpha 通道并采用无损压缩方法减小图像尺寸。和 GIF 格式不同的是,PNG 格式并不仅限于 256 色。

在将图像存储为 PNG 格式时,用户可选择在下载文件时逐步显示图像细节,但须在Interlace 区段中选择 Adam7;用户还可以从 Filter 区段中选择一种滤波算法,这是用来准备图像数据压缩的。

3. BMP 格式

BMP(Windows Bitmap)是 Windows 中的标准图像格式,是微软开发的 Microsoft Pain 的固有格式,已成为 PC Windows 系统中的工业标准。从理论上说,凡是在Windows 环境中运行的图形图像软件都支持 BMP 格式。它以独立于设备的方法描述位图,可用非压缩格式存储图像数据,解码速度快,支持多种图像的存储,常见的各种 PC 图像软件都能对其进行处理。该格式的图像包含的图像信息较丰富。

BMP 图像由位图文件头(BitmapHeader)数据结构、位图信息(BitmapInfo)数据结构和位图阵列组成。位图文件头数据结构包含图像文件的类型、显示内容等信息;位图信息数据结构由 BitmapInfoHeader 和 RGBQuad 两部分组成,其中 BitmapInfoHeader 包含了有关 BMP 图像的宽、高、压缩方法等信息,而 RGBQuad 则用来定义颜色;位图阵列记录了图像的每一个像素值。在生成图像时,Windows 从图像的左下角开始自左至右、自下而上扫描图像,将图像值一一记录下来,记录像素值的字节组成了位图阵列。在存储时,须在 BMP Options 对话框中规定是 Microsoft Windows 还是 OS/2 格式,同时指定位深(从 1 位到 24 位);也可以在存储时选择用行程长度编码 RLE(Run Length Encoding)方式压缩图像,这是一种无损压缩方法,与 LZW 压缩方法类似,压缩后不会丢失图像中的细节。

4. JPEG 格式

JPEG(由 Joint Photographic Experts Group"联合图形专家组"命名)是我们平时最常用的图像格式。它是一个最有效、最基本的有损压缩格式,被极大多数的图形处理软件所支持。JPEG 主要是存储颜色变化的信息,特别是亮度的变化。它压缩的是图像相邻行和列间的多余信息,只要压缩掉的颜色信息不至于引起人眼视觉上的明显变化,它就是一种很好的图像存储格式。JPEG 格式的图像广泛用于 Web 的制作。如果对图像质量要求不高,但又要求存储大量图片,使用 JPEG 无疑是一个好办法。

5. TIFF 格式

TIFF(Tag Image File Format,有标签的图像文件格式)是 Aldus 在 Mac 初期开发的,目的是使扫描图像标准化。它是跨越 Mac 与 PC 平台最广泛的图像打印格式。TIFF 格式文件一般可分为文件头、参数指针表、参数数据表和图像数据 4 个部分。其中文件头长度为 8 位,包括字节顺序、标记号和指向第一个参数指针表的偏移;参数指针表由一系列每个长为 12 位的参数块组成,它们描写图像的压缩种类、长度、彩色数、描述分辨率等众多参数;参数数据表中存放的是实际参数数据,比较常见的是 16 色或 256 色调色板;最后一部分是图像数据,它们按照参数表中所描述的形式按行排列。

TIFF 格式的特点如下。

(1) 支持多种图像模式;

(2) 支持 Alpha 通道;

(3) 跨平台的格式;

(4) 提供 LZW 压缩选项;

(5) 可读取和存储图像中的解说词。

6. PICT 格式

PICT 格式在 Macintosh 计算机的图形应用程序和排版程序中使用很广泛,它是在应用程序间转换文件的中间格式。如果要将图像保存成一种能够在 Mac 上打开的格式,选择 PICT 格式比 JPEG 要好,因为它打开的速度相当快。另外,如果要在 PC 上用 Photoshop 打开一幅 Macintosh 上的 PICT 文件,建议在 PC 上安装 QuickTime;否则,将不能打开 PICT 图像。

在以 PICT 格式存储 RGB 图像时,用户可选择 16 位或 32 位的位分辨率;对于灰度图像,可选择 2 位、4 位或 8 位位深。如果用户使用的是安装了 QuickTime 的 Macintosh 计算机,则可选择四个 JPEG 压缩选项之一。

7. PDF 格式

PDF(Portable Document Format)是由 Adobe Systems 创建的一种文件格式,允许在屏幕上查看电子文档。PDF 文件还可被嵌入到 Web 的 HTML 文档中。它是为电子文件的多种输出目标而制定的格式。PDF 文件格式全面支持高质量的页面排版、图形、图像和颜色,这种文件可以在桌面系统的应用程序中建立,在主要桌面系统用计算机平台和操作系统中使用。要将文档从一处传递到另一处,PDF 是理想的格式,因为它相当简明。Acrobat 软件家庭包含高级的字体替换技术,即使目标计算机上没有文档中包含的字体,这种技术仍能对字体进行精确的解释。

8. Scitex CT 格式

Scitex CT 文件是 Scitex Continuous Tone 的缩写,它支持灰度级图像、RGB 图像、CMYK 图像。Photoshop 可以打开诸如 Scitex 图像处理设备的数字化图像。

Scitex CT 格式图像是 CMYK 文件,尺寸很大。输入时,这种文件是由 Scitex 扫描仪产生的;在 Photoshop 中输出 Scitex CT 格式图像时,文件被输出到胶片上,使用的是 Scitex 栅格化单元,它以专用的加网系统产生分色片,其优点是几乎不产生龟纹。

9. TGA 格式

TrueVision 的 TGA(Targa)和 NuVista 视频板可将图像和动画转入电视中,PC 上的视频应用软件都广泛支持 TGA 格式。它的原始文件格式包含一个文件头、一个可选的图像识别符、一个彩色映像和图像数据。

10. PCX 格式

PCX 图像文件格式是 Zsoft 公司的 PC PaintBrush 图像软件所支持的格式。它的图像文件由文件头和图像数据构成。文件头描述版本信息及图像有关信息;图像数据采用行程编辑方法压缩,压缩速度快,但效率不太高。PCX 格式的缺点是没有为存储灰度或彩色校正表留有余地,既不能存储 CMYK 模式数据,也不能存储 HSL 模式数据。

4.3.2　图像文件格式转换

目前,图像文件格式的转换可通过两种途径完成,一种是利用图像编辑软件的"另存为"功能;另一种是利用专用的图像格式转换软件。

1. 利用图像编辑软件

图像编辑软件(如 Windows 自带的"画图"程序、Photoshop 等)支持且能处理绝大部分格式的图像。所以,利用图像编辑软件打开一幅图像,然后选择"文件"→"另存为"菜单命令,在打开的"保存"对话框的"保存类型"框中选择另一种格式保存即可。

2. 利用图像格式转换软件

图像格式转换软件较常用的有 GIF2SWF 2.5 汉化版、QuickConvert V2.3.0、Magic Img2Ani V1.1 汉化版、ZTonic Image Cocoon V1.60.5 等。这些软件的使用都非常简单,这里简单作一介绍。

GIF2SWF 是一款十分有趣的软件,它可以单独或批量将您计算机中的 GIF 动画转换为现在十分流行的 Flash 动画,即 SWF 文件。软件的转换速度很快,转换的效果与原 GIF 文件完全相同。同时,还可以优化输出 SWF 文件,自动生成含有该 Flash 的网页,或对生成的 SWF 文件进行防编辑保护。

QuickConvert V2.3.0 图像格式转换软件具有以下三个特点:①支持图像文件(BMP、JPG、JPEG、GIF、WMF、EMF、ICO、CUR、PNG、TGA、PCX、PXM、TIF)的相互转换;②任意缩放图像显示;③无须安装即可运行。

Magic Img2Ani 可以把 BMP、JPG、TGA、GIF、WMF、EMF 等格式的图像转换或批量连接为 GIF 动画、SWF 动画、AVI 电影或统一格式的图像序列,并支持多格式的混合输入。它支持 BMP、GIF、JPG、PNG、ICO、TIF、TIFF、TGA、PCX、WBMP、WMF、EMF 等多种图像格式。

ZTonic Image Cocoon 是一个功能强大的批量图片转换工具。程序支持包括 BMP、GIF、ICO、J2K、JPG、PCX、PNG、PNM、TGA、TIF、XBM 等在内的各种常用的图片文件格式;程序还支持批量调整图片尺寸大小的功能,你可以利用这个功能为多个图片建立缩略图;此外还可以用程序来制作 GIF 动画,利用内置的选项可以让你精确地控制动画的显示效果。

4.4　图像处理软件 Photoshop

图像处理软件的主要作用是对构成图像的数字进行运算、处理和重新编码,以此形成新的数字组合和描述,从而改变图像的视觉效果。本节主要阐述 Photoshop 图像处理软件。

4.4.1　Photoshop 概述

Photoshop 是平面图像处理业界霸主 Adobe 公司推出的跨越 PC 和 MAC 两界首屈一指的大型图像处理软件。它功能强大,操作界面友好,得到很多开发厂家的支持,也赢得了众多用户的青睐。

Photoshop 支持众多的图像格式,对图像的常见操作和变换做到了非常精细的程度,使得任何一款同类软件都无法望其项背;它拥有异常丰富的插件(在 Photoshop 中叫滤镜),熟练后自然能体会到"只有想不到,没有做不到"的境界。

而这一切,Photoshop 都为我们提供了相当简捷和自由的操作环境,使我们的工作游刃有余。从某种程度上来讲,Photoshop 本身就是一件经过精心雕琢的艺术品,更像为您量身定做的衣服,使用不久就会觉得备感亲切。当然,简捷并不意味着傻瓜化,自由也并非随心所欲。Photoshop 仍然是一款大型处理软件,想要用好它更不会在朝夕之间,只有长时间地学习和实际操作才能充分贴近它。

本章以 Photoshop CS 为例,阐述图像文件的基本操作、图像基本编辑操作、图像高级编辑操作 3 方面。

4.4.2　图像文件基本操作

1. 新建图像文件

在 Photoshop 窗口中,为建立新图像需要事先设置有关图像的文件名、图像大小、分辨率、背景等信息。具体操作为选择"文件"→"新建"命令,如图 4-1 所示。

图 4-1　新建图像文件

在上图中,"名称"用于输入新建图像的文件名;单击"预设"右侧的小箭头,在弹出的下拉列表框中可以选择系统自定义的各种规格的新建文件尺寸大小;"宽度"用于手动输入新建图像的宽度,在右边的下拉列表框中可以选择度量单位;"高度"用于设置新建图像的高度,在右边的下拉列表框中可以选择度量单位;"分辨率"用于设置新建图像的分辨率的大小,分辨率越高,图像品质越好,但图像文件的尺寸也越大,在右边的下拉列表框中选择单位为像素\英寸或者像素\厘米;"颜色模式"用于选择新建图像文件的颜色模式,一般用 RGB 模式;"背景内容"用于设置图像的背景颜色,有 3 个选项。其中,"白色"选项表示图像的背景色为白色;"背景色"选项表示图像的背景颜色将使用当前的背景色;"透明"选项表示图像的背景透明(以灰白相间的网格显示,没有填充颜色);"高级"栏可设置新建文件的色彩配置文件和像素纵横比,一般保持其默认设置。

全部设置完毕,单击"确定"按钮即可,出现如图 4-2 所示的 Photoshop 新建窗口。

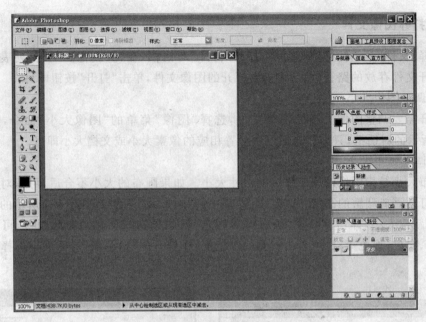

图 4-2　Photoshop 新建窗口

2. 存储图像文件

1) 存储新图像文件

对于新图像文件第一次存储时可选择"文件"→"存储为"命令,在打开的对话框中需要指定保存位置、保存文件名和文件类型。

2) 直接存储图像文件

打开已有的图像文件进行编辑后,如果只需将修改部分保存到原文件并覆盖原文件,可以选择"文件"→"存储"菜单命令。

这里要注意的是,在保存图像时,有多种格式可供选择,如图 4-3 所示。

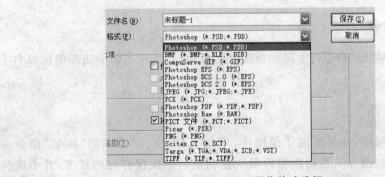

图 4-3　Photoshop 图像格式选择

3) 存储为 Web 格式

如果需将图像存储为 Web 格式,则执行"文件"→"存储为 Web 所用格式"命令。

3. 打开图像文件

选择"文件"菜单的"打开"命令,打开"打开"对话框,在"查找范围"下拉列表框中指定要打开文件存放的路径,然后单击要打开的图像文件,单击"打开"按钮即可。

1) 调整图像大小

打开需要调整图像大小的图像文件,选择"图像"菜单的"图像大小"命令,出现如图 4-4 所示的对话框,只需在对话框中设置相应的像素大小或文档大小即可。

2) 调整画布大小

画布大小是指图像四周工作区的尺寸大小。如果画布的大小不合适,可以对其进行缩放。打开需要调整的图像,选择"图像"菜单的"画布大小"命令,在图 4-5 所示的对话框中设置"新建大小"即可。其中"画布扩展颜色"指的是选择新建画布的颜色,可选择背景、前景、白色、黑色等;也可单击右侧的颜色框,在打开的"拾色器"对话框中选择新画布的颜色。

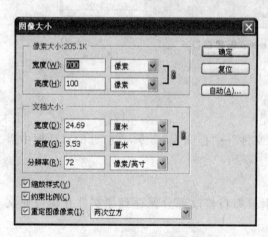

图 4-4　"图像大小"设置对话框

图 4-5　"画布大小"设置对话框

4. 关闭图像文件

选择"文件"→"关闭"命令可关闭当前图像文件窗口,或单击需关闭图像窗口右上角的"关闭"按钮。

5. 恢复图像文件

在处理图像过程中,如果出现了误操作,可以选择"文件"菜单的"恢复"命令来恢复文件。但是执行该命令只能将图像效果恢复到最后一次保存时的状态,并不能完全恢复。因此,在实际操作中常通过"历史记录"面板来恢复操作,这个会在后面详细讲解。

6. 置入图像文件

在 Photoshop 中可以通过"置入"命令导入 ＊.ai 和 ＊.eps 格式的矢量文件。方法是选择"文件"菜单的"置入"命令。

4.4.3　图像基本编辑操作

本节从图像的选取、选编选区、图层的基本操作以及编辑图像 4 方面来阐述图像的基本编辑操作。

1. 图像的选取

对图像进行编辑操作时,必须先选中图像。使用工具组中的几何选框工具、套索工具、魔棒工具等选择要编辑的区域。当使用选取工具选取图像的某个区域后,出现闪动的虚框,虚框包围的区域即为选区,如图 4-6 所示。在这种状态下,所有操作只会影响区域内的图像。下面介绍工具组中的几个常用工具。

图 4-6　Photoshop 图像选区

1）选框工具组

选框工具组用来选取规则的区域,工具组如图 4-7 所示。

其操作方法很简单。打开一个图像,选择工具组上的任意一个选框工具;然后在图像上要创建选区的位置拖动鼠标,就会创建出所选择的选区;最后在选项栏的"样式"下拉列表框中选择选项,就创建完毕,如图 4-8 所示。

样式用于设置选区的形状,有正常、固定长宽比、固定大小三个选项可供选择。正常选项是软件的默认形状,可以创建不同大小和形状的选区;固定长宽比选项用于设置选区宽度和高度之间的比例;固定大小选项用于锁定选区大小,可以在"宽度"和"高度"文本框中输入具体的值。这里要指出的是,如果想绘制正圆、正方形等只需在绘制时按住Shift键即可。

2)套索工具组

套索工具组用来选取不规则外围的图像区域,套索工具组包括的工具如图4-9所示。下面分别说明三种套索工具的使用方法。

图4-7　选框工具组

图4-8　样式列表

图4-9　套索工具组

套索工具:将鼠标指针移动到要选取图像的起始点,单击并按住鼠标左键不放,沿图像的轮廓移动鼠标,回到图像的起点时释放鼠标,即可选取图像。

多边形套索工具:适用于选取边界多为直线或边界曲折的复杂图形。方法如下。

(1)选择工具箱中的多边形套索工具,将鼠标移至图像窗口中要选取图像的边界位置上,左击,此时在光标处显示一条表示选取位置的线条,然后沿着需要选取的图像区域拖动鼠标。

(2)当拖动到转折处时在转折点处单击鼠标,作为多边形的一个顶点,然后继续拖动。

(3)选取完成回到起点时,鼠标指针后出现一个小圆点,这时左击,闭合选取区域。

磁性套索工具:可以自动捕捉图像中对比度较大的图像边界,从而快速、准确地选取图像的轮廓区域。

3)魔棒工具与"色彩范围"命令

使用魔棒工具可以选取图像中颜色相同或相似的图像区域。方法如下。用鼠标单击需要选取图像区域中的任意一点,附近与它颜色相同或相似的区域便会自动选取。

在图4-10魔棒工具栏中,"容差"用于设置选取的颜色范围,输入的数值越大,选取的颜色范围也越大;数值越小,选取的颜色范围就越小;"消除锯齿"用于消除选区边缘的锯齿;"连续"表示只选取相邻的颜色区域,未选中时表示可将不相邻的区域也加入选区;"对所有图层取样"表示当图像包含多个图层时,选中该复选框对图像中所有的图层起作用,不选中时只对当前的图像起作用。

图4-10　魔棒工具组

使用魔棒工具选取图像时,"色彩范围"命令与魔棒工具的作用类似,但功能更为强大。它可以选取图像中某一颜色区域内的图像或整个图像内指定的颜色区域。打开"选择"菜单,选择"色彩范围"命令,即可打开如图 4-11 所示的对话框。

　　在当前对话框中,"选择"表示在它的下拉列表框中,可以选择所需的颜色范围,其中"取样颜色"表示可用吸管工具在图像中吸取颜色,取样颜色后可以通过设置"颜色容差"选项来控制选取范围,数值越大,选取的颜色范围就越大;其余选项分别表示将选择图像中红色、黄色、绿色、青色等颜色范围。"选择范围"表示在预览窗口内将以灰度显示选取范围的预览图像,白色区域表示被选取图像,黑色表示未被选取图像区域,灰色表示选取图像区域为半透明。"图像"表示预览窗口内将以原图像的方式显示

图 4-11　"色彩范围"设置对话框

图像的状态。"选区预览"表示在它的下拉列表框中可选择图像窗口中选区预览方式,其中"无"表示不在图像窗口中显示选取范围的预览图像;"灰度"表示在图像窗口中以灰色调显示未被选择的区域;"黑色杂边"表示在图像窗口中以黑色显示未被选择的区域;"白色杂边"表示在图像窗口中以白色显示未被选择的区域;"快速蒙版"表示在图像窗口中以蒙版颜色显示未被选择的区域。"反相"用于实现选择区域与未被选择区域之间的相互切换。在对话框中右下角有几个吸管工具,其中 [图] 用于在预览图像窗口中单击取样颜色;[图][图]增加和减少选择的颜色范围。

2．编辑选区

1）移动选区

　　在任一选择工具状态下,将鼠标指针移至选区区域内,待鼠标指针变成箭头右下角有个小方块时按住鼠标不放,拖动至目标位置即可移动选区。在使用时可用方向键移动,也可以按住 Shift 键使选区在水平、垂直或者 45°斜线方向移动。

2）增减选区

　　通过增减选区可以更为准确地控制选区的范围及形状。方法如下。

　　(1)利用快捷键来增减选区范围。在图像中创建一个选区后,按住 Shift 键不放,即可使用选择工具增加其他图像区域,同时选择工具右下角会出现"十"号,完成后释放鼠标即可。如果要增加多个选区,可以一直按住 Shift 键不放;如果新添加的选区与原选区有重叠的部分,将得到选区相加后的形状选区。

　　(2)利用工具属性栏的按钮来增减。

3）扩大或缩小选区

　　扩大选区是指在原选区的基础上向外扩张,选区的形状实际上并没有改变。方法如下。

　　在"选择"菜单中选择"修改"命令中的"扩展"命令,就会打开如图 4-12 所示的对话框,在文本框中输入 1～100 之间的整数即可。

缩小选区同扩展选区的效果相反,方法也类似,只需选择"修改"命令中的"收缩"命令即可。

4)羽化选区

通过羽化操作,可以使选区边缘变得柔和平滑,使图像边缘柔和地过渡到图像背景颜色中,常用于图像合成。方法如下。

在创建选区后单击"选择"菜单选择"羽化"命令,即可出现如图 4-13 所示的对话框,在"羽化半径"文本框中输入羽化值,单击"确定"按钮即可。

图 4-12 　"扩展选区"设置对话框　　　　　图 4-13 　"羽化选区"设置对话框

5)取消选择和重新选择

创建选区后选择"选择"→"取消选择"命令或按 Ctrl＋D 组合键即可取消选区。

取消选区后选择"选择"→"重新选择"命令或按 Ctrl＋Alt＋D 组合键即可重新选取前面的图像。

6)反选选区

创建选区后选择"选择"→"反选"命令或按 Shift＋Ctrl＋I 组合键即可以选取图像中除选区以外的其他图像区域。

7)变换选区

通过变换选区可以改变选区的形状,包括缩放、旋转等。变换时只是对选区进行变换,选区内的图像将保持不变。方法如下:选择"选择"菜单的"变换选区"命令,在选区的四周出现一个带有控制点的变换框,然后可以执行移动选区、调整选区大小及旋转选区操作。

8)存储和载入选区

对于创建好的选区,如果需要多次使用,可以先将其进行存储,需使用时再通过载入选区的方式将其载入到图像中。方法如下。

单击"选择"菜单选择"存储选区"命令,即可打开对话框,如图 4-14 所示。其中"文档"用于设置保存选区的目标图像文件,默认为当前图像;若选择"新建"选项,则将其保存到新图像中。"通道"用于设置存储选区的通道,在其下拉列表框中显示了"新建"选项和所有的 Alpha 通道;"新建"选项表示将新建一个通道用于放置选区;"名称"用于输入要存储选区的新通道名称。"操作"中"新建通道"单选按钮表示为当前选区建立新的目标通道,其他选项表示将选区与通道中的选区进行运算。

载入选区时,单击"选择"菜单选择"载入选区"命令,即可出现如图 4-15 所示的对话框。其中"通道"用于选择存储选区的通道名称;"操作"用于控制载入选区与图像中现有选区的运算方式。

图 4-14　"存储选区"设置对话框

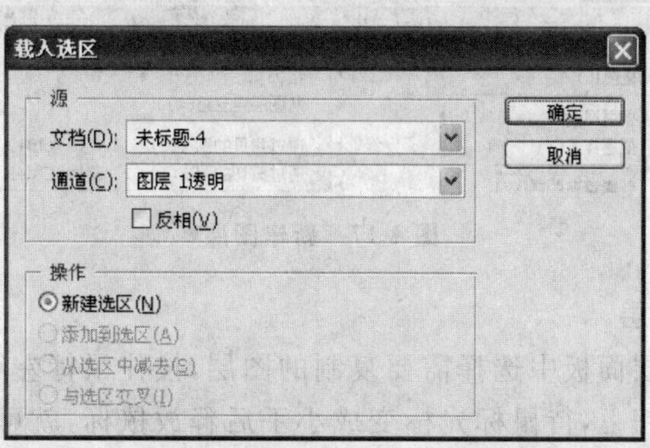

图 4-15　"载入选区"设置对话框

3. 图层的基本操作

在 Photoshop 中,一幅作品往往是由多个图层组成的,每个图层用于放置不同的图像,并通过图层的叠加来形成所需图像效果。使用图层可以在不影响图像中其他图像的情况下处理某一个图像,我们可以将图层看成是一张张叠加起来的透明纸,如果最上面的图层上面没有图像,就可以一直看到底下的图层中的图像,并可以通过移动纸张的位置来改变两层图像的相对位置。

图层面板用于显示和编辑当前图像窗口中的所有图层。在图层面板中,每个图层左侧都有一栏缩略图像,背景层位于最下方,上面依次是各个透明图层,通过图层的叠加形成了一幅完整的图像,如图 4-16 所示。

1) 新建图层

新建图层可以分为"新建空白图层"和"新建复制和剪切的图层"两种情况。

空白图层是一张完全空白的透明画纸,通过它完全可能看到下面图层的内容。方法如下:单击图层面板底部的"创建新图层"按钮。

新建复制和剪切的图层指将图像中部分选取的图像通过复制或剪切操作来创建新图层,新建的图层中将包括被复制或剪切的图像。方法如下:在当前图像窗口的其他图层中选取图像后选择"图层"→"新建"→"通过拷贝的图层"命令或选择"通过剪切的图

图 4-16 "图层"面板工具栏

层"命令,如图 4-17 所示。

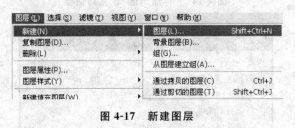

图 4-17 新建图层

2) 复制和删除图层

复制图层是在图层面板中选择需要复制的图层,按住鼠标左键不放,将其拖动到面板底部的新建图层按钮上,待鼠标光标变成小手后释放鼠标,就可以复制一个该图层的副本到原图层的上方。删除图层是在图层面板中选择需要删除的图层,单击面板底部的删除按钮即可。

3) 移动图层的排列顺序

在"图层"面板中,所有的图层都是按一定的顺序进行排列的。图层的排列顺序决定了一个图层是显示在其他图层的上方还是下方。通过移动图层的顺序可以更改图像窗口中各图像的叠放位置,以实现所需的效果。方法如下:在"图层"面板中单击需要移动的图层,按住鼠标左键不放,将其移动到需要调整到的下一图层上,当出现一条双线时释放鼠标,即可将图层移到需要的位置。

4) 链接图层

当眼睛图标右侧显示图标 ⊖ 时,标识该图层与当前图层为链接图层,在编辑图层时可以同时进行移动等编辑操作。方法如下:在图层面板中选中需要链接成一组图层的任意一个图层,使其成为当前图层,然后在其他需要链接图层的缩略图左侧单击,使其出现链接图标 ⊖ ,标识当前图层与带有 ⊖ 图标的图层已被链接成为一组。

图层被链接后,再次单击链接图标就可以取消链接。

5) 合并图层

通过合并图层可以将几个图层合并成一个图层,这样可以减小文件大小,或为了方便对这些图层进行编辑;另外需注意的是,在完成作品的制作后如果需要存储为除 PSD 和 TIF 格式外的其他文件格式必须先将所有图层合并。操作方法如下。选择"图层"菜单进行相应操作,有三个命令可以选择:"向下合并"用于将当前图层与它下面的一个图

层进行合并；"合并可见图层"用于将图层面板中所有显示
的图层进行合并，而被隐藏的图层不合并；"拼合图像"用
于将图像窗口中所有的图层进行合并，并放弃图像中隐藏
图层，如图 4-18 所示。

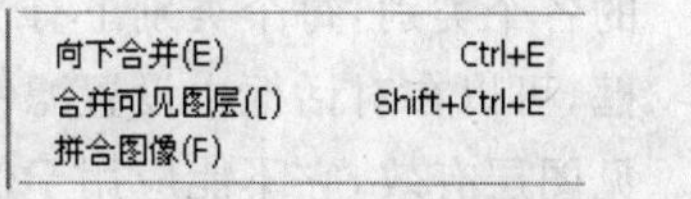

向下合并(E)	Ctrl+E
合并可见图层([)	Shift+Ctrl+E
拼合图像(F)	

图 4-18　合并图层

4．编辑图像

这里简单介绍一下编辑图像的基本操作，如移动图像、复制图像、删除图像等。

1）移动图像

移动图像可以选择工具箱中的移动工具。操作方法如下。用鼠标在图像窗口
中拖动需要移动的对象，也可按住 Shift 键在水平、垂直和 45°角方向上移动；或用方向键
进行微小移动，每次移动一个像素。

2）复制图像

在编辑图像中，复制图像有三个命令：一般复制、合并复制及粘贴入。

一般复制是将一个图层或选取内的图像直接进行复制，不作其他任何特殊操作，主
要有以下几种方法：

（1）选择工具箱中的移动工具，按住 Alt 键不放，用鼠标拖动要复制的图形到目标
位置；

（2）选择移动工具，按住 Shift＋Alt 组合键不放，用鼠标拖动要复制的图像，可以在
水平、垂直和 45°角方向上复制图像；

（3）在图层面板中，如果要复制某个图层中的图像，可以用鼠标将该图层拖动到创建
新图层按钮上复制出一个图层，再用移动工具移动图像窗口中的图像到适当位置；

（4）在建立了选区的对象上，选择"编辑"→"拷贝"命令或按 Ctrl＋C 组合键，然后再
选择"编辑"→"粘贴"命令或按 Ctrl＋V 组合键粘贴。

合并复制是将选区中所有图层的内容都加以复制，在粘贴时将其合并为一个图层。
先建立一个选区，然后选择"编辑"→"合并拷贝"命令或者按 Shift＋Ctrl＋C 组合键。

粘贴入是将要粘贴的图像内容粘贴到一个选区之中，选区以内的部分将被显示，选
区以外的部分将被隐藏。操作方法如下：先复制要粘贴的图像，然后建立一个选区，再选
择"编辑"→"粘贴入"命令即可将图像粘贴到选区内。

3）删除图像

选择"编辑"→"清除"命令、按 Delete 键或选择"编辑"→"剪切"命令可以删除当前图
层中选区内的图像内容。要注意的是如果当前图层为背景图层，将以背景色进行填充。

4.4.4　图像高级编辑操作

本节主要从滤镜、路径、通道和蒙版 4 个方面来阐述图像的高级编辑操作。

1．滤镜

使用 Photoshop 的滤镜可以使图像产生各种特技效果，滤镜菜单包括如图 4-19 所示

的各个类别,每个类别下有子菜单,当执行设置某个滤镜效果命令时,会弹出相应的对话框,可以在对话框中设置滤镜效果。这里要注意的是,滤镜命令只对当前选区或当前可见图层有效,它不能应用于位图模式、索引模式或 16 位通道图像,其中一些滤镜功能只能用于 RGB 图像。

　　滤镜对图像的处理是以像素为单位进行的,即使是同一张图像在进行同样的滤镜参数设置时,也会因为图像分辨率的不同而造成处理后效果的不同。图像的分辨率较高时,应用一些滤镜会占用大的内存空间,从而使运行速度变慢。对图像的某一部分使用了滤镜后,往往会留下锯齿,这时可以对该边缘进行羽化,使图像的边缘平滑过渡。

　　大多数的滤镜对话框都相似,其使用方法也大致相同:在"滤镜"菜单中选择相应的滤镜组,在其弹出的子菜单中选择所需的滤镜命令,然后在打开的对话框(有些滤镜没有对话框)中设置参数单击"确定"按钮即可。单击 Photoshop 菜单栏中的"滤镜"菜单,可以打开滤镜子菜单。这里以扭曲和模糊两个滤镜命令为例阐述滤镜的功能。

　　1) 扭曲

　　扭曲滤镜组主要用来对平面的图像进行扭曲处理,使其产生旋转、挤压、水波等变形效果,如图 4-20 所示。

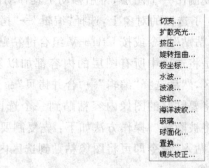

图 4-19　"滤镜"工具组　　　　　　　　　　图 4-20　扭曲滤镜子菜单

　　(1) 切变。切变滤镜可以在垂直方向上按设置的弯曲路径来扭曲图像。在图 4-21 所示的对话框中可以设置扭曲路径的样式。在方格上单击可生成一些控制点,拖动这些控制点即可随意扭曲路径,将控制点拖出框外可删除该控制点。其中,"折回"表示以图像中弯曲出去的部分来填充空白区域;"重复边缘像素"表示以图像中扭曲边缘的像素来填充空白区域。

　　(2) 扩散亮光。扩散亮光滤镜能使图像产生光热弥漫的效果,常用来表现强烈的光线和烟雾效果。在图 4-22 中,"粒度"表示用于控制辉光中的颗粒度,该值越小,颗粒越少；"发光量"表示用于调整辉光的强度，该值不宜过大；"清除数量"表示用于控制图像受滤镜影响区域的范围，该值越大，受影响的区域越少。

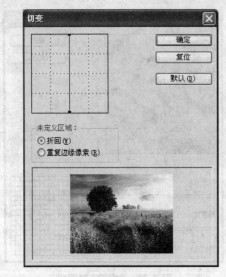

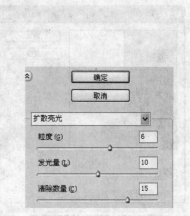

图 4-21　"切变"对话框　　　　　　　　图 4-22　"扩散亮光"对话框

（3）挤压。挤压滤镜可以使全部图像或选区图像产生向外或向内的挤压变形效果，主要利用图 4-23 中的"数量"选项来实现。在这里，数量指的是调整挤压程度，其取值范围为 $-100\%\sim+100\%$。取正值时使图像向内收缩，取负值时使图像向外膨胀。

（4）旋转扭曲。旋转扭曲滤镜可产生旋转风轮效果，旋转中心为物体的中心，常用于制作旋涡效果，主要利用图 4-24 中的"角度"选项来实现。当角度的值为正时，图像顺时针扭曲；值为负时，图像逆时针扭曲。

图 4-23　"挤压"对话框　　　　　　　　图 4-24　"旋转扭曲"对话框

（5）极坐标。极坐标滤镜可以将图像从直角坐标系转化成极坐标系或从极坐标系转化成直角坐标系，产生一种图像极端变形的效果，如图 4-25 所示。

（6）水波。水波滤镜可产生类似水面上起伏的水波波纹和旋转效果，可以用"数量"、"起伏"和"样式"3 个参数来实现。其中，"数量"用于设置水波的波纹数量，值越大，产生的水波越多；"起伏"用于设置水波的起伏程度，值越大，产生的水波效果越明显；"样式"用于设置水波的形态，可以从其下拉列表框中选择水波的样式，如图 4-26 所示。

图 4-25　"极坐标"对话框

图 4-26　"水波"对话框

（7）波浪。波浪滤镜可以使图像产生波浪的效果。相对来讲，波浪滤镜对话框中的选项和参数复杂一些，包括类型、生产器数、波长、波幅、比例等，如图 4-27 所示。首先要确定的是波浪的类型，然后依据想要的效果来调整其他各参数。在这些参数中，"生产器数"表示产生波浪的波源数目；"波长"表示波峰间距，有最小和最大两个参数，分别表示最短波长和最长波长，最短波长值不能超过最长波长值；"波幅"表示波动幅度，有最小和最大两个参数，分别表示最小波幅和最大波幅，最小波幅不能超过最大波幅；"比例"用来调整水平和垂直方向的波动幅度。如果单击"随机化"按钮，可以随机改变图像的波动效果。

图 4-27　"波浪"对话框

（8）波纹。波纹滤镜可以产生水波荡漾的涟漪效果，主要用数量和大小 2 个参数来实现。其中,"数量"表示波纹的数量,值越大,产生的涟漪效果越强烈,但图片会失真;"大小"表示波纹的大小,如图 4-28 所示。

(9)海洋波纹。海洋波纹滤镜可以使图像产生类似海洋表面的波纹效果,其实现与前面类似。值得注意的是,当波纹幅度为 0 时,无论波纹大小值怎样改变,图像都无变化,如图 4-29 所示。

图 4-28 "波纹"对话框

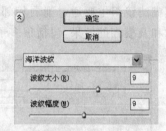

图 4-29 "海洋波纹"对话框

(10)玻璃。玻璃滤镜可以产生一种透过玻璃观察图片的效果,用扭曲度、平滑度和纹理 3 个参数来实现,如图 4-30 所示。其中"扭曲度"用来调节图像扭曲变形的程度,值越大,扭曲越厉害;"平滑度"用来调整玻璃的平滑程度,值越大,玻璃效果越平滑;"纹理"用来设置纹理类型。

(11)球面化。球面化滤镜模拟将图像在球面上进行扭曲和伸展,进而产生球面化效果,用数量和模式 2 个参数来实现,如图 4-31 所示。其中,"数量"用来设置球面化效果的程度;"模式"用来设置图像同时在水平和垂直方向上球面化,还是在水平或垂直方向上进行单向球面化。

图 4-30 "玻璃"对话框

图 4-31 "球面化"对话框

（12）置换。置换滤镜可以使图像产生移位效果，图像的移位方向与对话框中的参数设置和位移图有关。置换图像的前提是要有两个文件，一个是要编辑的图像文件，一个是位移图像文件。位移图像充当移位模板，用来控制位移的方向。在图 4-32 所示的对话框中，"水平比例"用于设定像素在水平方向上的移动距离；"垂直比例"用于设定像素在垂直方向上的移动距离；"置换图"用于设置位移图像的属性，选中"伸展以适合"单选按钮时，位移图像会覆盖原图并放大，以适合原图大小。选中"拼贴"单选按钮时，位移图像会直接叠放在原图上，不做任何大小调整；"未定义区域"用于设置未定义区域的处理方法。设置好"置换"对话框参数后，将打开"选择一个置换图"的对话框。这时，可选择一个 Photoshop 格式的图片文件，再单击"打开"按钮即可对图像进行置换。

2）模糊

模糊滤镜组主要通过削弱相邻像素间的对比度，使相邻像素间过渡平滑，从而产生边缘柔和及模糊的效果，包括很多子滤镜，如图 4-33 所示。

图 4-32　"置换"对话框

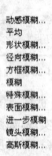

图 4-33　模糊滤镜子菜单

（1）动感模糊。动感模糊滤镜可以使静态的图像产生运动的动态效果，它实质上是通过对某一方向上的像素进行线性位移来产生运动模糊效果的，常用于制作奔驰的汽车和奔跑的人物等图像。动感模糊滤镜用角度和距离 2 个参数来实现，如图 4-34 所示。其中，"角度"表示运动模糊的方向，通过改变文本框中的数字或直接拖动指针来调整；"距离"表示移动的距离，即模糊强度，值越大，图像模糊的程度越大。

（2）径向模糊。径向模糊滤镜用于产生旋转模糊效果，用数量、中心模糊、旋转、缩放和品质几个参数来实现，如图 4-35 所示。其中"数量"用于调节模糊效果的强度，值越大，模糊效果越明显；"中心模糊"用于设置模糊从哪一点开始向外扩散，在预览图像框中单击一点即可从该点开始向外扩散；"旋转"产生旋转模糊效果；"缩放"产生放射模糊效果，被模糊的图像从模糊中心开始放大；"品质"用于调节模糊的质量。

图 4-34　"动感模糊"对话框

（3）特殊模糊。特殊模糊滤镜通过找出图像的边缘以及模糊边缘内的区域，产生一种清晰边界的模糊效果，用半径、阈值、品质和模式 4 个参数调节来实现，如图 4-36 所示。其中"半径"用于设置辐射范围的大小，值越大，模糊效果越明显；"阈值"指只有相邻像素亮度相差不超过次临界值的像素才会被模糊；"品质"用于设置模糊的质量；"模式"用于设置效果模式。

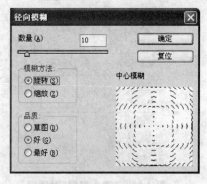

图 4-35　"径向模糊"对话框　　　　　　　图 4-36　"特殊模糊"对话框

（4）高斯模糊。高斯模糊滤镜可以将图像以高斯曲线的形式对图像进行选择性的模糊，以产生浓厚的模糊效果，可以将图像从清晰逐渐模糊，用半径参数来实现，来调节图像的模糊程度，如图 4-37 所示。

（5）镜头模糊。镜头模糊滤镜可以模仿镜头的方式对图像进行模糊，用深度映射、光圈、镜面高光、杂色等参数的调节来实现，如图 4-38 所示。其中"深度映射"用于调整镜头模糊的远近，拖动"模糊焦距"文本框下方的滑块，可以改变模糊镜头的焦距；"光圈"用于调整光圈的形状和模糊范围的大小；"镜面高光"用于调整模糊镜面的亮度和强度；"杂色"用于设置模糊过程中所添加杂点的多少和分布方式。

2. 路径

路径是一种绘制矢量图形的工具，它为 Photoshop 提供了多种辅助功能，借助它可以创建更精确的选区，而且不受封闭的限制。对它可以进行填充、描边等操作，而且还可以生成剪裁路径，以便用于排版软件。

一个路径主要由线段、锚点以及控制句柄组成。每条线段的端点叫做锚点，在画笔上以小方格表示，选中的锚点用实心方格表示；曲线的锚点用控制柄来控制曲线的形状。

图 4-37　"高斯模糊"对话框

图 4-38　"镜头模糊"对话框

在图 4-39 中,线段表示一条路径由多个线段依次连接而成,分为直线段和曲线段两种;锚点指的是路径中每条线段两端的点,由小正方形表示,黑色实心的小正方形表示该

锚点为当前选择的定位点;拐点是非平滑连接两个线段的定位点;当选择一个锚点后,会在该锚点上显示 0~2 条控制句柄,拖动控制句柄一端的小圆点就可以修改与之关联的线段的形状和曲率。

在路径控制面板中可以对路径执行填充、描边以及转换为选区等操作,在图层面板组中单击"路径"标签或单击"窗口"菜单选择"路径"命令即可将其打开,如图 4-40、图 4-41 所示。

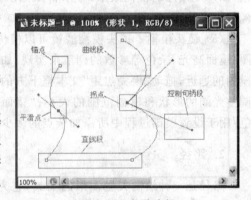

图 4-39　各种路径

面板以列表的形式列出了当前图像的所有路径,包括名称和缩略图,单击右上角的按钮 ▶ 可以弹出一个快捷菜单。路径面板中各选项的含义如下。

当前路径:面板中以蓝色条显示的路径为当前活动路径,用户所作的操作都是针对当前路径的。

路径缩略图:用于显示该路径的缩略图,可以在这里查看路径的大致样式。

图 4-40 "路径"控制面板

图 4-41 路径子菜单

路径名称：显示该路径的名称，用户可以对其进行修改。

填充路径按钮 ⬤：单击该按钮，用前景色在选择的图层上填充该路径。

描边路径按钮 ◯：单击该按钮，用前景色在选择的图层上为该路径描边。

将路径转换为选区按钮 ◌：单击该按钮，可以将当前路径转换成选区。

将选区转换为路径按钮 ⚙：单击该按钮，可以将当前选区转换成路径。

新建路径按钮 ⬛：单击该按钮，将建立一个新路径。

删除路径按钮 🗑：单击该按钮，将删除当前路径。

3. 通道

通道是以单一颜色信息记录图像的形式，一幅图像通过多个通道显示它的色彩。不同的色彩模式决定了不同的颜色通道。在 Photoshop 中，每一幅图像由多个颜色通道（如红、绿、蓝通道或青、品、黄、黑通道）构成，每一个颜色通道分别保存相应颜色的颜色信息；还可以使用 Alpha 通道来存储图像的透明区域，主要为 3D、多媒体、视频制作透明背景素材；还可以使用专色通道，为图像添加专色，主要用于印刷时添加专色印版。

1）认识通道面板

在 Photoshop 打开一幅图像后，会根据该图像的颜色建立相应的颜色通道，单击工作界面右侧的"通道"标签或选择"窗口"→"通道"命令，打开"通道"面板，如图 4-42 所示。

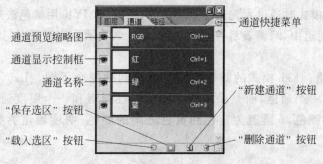

图 4-42 "通道"面板工具栏

通道预览缩略图：用于显示该通道的预览缩略图，单击右上角的"通道快捷菜单"按钮，在弹出的快捷菜单中选择"调板选项"命令，在打开的对话框中可以调整预览缩略图的大小;如果选中"无"单选按钮,则通道面板中将不会显示通道预览缩略图。

通道显示控制框:用来控制该通道是否在图像窗口中显示出来,要隐藏某个通道,只需单击该通道对应的眼睛图标,让眼睛图标消失即可;在 RGB、CMYK、Lab 图像模式的通道面板中,如果单击第一个合成通道,则其下面的各个颜色通道将自动显示;若隐藏颜色通道中的任何一个通道,则合成通道将自动隐藏。

通道名称:显示对应通道的名称,通过按名称后面的快捷键,可以快速切换到相应的通道。

"载入选区"按钮:单击该按钮可以根据当前通道中颜色的深浅转化为选区,该按钮与选择"选择"→"载入选区"菜单命令作用相同。

"保存选区"按钮:单击该按钮可以将当前选择区域转化为一个 Alpha 通道,该按钮与选择"选择"→"保存选区"菜单命令作用相同。

"新建通道"按钮:单击该按钮可新建一个 Alpha 通道。

"删除通道"按钮:单击该按钮可以删除当前选择的通道。

通道快捷菜单:单击面板右上角的小箭头,将弹出一个快捷菜单,用来执行与通道有关的各种操作。

2)颜色通道的类型

颜色通道的类型即有不同颜色模式的图像,其颜色通道也不相同,主要有 RGB 通道、CMYK 通道、Lab 通道等。

(1) RGB 通道。RGB 模式的图像文件由 3 个通道组成:R、G 和 B 单色通道。RGB 颜色空间几乎可以表现自然界所有的色彩。计算机显示器是采用 RGB 模式来显示图像的,所以在制作计算机上显示图像时,如网页上的图就可以采用 RGB 模式来保存图像。查看一个 RGB 通道时,暗调表示没有这种颜色,而亮色调表示具有该颜色。也就是说,当一个红色通道非常浅时表明图像中有大量的红色;反之一个非常深的红色通道表明图像中的红色较少,整个图像的颜色将会呈现红色的反向颜色——青色。

(2) CMYK 通道。CMYK 模式的图像由青色、洋红色、黄色和黑色通道组成。由于有 4 个通道,采用 CMYK 模式的图像文件比等效地采用 RGB 或 Lab 模式的图像文件大。CMYK 模式的图像文件主要用于印刷,而印刷是通过油墨对光线的反射来显示颜色的,而不是 RGB 模式时通过发光来显示颜色的,所以,CMYK 用减色法来记录颜色数据。在一个 CMYK 通道中,暗调表示有这种颜色,亮色调表示没有该颜色,这正好与 RGB 通道相反。

(3) Lab 通道。Lab 模式的颜色空间与前面两种完全不同。Lab 不是采用为每个单独的颜色建立一个通道,而是采用两个颜色极性通道和一个明度通道。a 通道为绿色到红色之间的颜色,b 通道为蓝色到黄色之间的颜色;明度通道为整个画面的明暗强度。

4. 蒙版

对图像的某部分内容进行编辑修改时,如果希望不会影响到其他部分的图像,除了可以创建选区外,还可以使用蒙版将其保护起来。与选区相比,使用蒙版可以更加精确地绘制选区,并且自由地修改保护区域处的选区。Photoshop 中的蒙版主要分为两大类:一类的作用类似于选择工具,用于创建复杂的选区,主要包括快速蒙版、横排文字蒙版和直排文字蒙版;另一类的作用主要是为图层创建透明区域,而又不改变图层本身的图像内容,主要包括矢量蒙版、图层蒙版和剪贴蒙版。

1) 快速蒙版的使用

快速蒙版、横排文字蒙版工具和直排文字蒙版工具都是用来创建选区的。横排文字蒙版工具和直排文字蒙版工具的使用在前面介绍文字工具的时候已经介绍过,这里只介绍快速蒙版的使用。

在工具箱中有 ⬜ 和 ⬛ 两个按钮,分别是退出快速蒙版编辑状态和进入快速蒙版编辑状态,双击这两个按钮,都可以打开"快速蒙版选项"对话框,如图 4-43 所示。

在图 4-43 中,各选项含义如下。

被蒙版区域:选择该单选按钮,则在编辑时被蒙版颜色覆盖的区域为非选择区域;

图 4-43　"快速蒙版选项"对话框

所选区域:选择该单选按钮,则在编辑时被蒙版颜色覆盖的区域为选择区域;

颜色:用于设置蒙版颜色;

不透明度:用于设置蒙版颜色的不透明度。

单击 ⬛ 按钮进入快速蒙版状态后,即可使用各种绘图工具在图像窗口中进行绘制,被绘制的地方将会以蒙版颜色进行覆盖;还可以使用滤镜对蒙版进行各种特效处理,处理完成后单击 ⬜ 按钮退出快速蒙版编辑状态,并将蒙版转换为选区。

2) 图层蒙版的使用

使用图层蒙版可以控制图层中不同区域的透明度。通过编辑图层蒙版,可以为图层添加很多特殊效果,而不会影响图层本身的任何内容。

(1) 创建图层蒙版。先绘制一个选区,再选择要添加图层蒙版的图层,单击"图层"面板中的 ⬜ 按钮,即可为选择的图层添加一个图层蒙版。选区以内的部分被保留,选区以外的部分被隐藏。添加了图层蒙版后,在图层的缩略图右侧出现了蒙版内容的缩略图。在图层缩略图与蒙版缩略图之间有一个链接图标⬛,表示图层与图层蒙版之间是处于链接状态的,当用移动工具移动它们中的任意一个时,另外一个也将一起移动。单击该链接图标,可以将其隐藏,然后就可以单独移动了。

也可以使用菜单为图层添加图层蒙版。选择"图层"→"添加图层蒙版"命令,在弹出的子菜单中包含显示全部、隐藏全部、显示选区、隐藏选区 4 个命令。

显示全部:选择该命令将创建一个空白的图层蒙版,显示图层的全部内容;

隐藏全部:选择该命令将创建一个全黑的图层蒙版,图层中将全部被隐藏;

显示选区:选择该命令将根据选区创建蒙版,只显示选区的图像,其他区域被隐藏;

隐藏选区:选择该命令先将选区反转后再创建蒙版,其结果是隐藏选区内的图像,其他区域的图像仍然显示。

(2) 编辑图层蒙版。当一个图层添加图层蒙版后,再对其进行的操作将直接作用于

蒙版,加深蒙版的颜色将使图层更加透明,但是这样编辑不是很方便。可以在按下 Alt
键的同时单击图层面板中的蒙版缩略图,Photoshop 将在图像窗口中显示蒙版的内容;另
外用鼠标单击图层面板中当前图层上的缩略图,缩略图左侧的蒙版图标将变成画笔图
标,此时对图像的操作只修改图像的内容,不修改蒙版。

(3) 删除图层蒙版。

使用鼠标按住要删除的图层蒙版缩略图,将其拖到"图层"面板的"删除"按钮上。单
击"应用"按钮将删除图层蒙版,并保留添加图层蒙版后的效果;单击"删除"按钮将删除
图层蒙版并恢复图层原先的状态;单击"取消"按钮将取消删除蒙版操作。

3) 矢量蒙版的使用

矢量蒙版与图层蒙版类似,它可以控制图层中不同区域的透明;不同的是图层蒙版
是使用一个灰度图像作为蒙版,而矢量蒙版是利用一个路径作为蒙版,路径内部的图像
将被保留,而路径外部的图像将被隐藏。

(1) 创建矢量蒙版。选择工具箱中的钢笔工具,在图像窗口中绘制一条路径。在"图
层"面板中选择要创建矢量蒙版的图层,按住 Ctrl 键不放,单击"图层"面板的 ◉ 按钮,即
可为该图层创建一个矢量蒙版。

另外也可以使用菜单命令为图层创建矢量蒙版。在"图层"→"添加矢量蒙版"菜单
下有显示全部、隐藏全部和当前路径 3 个命令,分别用于创建显示全部图像的矢量蒙版、
隐藏全部图像的矢量蒙版和使用当前路径创建矢量蒙版。

(2) 编辑矢量蒙版。单击"图层"蒙版中矢量蒙版的缩略图,可以在图像窗口中显示
或隐藏该矢量蒙版的路径,然后使用钢笔工具修改该路径。

(3) 删除矢量蒙版。选择要删除的矢量蒙版图层后,选择"图层"→"删除矢量蒙版"
命令,或使用鼠标拖动矢量蒙版缩略图到图层面板的"删除"按钮上,在弹出的对话框中
单击"确定"按钮即可。

4.5　图像处理实例

Photoshop 在制作特效字上具有强大的功能与作用,这里例举制作透明水晶字的
实例。

透明水晶字的制作可以分为输入文本、制作效果、添加色彩 3 个步骤,主要应用了
Photoshop 的图层样式和图层混合模式 2 个功能。

1. 输入文本

(1) 新建一个文件。首先执行"文件"菜单中的"新建"命令,打开"新建"对话框,输入
图像的"名称"并设置图像的"宽度"和"高度";然后把图像"模式"设置为"RGB 颜色",完
成后单击"好"按钮。

(2) 设置一种背景颜色。单击工具箱中的"默认前景和背景色"按钮,将"前景色"设

置为"黑色"(将背景填充为黑色的原因是可以更突出文字作发光
处理后的显示效果,也可以用其他的深色来代替),然后按 Alt＋
Back Space 组合键用黑色填充背景图层。完成后效果如图 4-44
所示。

图 4-44　设置默认的前
景和背景色

(3) 输入文本。单击工具箱中的"文字工具"按钮,然后按
Enter 键打开"文字工具"选项栏,设置一种字体并设置"字体大
小"及"文字颜色"(字体颜色可以设置为白色),如图 4-45 所示。完成后按 Ctrl＋Enter 组
合键结束文字编辑状态,效果如图 4-46 所示。

图 4-45　设置文字属性

图 4-46　输入文字

图 4-47　双击图层缩览图

2. 制作透明水晶字的效果

(1) 打开"图层样式"对话框,应用 Photoshop 的图层样式功能,使文字得到透明水晶
的效果。双击"图层面板"中文字图层右边的蓝色区域(如图 4-47 所示),打开"图层样式"
对话框,如图 4-48 所示。

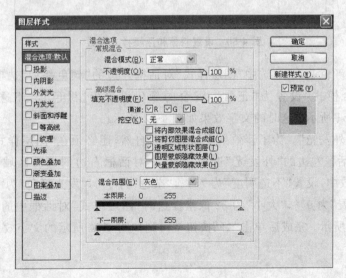

图 4-48　打开"图层样式"对话框

（2）设置图层样式中的"斜面和浮雕"。单击"斜面和浮雕"选项，在对话框右边的选项区域中设置好以下参数：结构类参数中，设置"样式"为"浮雕效果"，"方法"为"平滑"，"深度"为90％，"方向"为"上"，"大小"为10像素，"软化"为0像素；阴影类参数中，设置"角度"为120度，"高度"为30度，然后单击"光泽等高线"右方的下拉选框图案，打开"等高线编辑器"对话框，将映射曲线设置为如图4-49所示的样子，然后单击"好"按钮。这时"图层样式"对话框中的"斜面和浮雕"参数设置如图4-50所示。

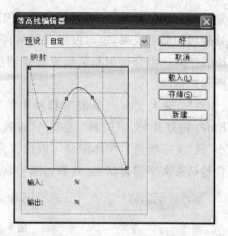

图 4-49　编辑等高线样式

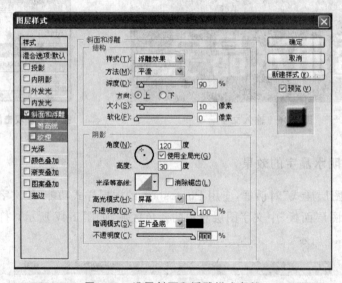

图 4-50　设置斜面和浮雕样式参数

（3）设置"颜色叠加"。选中"图层样式"对话框左边的"颜色叠加"选项，然后在选项区域中将"混合模式"设置为"正常"，混合的颜色设置为"黑色"，"不透明度"设置为100％，如图4-51所示。这时的文字效果如图4-52所示。

（4）设置"外发光"。为了让效果更加明显和自然，还必须在"图层样式"对话框选择"图层样式"对话框左边的"外发光"选项，然后在对话框右边的选项区域中设置以下参数：结构类参数中，设置"不透明度"为75％，"杂色"为0％，"发光颜色"为"白色"；在图素类参数中，"扩展"为9％，"大小"为32像素。这时"图层样式"对话框中的"外发光"参数设置如图4-53所示。完成后单击"好"按钮就得到如图4-54所示的文字效果了。

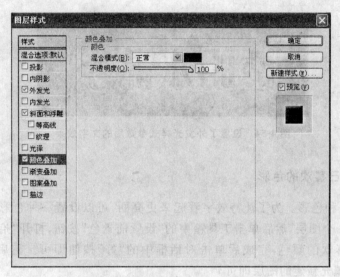

图 4-51   设置颜色叠加样式参数

图 4-52   完成样式效果后的文字

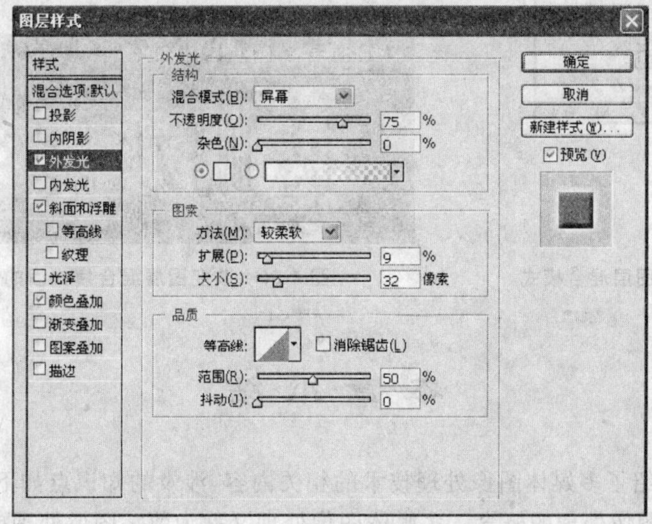

图 4-53   设置外发光样式参数

图 4-54　设置了外发光样式参数后的文字效果

3. 添加自己喜欢的色彩

（1）设置一种色彩。为了让特效字看起来更亮丽，可以设置一种色彩。具体操作方法如下。新建一个图层，然后单击工具箱中的"设置前景色"按钮，打开"拾色器"对话框，选择一种自己喜欢的颜色，完成后单击对话框中的"好"按钮即可。随后按 Alt＋Back Space 组合键，填充新建的图层即可。

（2）选择混合模式。将图层的"混合模式"设置为"叠加"，如图 4-55 所示，文字就显现出来了，并带上了所选择的颜色。这时的效果如图 4-56 所示。至此，透明水晶文字效果的制作全部完成。

图 4-55　改变图层混合模式

图 4-56　改变图层混合模式后的效果

本 章 小 结

本章主要介绍了多媒体图像处理技术的相关内容，涉及的知识点如下。

（1）多媒体图像处理的概念。多媒体图像处理又称为数字图像处理或计算机图像处理，它是指将图像信号转换成数字格式并利用计算机对其进行处理的过程。

（2）色彩的基本要素及色彩模型。色彩的基本要素是色相、明度和纯度，色彩模型包括位图颜色模式、灰度颜色模式、索引颜色模式、RGB 颜色模式、CMYK 颜色模式、Lab

颜色模式、HSB 颜色模式等。

（3）图像的基本概念及基本属性。在计算机中，表达生成的图形图像可以有两种常用的方法：一种叫矢量图，另一种叫点阵图法，即点位图。点位图又称为点阵图像，它是连续色调图像最常用的电子媒介。在计算机中，它将屏幕上的图像分成若干点阵（像素），每个像素都被分配一个特定的屏幕位置参数和颜色值，许许多多不同色彩的像素组合在一起，便构成了一幅图像。描述一幅图像需要使用图像的属性，图像的属性包含分辨率、像素深度、真/伪彩色、图像的表示法、种类等。

（4）图像数字化过程。图像的数字化过程主要分为采样、量化与编码 3 个步骤。采样的实质是要用多少点来描述一张图像，采样的结果就是通常所说的图像分辨率；量化是指要使用多大范围的数值，来表示图像采样之后的每一个点；量化的结果是图像能够容纳的颜色总数，它反映了采样的质量；编码压缩技术是实现图像传输与存储的关键。

（5）图像文件的转换。常见的图像格式有 PSD、BMP、PDF、JPEG、GIF、TGA、TIFF等。图像文件格式的转换可通过两种途径完成，一种是利用图像编辑软件的"另存为"功能；另一种是利用专用的图像格式转换软件。

（6）Photoshop 图像处理的基本技巧。包括图像文件的基本操作、图像基本编辑操作及诸如滤镜、路径、通道、蒙版等的高级操作。

思考与练习

一、单选题

1. 在 Photoshop 中，如果想绘制直线的画笔效果，应该按住（　　）键。

　　A. Ctrl　　　　　　B. Shift　　　　　C. Alt　　　　　　D. Alt＋Shift

2. 在 Photoshop 中历史记录（History）调板默认的记录步骤是（　　）。

　　A. 10 步　　　　　B. 20 步　　　　　C. 30 步　　　　　D. 40 步

3. 在 Photoshop 中，下列（　　）命令可以对所选的所有图像进行相同的操作。

　　A. Batch（批处理）　　　　　　B. Action（动作）

　　C. History（历史记录）　　　　　D. Transform（变换）

4. Photoshop 中为了确定磁性套索工具（MagneticLassoTool）对图像边缘的敏感程度，应调整下列（　　）数值。

　　A. Tolerance（容差）　　　　　B. EdgeContrast（边对比度）

　　C. Frequency（频率）　　　　　D. Width（宽度）

5. Photoshop 中要使所有工具的参数恢复为默认设置，可以执行以下（　　）操作。

　　A. 右击工具选项栏上的工具图标，从上下文菜单中选择"复位所有工具"

　　B. 执行"编辑"→"预置"→"常规"命令，在弹出的对话框中单击"复位所有工具"

　　C. 双击工具选项栏左侧的标题栏

　　D. 双击工具箱中的任何一个工具，在弹出的对话框中选择"复位所有工具"

6. 下列( )调整命令可提供最精确的调整。

    A. 色阶(Levels)

    B. 亮度/对比度(Brightness/Contrast)

    C. 曲线(Curves)

    D. 色彩平衡(Color Balance)

7. 下面( )可以减少图像的饱和度。

    A. 加深工具   B. 锐化工具(正常模式)

    C. 海绵工具   D. 模糊工具(正常模式)

8. 当在"颜色"调板中选择颜色时出现"!"说明( )。

    A. 所选择的颜色超出了 Lab 色域

    B. 所选择的颜色超出了 HSB 色域

    C. 所选择的颜色超出了 RGB 色域

    D. CMYK 中无法再出现此颜色

9. 下列( )选区创建工具可以"用于所有图层"。

    A. 魔棒工具   B. 矩形选框工具

    C. 椭圆选框工具   D. 套索工具

10. 若想增加一个图层,但在图层调板的最下面"创建新图层"的按钮是灰色不可选,原因是( )(假设图像是 8 位/通道)。

    A. 图像是 CMYK 模式

    B. 图像是双色调(Doudone)模式

    C. 图像是灰度(Grayscale)模式

    D. 图像是索引颜色(Indexed Color)模式

二、多选题

1. 当我们在 Photoshop 中建立新图像时,可以为图像的背景进行( )设定。

    A. White   B. Foreground Color

    C. Background Color   D. Transparent

2. Photoshop 中要缩小当前文件的视图,可以执行( )操作。

    A. 选择缩放工具单击图像

    B. 选择缩放工具同时按住 Alt 键单击图像

    C. 按 Ctrl+-组合键

    D. 在状态栏最左侧的文本框中输入一个小于当前数值的显示比例数值

3. Photoshop 中 Transform(变换)命令可以进行( )操作变形。

    A. Scale(缩放)   B. Rotate(旋转)

    C. Perspective(透视)   D. Crop(裁切)

三、填空题

1. Photoshop 有许多快捷键的使用,方便大家的操作。其中新建文件的快捷键是_____,打开文件的快捷键是_____,关闭文件的快捷键是_____。

2. _____是组成位图图像的最小单位(像素、分辨率、文件大小、像素尺寸)。

3. CMYK 模式中 C、M、Y、K 分别指 _____、_____、_____、_____ 4 种颜色。

4. 使用"曲线"工具,在具体调节曲线形状时,Photoshop 提供了两种调整工具 _____ 和 _____。

5. 在背景图层中,按 Delete 键,选区中的图像即被删除,选区由 _____ 填充。

四、简答题

1. 请举出在 Photoshop 中常用的 5 种图像文件格式并叙述其特点和用途。

2. 在 Photoshop 中什么是滤镜? 举出 4 个你所熟悉的滤镜并说明它们的作用。

第 5 章

chapter 5

多媒体视频处理技术

学习目标

1. 掌握数字视频的概念和数字视频的特点；
2. 了解数字视频信息获取的基本原理和方法；
3. 掌握数字视频的编辑和处理。

5.1 视频处理技术概述

视频是多媒体中携带信息最丰富、表现力最强的一种媒体，它同时作用于人的视觉器官和听觉器官。随着多媒体技术的发展，计算机不但可以播放视频信息，而且还可以准确地编辑处理视频信息。

5.1.1 模拟视频与数字视频

视频(Video)是由一幅幅单独的画面(称为帧 Frame)序列组成，这些画面以一定的速率(帧率 fps，即每秒播放帧的数目)连续地投射在屏幕上，与连续的音频信息在时间上同步，使观察者具有对象或场景在运动的感觉。

视频可用形式化的时空模式 $v(x,y,t)$ 来表示，其中(x,y)是空间变量，表示图像颜色的变化，t 是时间变量。$v(x,y,t)$反映了视频信息在音频同步下画面内容随时间变化的特点。

按照视频的存储与处理方式不同，视频可分为模拟视频和数字视频两大类。

1. 模拟视频

模拟视频(Analog Video)属于传统的电视视频信号的范畴。模拟视频信号是基于模拟技术以及图像显示的国际标准来产生视频画面的。

电视信号是视频处理的重要信息源。电视信号的标准也称为电视的制式。目前各国的电视制式不尽相同，不同制式之间的主要区别在于不同的刷新速度、颜色编码系统、传送频率等。目前世界上最常用的模拟广播视频标准(制式)有中国、欧洲使用的 PAL

制,美国、日本使用的 NTSC 制及法国等国使用的 SECAM 制。

NTSC 标准是 1952 年美国国家电视标准委员会(National Television Standard Committee)制定的一项标准。其基本内容为:视频信号的帧由 525 条水平扫描线构成,水平扫描线每隔 1/30 秒在显像管表面刷新一次,采用隔行扫描方式,每一帧画面由两次扫描完成,每一次扫描画出一个场需要 1/60 秒,两个场构成一帧。美国、加拿大、墨西哥、日本和其他许多国家都采用该标准。

PAL(Phase Alternate Lock)标准是联邦德国 1962 年制定的一种兼容电视制式。PAL 意指"相位逐行交变",主要用于欧洲大部分国家、澳大利亚、南非、中国和南美洲。屏幕分辨率增加到 625 条线,扫描速率降到了每秒 25 帧。采用隔行扫描。

SECAM 标准是 Sequential Color and Memory 的缩写,该标准主要用于法国、东欧、前苏联和其他一些国家,是一种 625 线、50Hz 的系统。

模拟视频信号主要包括亮度信号、色度信号、复合同步信号和伴音信号。在 PAL 彩色电视制式中采用 YUV 模型来表示彩色图像。其中 Y 表示亮度,U、V 用来表示色差,是构成彩色的两个分量。与此类似,在 NTSC 彩色电视制式中使用 YIQ 模型,其中的 Y 表示亮度,I、Q 是两个彩色分量。YUV 表示法的重要性是它的亮度信号(Y)和色度信号(U、V)是相互独立的,也就是 Y 信号分量构成的黑白灰度图与用 U、V 信号构成的另外两幅单色图是相互独立的。由于 Y、U、V 是相互独立的,所以可以对这些单色图分别进行编码。

模拟视频一般使用模拟摄录像机将视频作为模拟信号存放在磁带上,用模拟设备进行编辑处理,输出时用隔行扫描方式在输出设备(如电视机)上还原图像。模拟视频信号具有成本低、还原性好等优点。但它的最大缺点是不论被记录的图像信号有多好,经过长时间的存放之后,信号和画面的质量将大大降低;经过多次复制之后,画面会有很明显的失真。

2. DTV 数字电视标准

数字电视 DTV(Digital Television)是继黑白电视和彩色电视之后的第三代电视,是在拍摄、编辑、制作、播出、传输、接收等电视信号处理的全过程中都使用数字技术的电视系统。可大幅度提高收视质量和频道数量,实现双向交互式服务。

数字电视标准支持 4∶3 和 16∶9 两种宽高比的显示屏幕。其中 4∶3 一般用在普通显像管电视机上,而 16∶9 多用在高清晰电视机上。

数字电视标准把电视图像的清晰度分为普通清晰度电视(Pure Digital Television,PDTV)、标准清晰度电视(Standard Definition Television,SDTV)、高清晰度电视(High Definition Television,HDTV)3 个等级,支持隔行和逐行两种场扫描方式。

3. 数字视频

数字视频(Digital Video)是对模拟视频信号进行数字化后的产物,它是基于数字技术记录视频信息的。模拟视频可以通过视频采集卡将模拟视频信号进行 A/D(模/数)转换,这个转换过程就是视频捕捉(或采集过程),将转换后的信号采用数字压缩技术存入计算机磁盘中就成为数字视频。

数字视频具有如下特点。

（1）数字视频可以不失真地进行无数次复制。

（2）数字视频便于长时间的存放而不会有任何的质量降低。

（3）可以对数字视频进行非线性编辑，并可增加特技效果等。

（4）数字视频数据量大，在存储与传输的过程中必须进行压缩编码。

5.1.2　线性编辑与非线性编辑

1. 线性编辑

线性编辑是视频的传统编辑方式。视频信号顺序记录在磁带上，在进行视频编辑时，编辑人员通过放像机播放磁带选择一段合适的素材，然后把它记录到录像机中的一个磁带上，再顺序寻找所需要的视频画面，接着进行记录工作，如此反复操作，直至把所有合适的素材按照节目要求全部顺序记录下来。这种依顺序进行视频编辑的方式称为线性编辑。

2. 非线性编辑

非线性编辑在电影胶片剪辑上早已应用，拍摄的电影胶片素材在剪辑时可以按任何顺序将不同素材的胶片粘接在一起，也可以随意改变顺序、剪短或加长其中的某一段。"非线性"在这里的含义是指使用素材的长短和顺序可以不按摄制的长短和先后而进行任意编排和剪辑。

非线性视频编辑是对数字视频文件的编辑，在计算机的软件编辑环境中进行视频后期编辑制作，能实现对原素材任意部分的随机存取、修改和处理。这种非顺序结构的编辑方式称为非线性编辑。

非线性编辑的功能要远远超过线性编辑的功能，总结起来非线性编辑具有如下的特点：非线性编辑系统可替代传统的切换台、编辑机、特技机、字幕机、调音台等制作设备，调取节目容易，可即时完成快速搜索、精确定位，可使编辑序列任意更换、安排，利用预演功能随时观看节目效果，使工作效率大为提高。

非线性视频节目的后期制作包括视频图像编辑、音频编辑、特技及声像合成等工序，是根据前期摄制的节目素材按要求进行的再创造过程。制作完成后的电视画面，其表现力除了单个画面的自身作用外，更取决于画面组接的作用，即由镜头组接所产生的感染力与表现力。

非线性视频编辑由于其信号质量高、编辑方便高效、制作水平高、投资相对较少等特点，目前已经成为电视节目编辑的主要方式。

3. 数字视频编辑的基本流程

制作一个满意的视频作品，需要制作者完成导演、摄影师、后期编辑等许多人的工作，数字视频编辑的过程如下。

首先要准备大量的视频素材、图像素材以及声音、文字素材等,在把视频素材捕捉到计算机时,所花去的时间和视频的长度相同;其次需要组接这些以时间线为基础的素材,进行特殊效果处理、添加字幕等渲染以达到希望看到的效果;最后进行视频的压缩输出。大量的数据处理工作需要数十分钟甚至几个小时。

5.2　视频信号数字化

5.2.1　数字视频的采集

1. 数字视频的获取

获取数字视频信息主要有两种方式:一种是利用数码摄像机拍摄的景物,从而直接获得无失真的数字视频;另一种是通过视频采集卡把模拟视频转换成数字视频,并按数字视频文件的格式保存下来。

2. 数字视频的采集

一个数字视频采集系统由三部分组成:一台配置较高的多媒体计算机系统,一块视频采集卡和视频信号源,如图 5-1 所示。

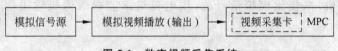

图 5-1　数字视频采集系统

1) 视频采集卡的功能

在计算机上通过视频采集卡可以接收来自视频输入端(录像机、摄像机和其他视频信号源)的模拟视频信号,对该信号进行采集、量化成数字信号,然后压缩编码成数字视频序列。大多数视频采集卡都具备硬件压缩的功能,在采集视频信号时首先在卡上对视频信号进行压缩,然后才通过 PCI 接口把压缩的视频数据传送到主机上。一般的视频采集卡采用帧内压缩的算法把数字化的视频存储成 AVI 文件,高档一些的视频采集卡还能直接把采集到的数字视频数据实时压缩成 MPEG-1 格式的文件。

模拟视频输入端可以提供不间断的信息源,视频采集卡要采集模拟视频序列中的每帧图像,并在采集下一帧图像之前把这些数据传入计算机系统。因此,实现实时采集的关键是每一帧所需的处理时间。如果每帧视频图像的处理时间超过相邻两帧之间的相隔时间,则要出现数据的丢失,也即丢帧现象。采集卡都是把获取的视频序列先进行压缩处理,然后再存入硬盘,也就是说视频序列的获取和压缩是在一起完成的,避免了再次进行压缩处理的不便。

2) 视频采集卡的工作原理

视频采集卡的结构如图 5-2 所示。

多通道的视频输入用来接收视频输入信号,视频源信号首先经 A/D(模/数)转换器

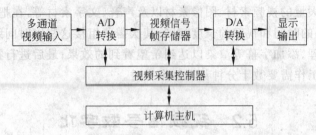

图 5-2 视频采集卡的结构

将模拟信号转换成数字信号,然后由视频采集控制器对其进行剪裁、改变比例后压缩存入帧存储器。输出模拟视频时,帧存储器的内容经 D/A(数/模)转换器把数字信号转换成模拟信号输出到电视机或录像机中。

3)视频采集卡与外部设备的连接

视频采集卡一般不具备电视天线接口和音频输入接口,不能用视频采集卡直接采集电视视频信号,也不能直接采集模拟视频中的伴音信号。要采集伴音,计算机必须装有声卡,视频采集卡通过计算机上的声卡获取数字化的伴音并把伴音与采集到的数字视频同步到一起。

外部设备与视频采集卡的连接包括模拟设备视频输出端口与采集卡视频输入端口的连接,以及模拟设备的音频输出端口与多媒体计算机声卡的音频输入端口的连接。利用录像机(摄像机)来提供模拟信号源,用电视机来监视录像机输出信号,连接关系如图 5-3 所示。

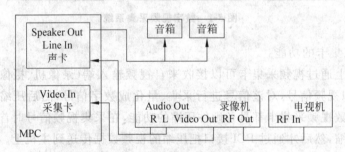

图 5-3 视频采集卡与外部设备的连接

设 VHS 录像机具有 Video Out、Audio Out(R、L)和 RF Out 输出端口,则把录像机的 Video Out 与采集卡的 Video In 相连;录像机的 Audio Out 与声卡的 Line In 相连;录像机的 RF Out 与电视机的 RF In 相连;声卡的 Speaker Out 与音箱相连。按照这种连接关系,如果软件设置正确,则通过多媒体计算机的音箱可以监视采集的伴音情况,而采集的视像序列直接显示在多媒体计算机显示器上。

5.2.2 数字视频的输出

数字视频的输出是数字视频采集的逆过程,即把数字视频文件转换成模拟视频信号输出到电视机上进行显示,或输出到录像机记录到磁带上。与视频采集类似,这需要专门的设备把数字视频进行解压缩及 D/A 变换完成数字数据到模拟信号的转换。根据不同的应用和需要,这种转换设备也有多种。集模拟视频采集与输出于一体的高档视频采集卡插在 PC 的扩充槽中,可以与较专业的录像机相连,提供高质量的模拟视频信号采集和输出。这种设备可以用于专业级的视频采集、编辑及输出。

另外还有一种称为 TV 编码器(TV Coder)的设备,它的功能是把计算机显示器上显示的所有内容转换为模拟视频信号并输出到电视机或录像机上。这种设备的功能较低,适合于普通的多媒体应用。

5.3　数字视频压缩标准与文件格式

5.3.1　数字视频数据压缩标准

未压缩的数字视频数据量是非常大的,因而需要采用有效的途径对其进行压缩。人们从视频数据的冗余可能出发,分析研究出一系列编码压缩算法,其方法可分为帧内压缩和帧间压缩两种。

帧内压缩:当压缩一帧图像时,仅考虑本帧的数据而不考虑相邻帧之间的冗余信息,帧内一般采用有损压缩算法,也达不到很高的压缩比。

帧间压缩:是基于许多视频或动画连续前后两帧具有很大的相关性(即连续的视频其相邻帧之间具有冗余信息)的特点来实现的。通过比较时间轴上不同帧之间的数据实施压缩,进一步提高压缩比。

与音频压缩编码相类似,为了使图像信息系统及设备具有普遍的互操作性,一些相关的国际化组织先后审议制定了一系列有关图像编码的标准,其中 MPEG 系列标准由运动图像专家组(Moving Picture Experts Group)制定。

MPEG 系列标准包含 MPEG-1、MPEG-2、MPEG-4、MPEG-7 和 MPEG-21 5 个具体标准,每种编码都有各自的目标问题和特点。

MPEG-1 标准的目标是以约 1.5Mbps 的速率传输电视质量的视频信号,亮度信号的分辨率为 360×240 像素,色度信号的分辨率为 180×120 像素,每秒 30 帧。这是世界上第一个用于运动图像及其伴音的编码标准,主要应用于 VCD,其音频第 3 层即 MP3 广泛流行。该标准于 1988 年 5 月提出,1992 年 11 月形成国际标准。

MPEG-2 标准于 1990 年 6 月提出,1994 年 11 月形成国际标准。该标准的视频分量的位速率范围为 2M~15Mbps,分辨率有低(350×288 像素)、中(720×480 像素)、次高(1440×1080 像素)、高(1920×1080 像素)等不同档次,压缩编码方法也从简单到复杂分为不同的等级。广泛应用于数字机顶盒、DVD 和数字电视。

MPEG-4 标准于 1993 年 7 月提出,1999 年 5 月形成国际标准。该标准是一种基于对象的视音频编码标准,采用 MPEG-4 技术,一个场景可以实现多个视角、层次、多个音轨以及立体声和 3D 视角,这些特性使得虚拟现实成为可能。MPEG-4 标准制定了大范围的级别和框架,可广泛应用于各行各业。

MPEG-7 标准于 1997 年 7 月提出,在 2001 年 9 月形成国际标准。该标准是一种多媒体内容描述标准,定义了描述符、描述语言和描述方案,支持对多媒体资源的组织管理、搜索、过滤、检索等,便于用户对其感兴趣的多媒体素材内容进行快速有效地检索。可应用于数字图书馆、各种多媒体目录业务、广播媒体的选择、多媒体编辑等领域。

MPEG-21 标准是与 MPEG-7 标准几乎同步制定的,于 2001 年 12 月完成。MPEG-21 标准的重点是建立统一的多媒体框架,为从多媒体内容发布到消费所涉及的所有标准提供基础体系,支持连接全球网络的各种设备透明地访问各种多媒体资源。

5.3.2　数字视频文件格式

数字视频文件格式大致可分为两类:普通视频文件格式和网络流式视频文件格式。

1. 普通视频文件格式

1) AVI 格式

AVI(Audio Video Interleaved)是一种音视频交叉记录的数字视频文件格式,运动图像和伴音数据以交替的方式存储。这种音频和视频的交织组织方式与传统的电影相似,在电影中包含图像信息的帧顺序显示,同时伴音声道也同步播放。

AVI 文件结构不仅解决了音频和视频的同步问题,而且具有通用和开放的特点。它可以在任何 Windows 环境下工作,还具有扩展环境的功能。用户可以开发自己的 AVI 视频文件,在 Windows 环境下可随时调用。

AVI 一般采用帧内有损压缩,可以用一般的视频编辑软件如 Adobe Premiere 进行再编辑和处理。这种文件格式的优点是图像质量好,可以跨平台使用,缺点是文件体积较大。

2) MPEG 格式

MPEG(Moving Picture Expert Group)/MPG/DAT 格式,具体格式后缀可以是.mpeg、.mpg 或.dat,家庭使用的 VCD、SVCD 和 DVD 使用的就是 MPEG 格式文件。

将 MPEG 算法用于压缩全运动视频图像,就可以生成全屏幕活动视频标准文件——MPEG 文件。MPEG 格式文件在 1024×786 像素的分辨率下可以用每秒 25 帧(或 30 帧)的速率同步播放全运动视频图像和 CD 音乐伴音,并且其文件大小仅为 AVI 文件的六分之一。MPEG-2 压缩技术采用可变速率(Variable Bit Rate,VBR)技术,能够根据动态画面的复杂程度,适时改变数据传输率以获得较好的编码效果,目前使用的 DVD 就是采用了这种技术。

MPEG 的平均压缩比为 50∶1,最高可达 200∶1,压缩效率之高由此可见一斑。同时图像和音响的质量也非常好。MPEG 标准包括 MPEG 视频、MPEG 音频和 MPEG 系统(视频、音频同步)三个部分,MP3 音频文件就是 MPEG 音频的一个典型应用,而 VCD、SVCD、DVD 则是全面采用 MPEG 技术所产生出来的新型消费类电子产品。

3) MOV 格式

MOV(Movie Digital Video Technology)是美国 Apple 公司开发的一种视频文件格式,默认的播放器是 QuickTime Player,具有较高的压缩比和较好的视频清晰度,并且可跨平台使用。

2. 网络视频文件格式

1）RM 格式

RM 是 Real Networks 公司开发的一种流媒体文件格式,是目前主流的网络视频文件格式。Real Networks 所制定的音频、视频压缩规范称为 Real Media,相应的播放器为 Real Player。

2）ASF 格式

ASF(Advanced Streaming Format)格式是微软公司前期的流媒体格式,采用 MPEG-4 压缩算法。

3）WMV 格式

WMV(Windows Media Video)格式是微软公司推出的采用独立编码方式的视频文件格式,是目前应用最广泛的流媒体视频格式之一。

5.4　视频编辑软件 Premiere

在一个完整的非线性编辑系统中,硬件能提供的只是音频视频数据的输入、输出、压缩、解压缩、存储等工作的处理环境,对于视频音频的编辑则要通过非线性编辑应用软件才能实现,即数字视频的后期编辑工作主要依靠视频编辑软件来完成。

目前市场上的非线性编辑软件种类较多,比较流行的是 Adobe 公司的 Premiere 系列和 Ulead 公司的 Video Studio(会声会影)系列,它们可以和大多数的视频采集卡配合使用。在工作原理上这两款软件基本相似,都采用了时间轴和各种素材轨的编辑方法。本节主要介绍 Adobe Premiere 数字视频编辑软件的功能和使用。

Premiere 是入门级的专业非线性编辑软件,特点是对硬件要求相对比较低,视频编辑的功能比较齐全,特效和滤镜也比较多。

5.4.1　Premiere 制作影片的前期工作

通过 Premiere 软件对视频素材进行后期加工制作可输出具有观赏性、艺术性的影片。

Premiere 软件的基本功能如下。

(1) 广泛的素材兼容性;

(2) 精确剪辑视频素材;

(3) 方便的镜头转换功能;

(4) 丰富的视频特技功能;

(5) 素材叠加功能;

(6) 直观的音频合成;

(7) 标题和滚动字幕的创作。

使用 Premiere 软件制作影片也要做好周密的计划和准备工作,其制作主要分三个阶段。

1．准备原始素材片段

通常，原始素材以文件的形式存在。也许有一些你想用到的素材是以非文件形式存在的，如录像带、CD 音乐、印制品等，这就需要先用视、音频采集系统将影视、音乐采集下来，保存为 Premiere 可识别的素材文件；印制品则须用扫描仪扫描并保存，或许还要用 Adobe Photoshop 等图像处理软件进行修饰加工。

2．设计脚本

就像盖房子需要建筑图纸一样，进行影视节目制作，需要先有一个脚本。脚本充分体现了编导者的意图，是整个影视作品的总体规划和最终期望目标，也是编辑制作人员的工作指南。准备脚本，是一步不可缺少的前期准备工作，其内容主要包括各素材片段的编辑顺序、持续时间、转换效果、滤镜、运动处理、相互间的叠加处理等。脚本通常可设计成表格的形式。

3．影视节目的编辑制作

在完成了上述的准备工作以后，即可开始影视节目的编辑制作。包括创建新项目、输入原始片段、剪辑片段、装配片段、为片段加入转换和应用特技、为影片添加字幕、为影片配音、效果预演、影片生成等，下面详细介绍。

5.4.2　Premiere 编辑影片

Premiere 非线性编辑的工作流程，可以简单地看成输入素材、编辑素材和输出影片这样三个步骤。

1．Premiere 软件的界面组成

启动 Premiere 6.5 程序时，系统会首先要求进行必要的设置，以决定采用何种方式来制作一个新节目。Load Project Settings（预设方案）对话框如图 5-4 所示。

每种预设方案中包括文件的压缩类型、视频尺寸、播放速度、音频模式等方面的信息，单击 OK 按钮确定所选的预设方案。如需改变已有的设置选项，可单击 Custom 按钮，然后就可在弹出的 New Project Settings 对话框中改变设置。Premiere 启动后界面可包含多个窗口，如图 5-5 所示。

2．编辑影片

下面通过一个实例来介绍使用 Premiere 制作影片的基本过程，从而初步展现 Premiere 强大的功能和优良的性能。

1）创建一个新项目

Premiere 6.5 在每次启动时会自动创建一个新项目，可从 Load Project 对话框选择一种方案。如项目的参数需要改变，可在 New Project Settings 对话框中进行设置。

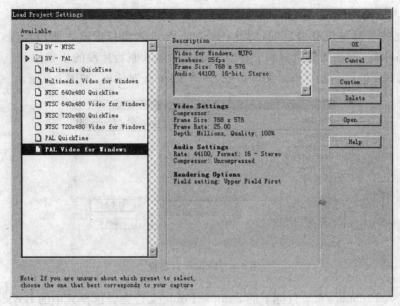

图 5-4　Load Project Settings 对话框

时间线窗口,用于
编辑和装配影片

项目窗口,用于组织和管理
当前影片中所需要的素材

监视器窗口,用于预
览编辑的影片及片段

转场窗口,用于
片段间转换效果

特效窗口,用于
片段的特殊效果

图 5-5　Premiere 6.5 编辑界面

Project 窗口用于组织和管理当前影片中所需要的素材,不包含视频本身,只是建立对所
用素材的一个引用指针。

2) 输入原始片段

新建立的节目是没有内容的,因此,需要向 Project 窗口中输入原始片段,如同盖房子需要准备水泥、钢筋等建筑材料一样。向项目中输入原始片段的步骤如下。

(1) 选择 File|Import|File 菜单命令,弹出 Import 对话框,如图 5-6 所示。

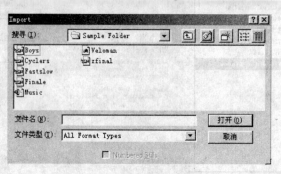

图 5-6　Import 对话框

(2) 进入 Premiere 6.5 目标下的 Sample Folde 文件夹。选择其中的 Boys.avi 文件,单击"打开"按钮,该文件即被输入到 Project 窗口,而且它的名称、媒体类型、持续时间、画面大小等信息都显示在 Project 窗口中,如图 5-7 所示。

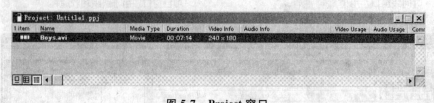

图 5-7　Project 窗口

(3) 重复上述步骤,分别将文件 Music.aif、Cyclers.avi、Fastslow.avi、Finale.avi、Devoman.eps 依次输入到 Project 窗口中。

(4) 根据脚本,文件 Fastslow.avi 在节目中使用两次。为简明起见,将它再输入一次。

3) 命名片段

将文件输入到 Project 窗口以后,Premiere 6.5 自动依照输入文件名为建立的片段命名。但有时为了使用上的方便,需要给它们另取个名字。特别是对于类似 Fastslow.avi 的情形,起一个有意义的名字就更重要了。

为 Fastslow.avi 片段更名的步骤如下。

(1) 在 Project 窗口单击一个 Fastslow.avi 片段,该片段被选中,并以蓝底显示。

(2) 选择 Clip|Alias 菜单命令,打开 Set Clip Name Alias(设置片段别名)对话框,如图 5-8 所示。

(3) 在文本框中输入 Fast.avi。单击 OK 按钮,完成修改。Project 窗口中相应的 Fastslow.avi 被改为 Fast.avi,如图 5-9 所示。

(4) 用同样的方法,将另一个 Fastslow.avi 片段更名为 Slow.avi。

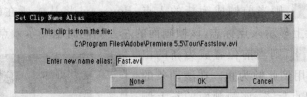

图 5-8　Set clip Name Alias 对话框

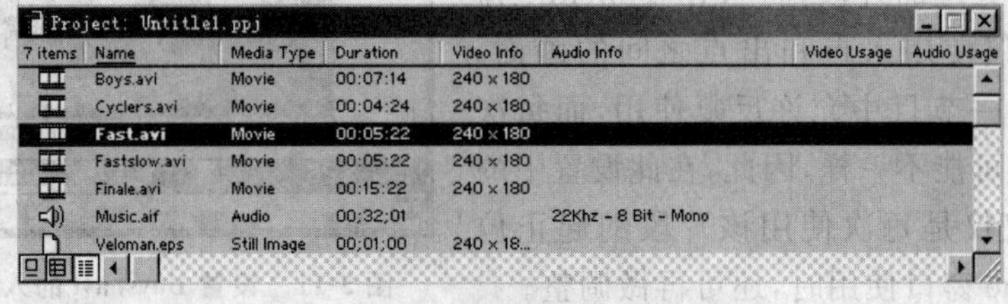

图 5-9　Project 窗口

4) 检查片段内容

片段准备完毕以后,通常要打开并播放它,以便选择其内容。检查片段的方法如下。

在 Project 窗口中,双击片段名前面的小图标,这时有两种情况:一是打开 Monitor 窗口,Monitor 窗口左边的 Source View 视窗显示了 Boys.avi 的首帧画面,单击 Source View 视窗下方的 Play 按钮,播放 Boys.avi 的内容,如图 5-10 所示;还有一种情况是 Boys.avi 的 Clip 窗口被打开,单击 Play 按钮,播放 Boys.avi 的内容。至于打开片段文件时使用哪个窗口,是 Clip 还是 Monitor? 这取决于系统的参数设置。

图 5-10　Source View 视窗中检查片段

5) 剪辑片段

如果只需要将片段的某部分用于节目,就需要截取部分画面,这个过程称为原始片段的剪辑。在实际工作中,这是常常遇到的问题。对原始片段的剪辑可以在 Clip 或 Monitor 窗口中通过设置素材的入点和出点来实现,也可以在 Timeline 窗口中通过 Razor(剃刀)工具裁切。

改变 Boys.avi 的入点和出点的步骤如下。

(1) 拖动帧滑块,将片段定位在 00：00：05：12。若欲精确定位,可单击◀️或▶️单帧跳动按钮。

（2）单击按钮![]，则当前帧成为新的入点，Boys.avi 将从帧所在的位置开始引用。滚动条的相应位置上显示入点标志，该帧画面的左上侧同时也显示入点标志。

（3）单击按钮![]，则当前位置成为新的出点。Boys.avi 将使用到此帧为止。在滚动条的相应位置上显示出点标志，该帧画面的右上侧同时显示出点标志，如图 5-11 所示。

经过上述处理的片段，将来在 Timeline 窗口中使用时，仅使用入点和出点之间的画面。同一片段在同一节目中允许反复使用，而每次使用的画面又可能不一样，因此，在此设置中的入点和出点仅仅是每次使用该片段的起止位置，在 Timeline 窗口使用时，还可再做调整。

图 5-11　设置 Boys.avi 的入点和出点

6）基本编辑操作

在 Timeline 窗口中，按照时间线顺序组织起来的多个片段就是节目。通常，新建节目的 Timeline 窗口未展开 Video 1 视轨。单击 Video 1 视轨左侧的三角按钮可加以展开。

加入片段至 Timeline 窗口：在 Project 窗口中，将 Boys.avi 拖动至 Timeline 窗口的 Video 1A 视轨，在 Video 1A 视轨上显示出一小串小图，它代表片段的帧画面。所有小图的持续时间代表了 Boys.avi 的持续时间，移动这些小图的位置，实质上就是改变片段在视轨上的位置。与此同时，Monitor 窗口中的 Program View 视窗自动显示该片段首帧画面。这样，Boys.avi 就成为最终节目的一个视频片段。重复上述步骤，将 Cyclers.avi 拖放到 Timeline 窗口中的 Video 1A 视轨。移动它的位置，使其左边组接上 Boys.avi 的右边。这样，两段片段即以最简单的切换方式连接在一起。按照脚本要求，将所需片段依次拖放到 Timeline 窗口确定位置，如图 5-12 所示。

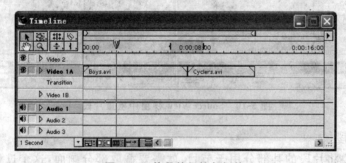

图 5-12　片段的组接与切换

调整片段的持续时间：从 Timeline 窗口左上侧的工具面板中选择工具![]。将鼠标光标移向某一片段的右边界，鼠标光标变成左右箭头状，按下鼠标左键并左右拖动，片段持续时间随之改变，释放鼠标左键则确认。但不管如何变化，对于非静止图像而言，时间均不能超过其原文件持续时间。Timeline 窗口的顶部是时间标尺和工作区域。组接到该窗口的片段，按时间标尺显示相应的长度。拖动工作区域左右侧的箭头，调整工作区域,使其包含所有片段。

如果在以上操作之前,选择 Window|Show Info 菜单命令显示 Info 窗口,那么可以参照 Info 窗口中的片段信息进行准确的调整。

7) 使用转换

如果节目的各片段间均是简单的首尾相接,即切换(Cut),则一定很单调。在很多娱乐节目和科教节目中,各片段间大量使用转换产生了较好的效果。

使用转换之前,必须将两个片段分别放置在 Video 1A 和 Video 1B 视轨,而把转换放在 Transition(转换)轨道上两个片段重叠的部分之间,具体步骤如下。

(1) 选择 Window|Show Transition 菜单命令,激活转换窗口,如图 5-13 所示。

图 5-13　转换窗口

(2) 从转换窗口选择一种转换效果,例如,通过 Page Peel 旁的小三角展开该组中的转换类型,找到 Page Peel 转换,按住鼠标左键将其拖动到 Transitions 轨道上,并放在两个片段的重叠处,释放鼠标左键,它们将自动调节自身的持续时间,以适应重叠时间,如图 5-14 所示。

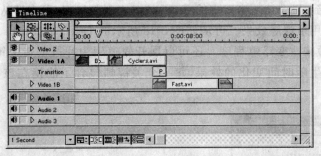

图 5-14　使用转换

(3) 在 Transitions 轨道的 Page Peel 转换图标上双击,打开 Page Peel Settings 对话框,如图 5-15 所示。可以调整其设置,如在预览图标右下角单击可设置转换效果为从右下角翻页,完成设置后单击 OK 按钮。

8) 改变片段的播放速度

在电视节目中经常会出现快慢镜头,这也可以利用 Premiere 6.5 来制作。具体步骤如下。

(1) 从 Timeline 窗口左上侧的工具面板中选择工具 ▶ ,单击片段选择它。

(2) 选择 Clip|Speed 菜单命令,或在片段上右击,在弹出的快捷菜单中选择 Speed 命令,打开 Clip Speed(片段速度)对话框,如图 5-16 所示。在 New Rate(新速率)对应的文本框中输入 30,单击 OK 按钮,确认退出。此时,片段持续时间自动增加,以适应新的播放速度。

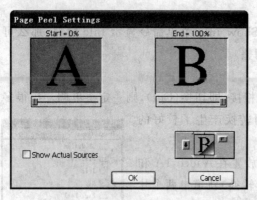

图 5-15　Page Peel Settings 对话框

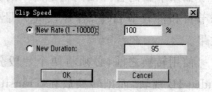

图 5-16　Clip Speed 对话框

9) 使用滤镜

在 Premiere 6.5 中,可使用滤镜对片段进行特技处理,这与 Photoshop 非常类似。

在 Timeline 窗口中,选择 Finale.avi,选择 Window|Show Filters 菜单命令,激活 Filters 窗口,如图 5-17 所示。

Video Filters 窗口有 13 个滤镜组包含 79 种滤镜效果。本例对片段使用 Emboss 滤镜,单击滤镜组名 Stylize 旁的小三角展开该组中的滤镜类型,找到 Emboss 滤镜,按住鼠标左键将其拖动到 Timeline 窗口中的 Finale.avi 上释放鼠标,可立即从 Monitor 窗口中观察到该片段应用了浮雕效果。可从如图 5-18 所示的 Effect Controls 窗口调整雕刻方向、雕刻深度参数来改变浮雕程度。还可以展开轨道用为片段创造关键帧(Keyframes) 的方法使滤镜产生随时间变化的效果,每一个关键帧包含了滤镜在该关键帧处设定的参数。

图 5-17　Filters 窗口

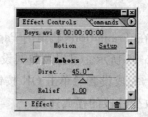

图 5-18　Effect Controls 窗口

若想停用已设置的滤镜效果可单击滤镜名前面的 Enable Effect 复选框取消显示效果或直接单击窗口下部的"垃圾桶移除"按钮效果。

10) 使用运动

Premiere 6.5 允许为视频片段定义一个运动的轨迹,使其沿设定的路径运动,而且能够以 1/256 像素点的级别定位片段,从而产生绝对平滑的运动旋转。

在 Timeline 窗口中,选择片段 Devoman.eps。选择 Clip|Video|Motion 菜单命令,

打开 Motion Settings(运动设置)对话框,如图 5-19 所示。右上角的方框显示了运动的路径,通过左上角的视窗可看到运动的动态效果。将鼠标光标移向右上角的运动路径,鼠标光标变成小手形状,单击,则在相应位置增设了一个新的运动转折点,拖动鼠标即可改变转折点的位置。利用这种方法,可将路径设置为如图 5-20 所示的形状。

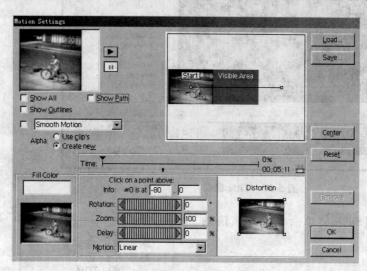

图 5-19　Motion Settings 对话框

图 5-20　调整后的路径

在 Motion Settings 对话框的左下方,有 Rotation、Zoom 和 Delay 3 个滚动条,分别用于设置片段,选定在路径转折处的旋转、缩放和延迟效果,可根据脚本作任意调整。

单击 OK 按钮,确认退出。如果对一个片段施加了运动,则在 Timeline 窗口中该片段的小图底部显示一条深红色的横线。

11) 制作电影片名和滚动字幕

在电影制作中,片名和字幕是必不可少的部分。在 Premiere 中它们的制作非常简单。

选择 File|New|Title 菜单命令,可以创建标题文件,其中可包含图形、文字等。打开的 Title 窗口如图 5-21 所示。

(1) 建立电影片名。

用文字工具 T 单击 Title 窗口中的安全区域(内部点划线)中部,在出现的文本框中输入片名"光荣与梦想",设定 Title Type 为 Still,然后在 Object Style 中设置文字字型为华文行楷倾斜、文字颜色为红色等属性,并选择 File|Save 菜单命令保存该标题文件为 title1.ptl。

(2) 建立电影滚动字幕。

为更好地将字幕文字显示出来,本例先用矩形绘图工具 □ 绘制一个白色背景图,然后用区块文字工具 在 Title 窗口中的安全区域单击并拖曳出文本框的大小、位置并在文本框中输入文本为本片的出品人、导演、演职员表等信息,设定 Title Type 为 Roll,使字幕沿由下向上方向滚动,接着在 Object Style 中设置文字属性,结果如

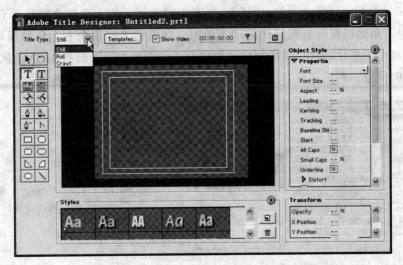

图 5-21 Title 窗口

图 5-22 所示。选择 File|Save 菜单命令保存该滚动
标题文件为 title2.ptl。

12) 叠加效果

叠加效果是指把两个或两个以上素材以某种方
式叠加在一起的操作效果。利用叠加效果可使影片
的制作更加丰富多彩。

在 Premiere 中,把不同的片段重叠放置在不同
的视频轨道上,把上层的一个片段或其中某一部分设
置成透明,以便让其下层轨道的电影片段显示出来。

图 5-22 建立的影片滚动字幕文本

Premiere 中提供了透明性设置工具——Key(键类型),Key 能通过把上层轨道的片
段划分出一块封闭的区域或在片段上指定一部分颜色范围等方法来制作透明效果。影
视后期制作中最为普遍的抠像手段是蓝幕(Blue Screen)技术。

将前面制作的滚动字幕文件 title2.ptl 导入到项目中,并拖曳到 Video 2 轨道的起始
处,设置合适的持续时间(如图 5-23 所示)。

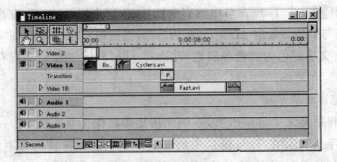

图 5-23 滚动字幕文件放置在 Video 2 轨道上

用选择工具选择该字幕片段,选择 Clip|Video Options|Transparency 菜单命令,弹出如图 5-24 所示的 Transparency Settings 对话框,可设置透明类型。由于字幕片段的背景颜色单一,在 Key type 下拉列表框中选择 Chroma(色度)叠加类型,然后移动光标至对话框上部中间的 Color 区域。当光标变成吸管状时单击字幕图像背景颜色,拖动 Similarity(相似)滑块对所选的颜色范围进行调整,该颜色范围在叠加片段中将是透明的区域。在对话框右上角的 Sample 窗口中设定翻页图标以实际背景作为样本窗口的背景预览制作效果。

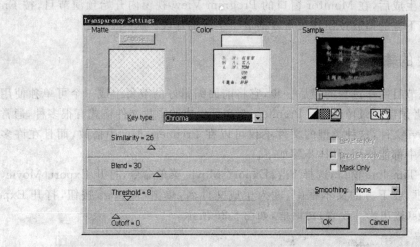

图 5-24　Transparency Settings 对话框

13) 同步配音

在 Project 窗口,选择片段 Music. aif,用鼠标将其拖放至 Timeline 窗口中的 Audio 1 视轨,移动它使其与视轨的左边界对齐,并调整它的持续时间与已编好的影像节目同宽。

至此,一个节目的编排就算完成了,然后将其保存或生成所需的影视文件。

14) 保存节目

保存节目,即将我们对各片段所做的有效编辑操作以及现有各片段的指针全部保存在节目文件中,同时还保存了屏幕中各窗口的位置和大小。节目的扩展名为. ppj,在编辑过程中,应定时保存节目。

选择 File|Save As 菜单命令,打开 Save File(保存文件)对话框,选择保存节目文件的驱动器及文件夹,并输入文件名,单击 OK 按钮,节目被保存。同时,在 Project 窗口的标题中显示了节目的名称。

保存节目时,并未保存节目中所使用到的原始片段,所以片段文件一经使用,在没有生成最终影片之前切勿将其删除。

15) 预演节目

在生成所需的影视文件之前,应先预演一下节目的内容,看看有没有需要再做修改的地方。预演节目指在 Timeline 窗口中播放节目的部分或全部,而不是将节目生成为最终影片后的快速播放方式,具体步骤如下。

(1) 在 Timeline 窗口中,调整工作区,使其覆盖想预演的部分。

（2）选择 Project｜Preview 菜单命令，或者直接按 Enter 键，如果预演文件不存在，则
Premiere 6.5 打开 Building Preview（生成预演文件）
对话框，如图 5-25 所示；否则直接播放节目预演。

在生成预演文件的过程中，按 Esc 键可停止生
成预演文件，但已经生成的部分仍然有效，可以作
为独立的视频文件，用于播放及其他操作。

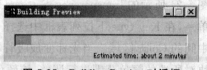

图 5-25　Building Preview 对话框

预演文件生成后，在 Monitor 窗口的 Program View 视窗内开始预演节目，按 Enter
键或单击视窗下方的播放按钮均可重复播放已生成的片段。

5.4.3　影片的输出

这是影视节目制作过程的最后一步，它将前面编辑好的节目生成一个可单独使用的
影片文件，或者录制到录像带上。Premiere 6.5 可生成的影片文件格式有很多种，通常使
用较多的是.avi 文件，这种类型的文件不仅可以在 Premiere 6.5 中播放，而且在许多多
媒体应用程序中都能使用，具体步骤如下。

（1）激活 Timeline 窗口，选择 File｜Export｜Movie 菜单命令，打开 Export｜Movie（输
入影片）对话框，在下方的文本框中，输入生成文件名，单击 Settings 按钮，打开 Export
Movie Settings（输出影片设置）对话框，如图 5-26 所示。

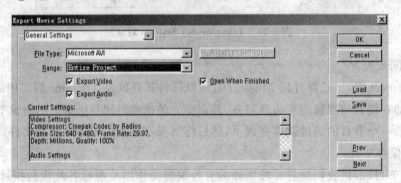

图 5-26　Export Movie Settings 对话框

（2）在 General Settings 设置中，File Type 选择 Microsoft AVI，Range（范围）选择
Entire Project（整个项目），勾选 Export Video（输出视频）、Export Audio（输出音频）和
Open When Finished（完成后打开）。

（3）单击 OK 按钮，确认退出。

（4）单击保存按钮，系统开始生成影片，并弹出 Export 窗口。

（5）生成影片后，系统自动在 Clip 窗口中演示新生成的影片。

本 章 小 结

本章主要介绍了视频的基本知识、视频的数字化方法、数字视频压缩编码标准、数字
视频的文件格式、视频采集卡及其工作原理、视频的采集与编辑、常用的视频编辑工具软

件等内容。最后介绍了用 Premiere 编辑处理数字视频的基本技术。

模拟视频是以连续的模拟信号方式存储、处理和传输的视频信息。模拟视频主要包括亮度信号、色度信号、复合同步信号和伴音信号。模拟视频有 NTSC、PAL 和 SECAM 三种国际标准。

基于多媒体计算机系统的数字视频编缉称为非线性视频编辑，其包括内容编辑、效果编辑、音效编辑、输出视频等。

视频压缩可分为帧内压缩和帧间压缩两种。MPEG 是视频压缩的国际标准系列，包含 MPEG-1、MPEG-2、MPEG-4、MPEG-7、MPEG-21 5 种具体标准。视频文件格式常用的有 .avi、.mpg、.mov、.asf、.rm 等。

视频采集卡是视频采集的重要部件。视频采集时首先要建立必要的采集环境，将各类视频信号接入多媒体计算机系统。

掌握一种视频编辑软件的使用在数字视频制作中很有用，本章最后通过视频编辑软件 Adobe Premiere 中对原始视频素材的剪辑、修整、组接、添加转场、设置特效等内容的学习与工具的实例使用过程，提供了数字视频制作中常用的基本方法。

创作一个精美的数字视频作品不是仅是使用视频编辑软件就可以完成的，它需要将图像制作、动画制作、音频编辑等多方面技术综合应用才能实现。

思考与练习

一、单选题

1. VCD 中使用的视频图像，是采用（　　）格式进行压缩的。

    A. AVI　　　　　B. MPEG　　　　　C. QuickTime　　　　D. MP3

2. 在数字视频信息获取与处理过程中，下面处理过程正确的是（　　　）。

    A. A/D 变换、采样、压缩、存储、解压缩、D/A 变换

    B. 采样、压缩、D/A 变换、存储、解压缩、A/D 变换

    C. 采样、A/D 变换、压缩、存储、解压缩、D/A 变换

    D. 采样、D/A 变换、压缩、存储、解压缩、A/D 变换

3. Premiere 视频编辑的最小时间单位是（　　　）。

    A. 帧　　　　　B. 秒　　　　　C. 毫秒　　　　　D. 分钟

4. Premiere 的 Timeline Window Options（时间线窗口选项）中的（　　　），用来确定素材的显示格式。

    A. Icon Size　　　　　　　　　B. Track Format

    C. Draw audio when view is or closer　D. Count

5. 在 Premiere 的 Transitions（转场）设置窗口中，Start 和 End 右侧的百分比表示（　　）开始的时间百分比。

    A. 过渡　　　　B. 上一个素材　　　　C. 下一个素材　　　　D. 叠化效果

6. （　　　）类型的转场主要通过模拟三维空间中的运动物体来使画面产生过渡，由于是模拟，所以多为简单的三维效果。

A. Dissolve　　　B. 3D Motion　　　C. Iris　　　　　D. Map

7. Premiere 没有提供转场特效的实时预览功能,所以为了观看转场的效果,需要按住(　　)键不放然后拖动预览文件条。

A. Home　　　B. End　　　　C. Alt　　　　D. Shift

8. 利用 Motion 制作动画主要体现在(　　)上,对话框中的其他选项都是对其上的关键帧进行属性设置。

A. 时间线　　　B. 运动时间线　　　C. 轨迹　　　　D. 路径

二、多选题

1. 下列关于 Premiere 软件的描述正确的是(　　)。

A. Premiere 软件与 Photoshop 软件是一家公司的产品

B. Premiere 可以将多种媒体数据综合集成一个视频文件

C. Premiere 具有多种活动图像的特技处理功能

D. Premiere 是一个专业化的动画与数字视频处理软件

2. 下列关于 Premiere 中"过渡效果"的叙述正确的是(　　)。

A. 过渡效果是实现视频片段间转换的专场效果的方法

B. 过渡是指两个视频道上的视频片段有重叠时,从一个片段平滑、连续地变化到另一片段的过程

C. 两视频片段间只能有一种过渡效果

D. 视频过渡也是一个视频片段

3. Premiere 裁剪素材可以使用的方法有(　　)。

A. 把素材拖到时间线窗后,使用入点和出点工具或用鼠标拖移素材的边缘

B. 在监视器的节目窗中,使用入点和出点工具按钮

C. 时间线窗中的剃刀(Razor)工具

D. 使用 Clip|Duration 菜单命令来定义

4. (　　)是影视后期中用到最为普遍的抠像手段,著名的蓝幕技术的体现。

A. Blue Screen　　　　　　　　B. Red Screen

C. Green Screen　　　　　　　D. Yellow Screen

三、填空题

1. 数字视频的主要优点有_____。

2. 常见的视频文件格式有_____。

3. 常用的彩色电视制式有_____。

4. MPEG-2 的主要应用领域有_____。

5. 非线性编辑一般包括_____、_____、_____、输出结果视频等工作流程。

四、简答题

1. 什么是模拟视频? 有何特点?

2. 简述视频的数字化过程。

3. 视频采集卡的工作原理是什么? 采集卡主要功能有哪些?

4. 视频编辑软件 Premiere 有哪些功能? 如何实现?

第6章

chapter 6

多媒体动画制作技术

学习目标

1. 掌握动画的概念及基本原理；
2. 了解 GIF 动画制作的过程及特点；
3. 熟练使用 Flash 软件；
4. 了解基础动画制作的技术与方法；
5. 能应用 Flash 软件独立制作简单的动画实例。

从"唐老鸭"、"米老鼠"到"灌篮高手"，从"大力水手"、"阿拉丁"到"狮子王"，动画陪伴着我们成长，成为我们生活中津津乐道的一部分。也许很多朋友看到这些动画都会思考这些效果是如何实现的，能否自己动手尝试一下，甚至有些人会因此感兴趣而从事这个行业。不管是作为一个观赏者，还是作为一个实践者，或是一个跃跃欲试的新手，在粉墨登场、上阵操刀前，还得先了解动画到底是什么。在此前提下，才能使动画真正地"动"起来。与传统的"皮影戏"等动画不同的是，目前的动画已经与计算机多媒体技术紧密地结合在一起，并利用该技术制作出传统动画无法比拟的效果。本章着重给大家介绍电脑动画(计算机动画)的基本原理、生成及制作的基本方法，在实例与实践的过程中更深入地了解动画。

6.1 动画的基本概念

6.1.1 动画规则

有些朋友可能看过电影胶片，从表面上看，似乎是一系列的画面串在电影胶片上。这里的每一个画面称为一帧，代表电影中的一个时间片段。每一帧的内容都要在前一帧的基础上有所变动，当电影胶片在投影机上放映时就产生了运动的错觉。如果以每秒24 帧的速度放出，则会看到连续的画面。19 世纪 20 年代，英国科学家发现了人眼的"视觉暂留"特性，即物体移开后其形象在人眼视网膜上还可停留约 $0.05 \sim 0.2s$。这正揭示了连续分解的动作在快速闪现时产生活动影像的基本原理。

由此可见，所谓动画也就是使一幅画面"活"起来的过程。英国动画大师约翰·海勒斯(John Halas)对动画有一个精辟的描述："动作的变化是动画的本质"。

也许大家有这样的经验,将多幅连续性的静态图片以快速、连续播放的方式翻动,看起来就像连续的动画。有些儿童用书就是利用这样的技巧,做成有趣的翻翻书,在浏览的时候,翻动这些书,书中的人物、场景就真动起来了,如图6-1所示。运用动画可以清楚地表现一个事件的过程,或展现一幅活灵活现的画面。

当然,并不是任意的几幅静止画面都能构成动画。动画的构成需要遵循一定的规则。

(1) 动画由多幅静止画面组成;

(2) 画面之间的内容必须有所差异;

(3) 画面表现的动作必须连续,即后一幅画面是前一幅画面的继续。

图6-1　连续翻页的效果

此外,在动画的表现手法上也要遵循一定的原则。

(1) 在严格遵循运动规律的前提下,可进行适度的夸张和发展。

夸张与拟人,是动画制作中常用的艺术手法。许多优秀的作品,无不在这方面有所建树。因此,发挥你的想象力,赋予非生命以生命,化抽象为形象,把人们的幻想与现实紧密交织在一起,创造出强烈、奇妙和出人意料的视觉形象,才能引起共鸣、认可。实际上,这也是动画艺术区别于其他影视艺术的重要特征。

(2) 动画节奏的掌握以符合自然规律为主要标准。适度调节节奏的快慢,以控制动画的夸张与否。

(3) 动画的节奏通过画面之间物体相对位移量进行控制。相对位移量大,物体移动的距离长,视觉速度快,节奏也就快;相对位移量小,节奏就慢。

6.1.2　电脑动画

电脑动画(Computer Animation)是一种借助计算机生成一系列可动态实时演播的连续图像的技术,它是计算机图形学和艺术相结合的产物。电脑动画的原理与传统动画基本相同,只是在传统动画的基础上将计算机技术应用于动画的处理和应用中,并可实现传统动画无法达到的效果。

1. 电脑动画的特点

(1) 与传统动画相比,在制作以及应用领域上,电脑动画都存在着无比的优越性。电脑动画可用于角色设计、背景绘制、描线上色等常规工作,并具有操作方便、色调一致、准确定位等特点。因此,它的应用领域日益扩大,例如,电影业、电视片头、广告、教育、娱乐及因特网等。

(2) 电脑动画具有质量高、制作周期短、管理简单化等优点。现在很多的重复劳动都可以借助计算机来完成,例如,借助关键帧可以实现中间帧的计算,从而减少工艺环节。

（3）动画制作软件及硬件技术的支撑。动画制作软件是由计算机专业人员开发的制作动画的工具，使用这一工具不需要用户编程，通过相当简单的交互界面也可实现各种动画功能。不同的动画效果，取决于不同的计算机动画软、硬件的支撑。

2. 电脑动画的分类

根据不同的分类维度，电脑动画可以有很多种类。例如，根据动画性质的不同，可以分为帧动画和矢量动画；根据动画的表现形式，可以分为二维动画和三维动画；按电脑软件在动画制作中的作用分类，可分为电脑辅助动画和造型动画，前者属二维动画，其主要用途是辅助动画师制作传统动画，而后者属于三维动画。下面就着重介绍二维动画和三维动画。

1）二维动画

二维动画是平面上的画面，又叫"平面动画"。二维动画是对手工传统动画的一个改进，具有非常丰富的表现手段、强烈的表现力和良好的视觉效果。二维动画在制作过程中，只需要设定关键帧，计算机会自动计算和生成中间帧，用户可以控制运动路径以及画面声音的同步等。

二维动画简易、小巧，而且制作出来的效果直观、感性，因此，被广泛用于教育教学、MTV、Internet 传播等领域。

2）三维动画

三维动画，又称 3D 动画，是近年来随着计算机硬件技术的发展而产生的一种新兴技术，主要表现三维的动画主体和背景。三维动画软件首先建立一个虚拟的空间，设计师在这个虚拟的三维空间中按照对象的形状尺寸建立模型以及场景，再根据要求设定模型的运动轨迹、虚拟摄影机运动和其他动画参数，最后按要求为模型赋上特定的材质，并打上灯光，最后经计算机自动运算，生成画面。

用三维动画表现内容主题，具有概念清晰、直观性强、视觉效果真实等特点，因此，广泛适用于学校教学、产品介绍、科研、广告设计及军事领域。

除了上述这些分类方法，还可以根据动画内容与画面之间的关系，将动画分为全动画和半动画。所谓全动画，即指在动画制作中，为了追求画面完美、细腻和流畅，按照每秒 24 幅画面的数量制作的动画。一些大型的动画片和商业广告用的就是这种动画方式。半动画采用每秒少于 24 幅的绘制画面表现动画。因而，在动画处理上需要采用重复动作、延长画面动作停顿时间等方法。

3. 电脑动画的制作方法和技术

在电脑动画制作过程中经常会用到一些基本的技巧，如关键帧动画、逐帧动画、路径动画、变形动画、过程动画、关节动画、对象动画等。

1）关键帧动画

关键帧动画是电脑动画中最基本并且运用最广泛的一种方法，几乎所有的动画制作软件中都提供了关键帧动画技术的支持。众所周知，动画是由一系列连续的静态图像组成的，每张静止的图像都是一帧。因此，关键帧制作的基本原理即是设定首帧和尾帧的属性和位置后,中间帧由计算机自动生成。

2) 逐帧动画

逐帧动画有点类似于前面涉及的翻转书。区别于传统的翻转书,计算机动画利用动画制作软件,可以通过剪切、复制、粘贴等方式减少重复性的劳动,从而提高动画制作的速度和质量,如图 6-2 所示。

3) 路径动画

路径动画就是由用户根据需要设定好一个路径后,使场景中的对象沿着路径进行运动。如人的行走、鱼的游戏、飞机的飞行等。如图 6-3 所示,即是路径动画的一个简单过程。

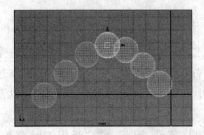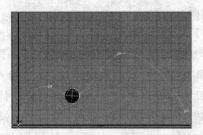

图 6-2　逐帧动画示例　　　　　　图 6-3　路径动画示例

4) 变形动画

变形动画是通过记录物体的变形过程来制作动画的方法。如图 6-4 所示,从圆变到方,中间就需要经历一系列的变形,时间越长,变形越缓慢;反之,则越快。

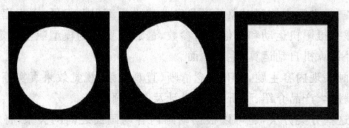

图 6-4　变形动画示例

5) 过程动画

过程动画指的是动画中物体的运动及变形用一个过程来描述。动画的制作及浏览都是过程化管理的,三维动画制作软件中的粒子系统就属于这一动画制作方式。如图 6-5 所示就是粒子系统制作的特效。

6) 关节动画

关节动画可分为正向动力学和反向动力学。正向动力学是通过对关节旋转角设置关键帧,得到相关联的各个肢体的位置;反向动力学是用户指定末端关节的位置,由计算机自动计算出各中间关节的位置,如图 6-6 所示。此类动画技术大量地运用于动物与人的动画建模中。

图 6-5　过程动画效果

图 6-6　关节动画制作

7）对象动画

在多媒体制作中，对象动画可以算是最基础最有效的一种动画技术。Flash 是典型的基于对象的动画软件。在用 Flash 制作动画的过程中，最基本的元素就是对象，在编辑区内创建的任何元素都是矢量的对象。为了使用方便，可以将这些对象保存为元件的形式，以备重复使用。

4. 电脑动画的应用领域

随着计算机图形技术的迅速发展，从 20 世纪 60 年代起，计算机动画技术也得到了快速的成长。目前，计算机动画的应用小到一个多媒体软件中某个对象、物体或字幕的运动，大到一段动画演示、光盘出版物片头片尾的制作、影视特技，甚至到电影电视的片头片尾及商业广告、MTV、游戏等的创作。计算机动画片《狮子王》就是一个很好的实证。

1）电影业

电脑动画应用最早、发展最快的领域是电影业。虽然电影中仍采用人工制作的模型或传统动画实现特技效果，但计算机技术正在逐渐替代它们。计算机生成的动画特别适合用于科幻片的制作，如《终结者（续集）》（Terminator 2）中爆炸性的效果就是用动画技术实现的，其中的火爆镜头也使该片赢得了当时世界上最高的票房记录。

相信看过《侏罗纪公园》的朋友都会对这部骇人听闻的电影记忆犹新，这些恐龙一部分是用模型、一部分是用三维动画制作而成的，两者完美地结合才能达到这么以假乱真的境界，如图 6-7 所示。

2）电视片头和电视广告

电视片头和电视广告也是动画使用的主要场所之一。计算机动画能制作出一些神奇的视觉效果，营造出一种奇妙无比、超越现实的夸张浪漫色彩，更易于被人们接受，无形中也传达了商品或电视的推销意图，如图 6-8 所示。

图 6-7　侏罗纪公园剧照　　　　　　图 6-8　电视广告动画

3）科学计算和工业设计

利用动画技术,可以将计算过程及事物很难呈现的一面完全地暴露在人们面前,以便于进一步地观察分析和交互处理。同时,计算机动画也可以为工业设计创造更好的虚拟环境。借助动画技术,可以将产品的风格、功能仿真、力学分析、性能实验以及最终的产品都呈现出来,并以不同的角度观察它,还可以模拟真实环境将材质、灯光等赋上去,如图 6-9 所示即是动画技术运用在自行车设计上的一个很好的范例。

4）教育和娱乐

计算机动画在教育中的应用前景非常宽阔,教育中的有些概念、原理性的知识点比较抽象,这时借助计算机动画把各种现象和实际内容进行直观演示和形象教学,大到宇宙,小到基因结构,都可以淋漓尽致地表现出来。

目前,计算机动画在娱乐上的广泛应用也充分展示了其无穷的价值空间。计算机动画创设的真实的场景、逼真的人物形象以及事件处理,受到了娱乐界的极力推崇,如图 6-10 所示即是游戏中一个场景图。

图 6-9　工业设计应用　　　　　　图 6-10　3D 游戏中的场景图

5）虚拟现实

虚拟现实是利用计算机动画技术模拟产生的一个三维空间的虚拟环境系统。在动画制作的基础上,借助于系统提供的视觉、听觉及触觉设备,"身临其境"地置身于这个虚拟环境中随心所欲地活动,就像在真实世界中一样。

6.1.3 动画制作软件

不同的动画需要不同的制作软件,一般来说,常用的二维动画软件有 Animator Studio、Flash、Rets、Pegs 等;三维动画制作软件主要有 3ds Studio max、Maya、Cool 3D 等。下面介绍几种比较常见的软件。

1. Animator Studio

Animator Studio 是美国 Autodesk 公司于 1995 年在 Windows 3.2 操作系统上推出的一种集图像处理、动画设计、音乐编辑、音乐合成、脚本编辑和动画播放于一体的二维动画设计软件。本软件要完全安装需要约 30MB 的硬盘空间,运行时需要约 50MB 的自由空间。

2. Flash

Flash 是美国的 Macromedia 公司于 1999 年 6 月推出的优秀网页动画设计软件。它是一种交互式动画设计工具,可以将音乐、声效、动画以及富有新意的界面融合在一起,以制作出高品质的网页动态效果。它的最大特点是能使用矢量图形和流式播放技术,能通过使用关键帧和图符使得生成的动画文件非常小,并具有动画编辑功能等。图 6-11 所示为其界面。

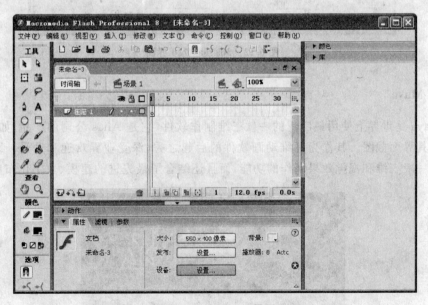

图 6-11 Flash 8.0 界面

3. 3ds max

3ds max 由 Autodesk 公司出品,是目前世界上销售量最大的软件之一,作为一种三维建模、动画及渲染的解决方案,至今已获得 65 个业界奖项。一个典型的三维制作过程一般包括建模、材质贴图、灯光、动画以及渲染。它被广泛应用于广告、影视、工业设计、建筑设计、多媒体制作、游戏、辅助教学以及工程可视化等领域。图 6-12 所示是 3ds max 的截图。

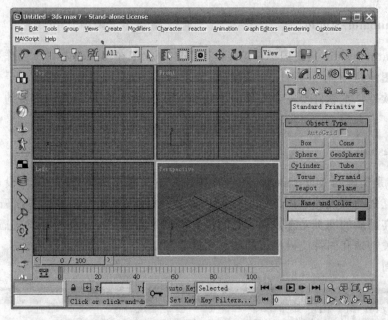

图 6-12　3ds max 7.0 界面

4. Maya

Maya 是世界上使用最广泛的一款三维制作软件,它是 Alias 公司的产品,如图 6-13 所示为其界面截图。其作为三维动画软件的后起之秀,深受业界欢迎和钟爱。Maya 不仅包括一般三维和视觉效果制作的功能,而且还结合了最先进的建模、数字化布料模拟、

图 6-13　Maya 6.5 界面

毛发渲染及运动匹配技术等。它的应用领域主要包括平面图形可视化、网站资源开发、电视特技、游戏设计与开发等。《角斗士》、《星球大战前传》等很多电影的电脑特技镜头都由它来完成。

6.1.4 动画文件格式

由于应用领域的不同,动画文件存在着不同类型的存储格式。下面简单介绍一下目前应用比较广泛的几种动画格式。

1. GIF 动画格式

GIF(Graphics Interchange Format)即"图像交换格式"。GIF 动画可以同时存储若干幅静止图像进而形成连续的动画,因此,Internet 上大量采用的动画文件多为 GIF 文件格式。GIF 文件存储量比较小,因此,在网络上深受欢迎。

2. FLIC(FLI/FLC)格式

FLIC 是 Autodesk 公司在其出品的 Autodesk Animator/Animator Pro/3D Studio 等 2D/3D 动画制作软件中采用的彩色动画文件格式,FLIC 是 FLC 和 FLI 的统称。其中,FLI 是最初的 320×200 像素的动画文件格式,而 FLC 则是 FLI 的扩展格式,采用了更高效的数据压缩技术,其分辨率也不再局限于 320×200 像素。

3. SWF 格式

SWF 是 Macromedia 公司的产品 Flash 的矢量动画格式。这种格式的动画能以比较小的体积表现丰富的多媒体形式,并且还可以与 HTML 文件达到一种"水乳交融"的境界。事实上,Flash 动画是一种"准"流式文件,即可以边下载边浏览。

4. AVI 格式

AVI(Audio Video Interleaved)即音频视频交错,是对视频、音频采用的一种有损压缩方式。该压缩方式的压缩率比较高,并且可以将音频和视频混合到一起,因此,尽管画面质量不是太好,但其应用范围仍然十分广泛。AVI 文件主要用在保存电影、电视等各种影像信息及多媒体光盘上。

5. MOV、QT 格式

MOV、QT 都是 QuickTime 的文件格式。该格式的文件能够通过 Internet 提供实时的数字化信息流、工作流与文件回放。

表 6-1 罗列了几种动画格式、支持的公司及说明。

表 6-1　动画文件格式

格式	公司	说明
3DS	Autodesk 公司	3D Studio 文件格式
AVI	Microsoft 公司	Windows 平台通用的动画格式
FLC	Autodesk 公司	Animator Pro 文件格式
FLI	Autodesk 公司	FLI 文件格式
FLT	Autodesk 公司	Autodesk Animator FLC/FLT 文件格式
GIF	CompuServe 公司	GIF 动画图像文件
MOV	Apple 公司	QuickTime 动画文件格式
MPEG	国际标准化组织的运动图像专家小组开发	所有平台和 Xing Technologies MPEG 播放器及其他应用程序均支持
PIC	Macromedia	QuickTime 的前身

6.2　GIF 动画制作

6.2.1　GIF 动画特点

1. GIF 图形交换格式

GIF(Graphics Interchange Format)原义是"图像互换格式",是 CompuServe 公司在 1987 年开发的图像文件格式。GIF 文件的数据,是一种基于 LZW 算法的连续色调的无损压缩格式,其压缩率一般在 50％左右。它不属于任何应用程序。目前几乎所有相关软件都支持它,公共领域有大量的软件在使用 GIF 图像文件。

GIF 图像文件的数据是经过压缩的,而且是采用了可变长度等压缩算法。所以 GIF 的图像深度从 1b 到 8b,即 GIF 最多支持 256 种色彩的图像。GIF 格式的另一个特点是在一个 GIF 文件中可以存多幅彩色图像,如果把存于一个文件中的多幅图像数据逐幅读出并显示到屏幕上,就可构成一种最简单的动画。

2. GIF 分类

GIF 分为静态 GIF 和动态 GIF 两种,均支持透明背景图像,适用于多种操作系统,数据量很小。Internet 上的很多小动画都是 GIF 格式。其实 GIF 是将多幅图像保存为一个图像文件,从而形成动画,归根到底 GIF 仍然是图像文件格式。

3. GIF 动画

精美的图片是做网站必不可少的元素,尤其是 GIF 动画,可以让原本呆板的网站变得栩栩如生。大家见得最多的可能就是那些不断旋转的 Welcome,以及风格各异的广告

Banner。在 Windows 平台上，制作 GIF 动画有许多工具，其中著名的有 Adobe 公司的 ImageReady、友立公司的 GIF Animation 等。在 Linux 平台上，同样可以轻松地制作动感十足的 GIF 动画。Linux 中的 GIMP 就是一个同 GIF Animation 或者 ImageReady 一样简单易用并且功能强大的 GIF 动画制作工具。它不仅完全可以胜任 GIF 动画制作，而且可以充分利用 GIMP 强大的图像处理功能，使 GIF 动画更具感染力和吸引力。

GIF 动画有其独有的优势，即广泛支持 Internet 标准，支持无损耗压缩和透明度。动态 GIF 很流行，易于使用许多 GIF 动画程序创建。

但同时 GIF 也暴露了一定的缺点：GIF 只支持 256 色调色板，因此，详细的图片和写实摄影图像会丢失颜色信息，而看起来却是经过调色的。在大多数情况下，无损耗压缩效果不如 JPEG 格式或 PNG 格式。GIF 支持有限的透明度，没有半透明效果或退色效果（例如，Alpha 通道透明度提供的效果）。

6.2.2　制作 GIF 动画过程

对于任何一款 GIF 动画制作软件，其编辑功能都是比较完善的，无须再用其他的图形软件辅助。GIF 动画制作软件可以处理背景透明化而且做法容易，另外它除了可以把做好的图片存成 GIF 动画外，还可以存成 AVI 或是 ANI 的文件格式。GIF 动画制作软件比较多，如 ImageReady、GIFCON 等。下面以 ImageReady 为例，了解 GIF 动画制作的整个过程。

1. GIF 动画制作工具介绍

如果电脑中安装着 5.5 以上版本的 Photoshop，就一定会发现，还有另一个叫做 ImageReady 的软件随同 Photoshop 一起被安装到了计算机中。那么，它是用来做什么的？

ImageReady 是一款专门用来编辑动画的软件，它弥补了 Photoshop 在编辑动画以及网页素材方面的不足。ImageReady 中包含了大量制作网页图像和动画的工具，甚至可以产生部分 HTML 代码，可以说是功能强大，其界面如图 6-14 所示。

2. 制作过程

在正式开始之前先来看一段搞笑动画"弹指神功"（http://www.xxhome.com.cn/joke/cartoon/834.html）。将图片的 6 种变化一一抓下保存为 JPEG 格式图片。将大小均调整为 244×277 像素，依次命名为 t1.jpg～t6.jpg，如图 6-15 所示。

1）制作 GIF 动画

动画实际上就是一系列连续出现的静态图像，每一幅静态图像称为一帧，当这些帧连续、快速地显示时就会形成动画效果。用 ImageReady 编辑动画其实也就是对帧的操作。

创建新帧。打开 ImageReady，新建一个 244×277 像素大小的名为"弹指神功"的新文件，在"窗口"菜单中选择"显示图层"→"显示动画"菜单命令，使图层面板与动画面板出现在软件界面中。打开 t1.jpg，按 Ctrl＋A 组合键将图片内容全部选中，复制粘贴到新

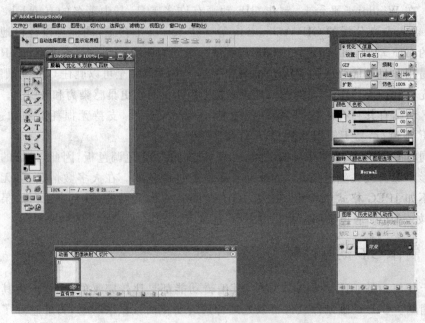

图 6-14　ImageReady 界面

图 6-15　弹指神功 t1.jpg～t6.jpg

图片中,这是动画的第一帧,也是程序默认的图片正常状态。

单击动画面板下方的"复制当前帧"按钮,建立第 2 帧。同样将 t2.jpg 的内容全选复制到新文件"弹指神功"中。

接下来用上述办法将 t3.jpg、t4.jpg、t5.jpg、t6.jpg 分别粘贴到各自的新帧中,一共建立 6 帧。

2）图层与帧的配合

在图层面板中选中"背景"层，单击图层面板右下角的"删除图层"按钮（小垃圾桶符号），将背景层删除。

单击选中动画面板中的第1帧，在图层面板中隐藏图层2、3、4、5、6（就是将这些图层左边的"小眼睛"点掉）。

然后单击选中动画面板中的第2帧，在图层面板中隐藏图层1、3、4、5、6，使之仅显示图层2的内容。

同理，再分别将第3帧到第6帧中的其他图层隐藏，使每一帧仅显示与其相关的图层内容。处理结果如图6-16所示。

图6-16 弹指神功制作过程

3）预览与存储

在动画面板每一帧的下部单击"秒"字右边的小倒三角，选择希望每一帧显示的时间（0～240s，可以自己调整）。最后，单击动画面板中的"播放"按钮，就可以直接测试动画效果了。如果满意的话，可以在"文件"菜单中选择"存储优化结果"命令，并保存为"弹指神功.gif"，就完成制作了。

你还可以用ImageReady打开任意一幅GIF动画图片，对每一帧进行编辑修改。

6.3 Flash 动画制作

Flash是美国的Macromedia公司于1999年6月推出的优秀网页动画设计软件。它是一种交互式动画设计工具，可以将音乐、声效、动画以及富有新意的界面融合在一起，以制作出高品质的网页动态效果。

6.3.1 Flash 窗口界面

对于大多数的 Flash 爱好者来说,动画制作可能是其学习 Flash 的动力。使用 Flash 创建的动画的表现形式是多种多样的,设计者可以尽情地在动画中表现其丰富、夸张的想象力。下面先来了解一下 Flash 8.0 的界面组成,如图 6-17 所示。

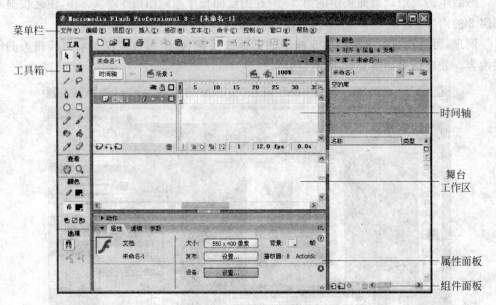

图 6-17　Flash 8.0 界面

Flash 8.0 用户界面由标题栏、菜单栏、工具箱、时间轴、舞台工作区、属性设置面板、调色板、组件面板等构成。

由于屏幕大小的限制,Flash 本身功能模块又在不断地扩展,使用 Flash 时,可以将不需要的一些面板关闭,使整个工作区最大化。需要某些功能时,可直接通过窗口菜单调用。

1. 菜单栏

通过下拉菜单,可执行相应的操作。Flash 的菜单主要分为以下几种。

(1) 文件菜单:主要功能有新建、打开、保存、另存为、导入、导出、发布、打印、页面设置、退出等。

(2) 编辑菜单:提供一些基本的编辑操作,如复制、剪切、粘贴及撤销、重复、参数选择、查找、自定义面板、快捷键设置及时间轴的编辑等。

(3) 视图菜单:提供了对工作区大小的设置,对象的显示状态,图层、时间轴、网格等的显示与否的功能。

(4) 插入菜单:提供插入元件、图层、时间轴特效、场景等功能。

(5) 修改菜单:提供设置文档、场景、影片、帧、元件、图层等属性的修改功能。

(6) 文本菜单:设置文字的字体、大小、风格、排列、间距等属性。

（7）命令菜单：包括管理保存命令、获取命令、运行命令等功能。

（8）控制菜单：提供了控制动画的播放、重置、结束、前进、后退，以及调试影片等功能。

（9）窗口菜单：提供了窗口中是否显示时间轴、属性面板、工具栏等的功能。

（10）帮助菜单：提供软件使用说明、技术支持中心、范例等。

2. 工具箱

Flash 工具箱提供了进行矢量图形绘制和图形处理时所需的大部分工具，可以利用工具箱中的工具创建和编辑对象，如图 6-18 所示。例如，绘制矩形、圆，调整图形大小，变换图形颜色等。

Flash 工具箱按具体用途又分为 4 类：工具、视图、颜色和选项工具。

1）工具

（1）箭头工具。利用箭头工具可以选择和拖动对象，使对象产生移动或变形，如图 6-19 所示。

（2）次级选取工具。利用该工具可以选择线条顶点进行编辑，改变其外观，如图 6-20 所示。

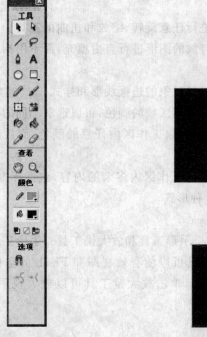

图 6-18　工具箱

图 6-19　箭头工具的移动功能

图 6-20　次级选取工具的编辑功能

（3）直线工具。利用直线工具可以绘制直线，按住 Shift 键，可以画水平、竖直或呈 45°的直线。

（4）套索工具。套索工具主要用于选取不规则区域中的对象，有魔术棒和多边形两种模式。

（5）钢笔工具。钢笔工具利用贝塞尔曲线绘图原理，绘制出任意复杂的精确路径，如图 6-21 所示。

（6）文本工具。利用文本工具可以进行文字的输入和编辑等，有静态文本、动态文本和输入文本三种形式，可以通过属性面板进行设置。

（7）椭圆工具。用来画椭圆的工具，按住 Shift 键画出来的是正圆，如图 6-22 所示。

（8）矩形工具。用来画各种形状的矩形工具，包括圆角矩形，还可以绘制多角星形。按住 Shift 键画出来的是正方形，如图 6-23 所示。

图 6-21　钢笔工具的绘图功能　　图 6-22　椭圆工具的功能　　图 6-23　矩形工具的功能

（9）铅笔工具。用来画线条的工具，可以是直线，也可以是曲线。分为三种类型：直线、平滑和墨水。

（10）笔刷工具。用来绘制一些形状随意对象的工具，包括标准绘图、颜料填充、后面绘画、颜料选择和内部绘画 5 种形式。

（11）自由变形工具。对图形或元件进行任意旋转、缩放和扭曲的工具。

（12）自由填充工具。该工具可以对打散的图形进行自由填充，而不用拘泥于该图形的其他属性等。

（13）墨水瓶工具。用来增加或更改矢量对象的边框线形和样式。

（14）颜料桶工具。用来更改矢量对象填充区域的颜色，可以选取不同的模式。

（15）吸管工具。用于精细取色，它可以吸取工作区内任意的颜色，而后用于填充和其他操作。

（16）橡皮擦工具。橡皮擦工具用于清除工作区内多余的内容，包括标准擦除、擦除颜色、擦除线段、擦除所填色和内部擦除 5 种形式。

2）视图查看工具

视图查看工具箱中主要包括两种工具：手形工具和放大镜工具。手形工具用于随意移动物体，查看所需要的内容，双击手形工具可以使有效视图和 Flash 的空白区域相吻合；缩放工具则用于编辑对象的放大和缩小，单击放大镜工具可以放大视图比例，按住 Alt 键后再在视图中单击，则可以缩小视图比例。

3）颜色工具

工具箱中的颜色工具和 Flash 的绘图密切相关，该工具包括图形的边界颜色和内部填充颜色。

3. 时间轴

时间轴是 Flash 的一大特点，在以往的动画制作中，通常是要绘制出每一帧的图像，或是通过程序来制作,而 Flash 通过对时间轴上关键帧的操作,自动生成运动中的动画帧,节省了制作人员的大部分时间,如图 6-24 所示。在时间轴的上面有一个红色的线,那是播放的定位磁头,拖动磁头也可以实现动画的观察,这在制作中是很重要的步骤。

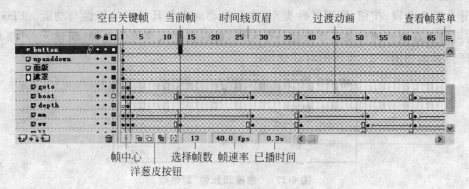

图 6-24　时间轴

时间轴上的每个栅格就是一帧,一般默认的帧速率是 12fps,即 12 帧每秒。也可以在文档属性面板里设置帧速。Flash MX 2004 首次支持时间轴特效,感兴趣的可以查找相关资料。

4. 舞台工作区

工作区中间这块白色区域就是舞台,舞台是最终能显示出来的工作区,舞台外的灰色区域输出时都无法显示。舞台的大小、背景等都可以通过属性面板中的“设置”进行设置,如图 6-25 所示。

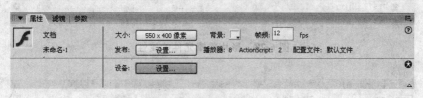

图 6-25　舞台属性设置

5. 属性设置面板

除了上述的文档属性设置面板,Flash 还提供了对象的属性设置,如图 6-26 所示。只要单击工作区中的对象,“属性”面板就会显示出来,并可以对其属性进行操作。

图 6-26　“属性”设置面板

6.3.2 组件应用技术

在讲组件之前，首先要理解一个概念，即元件。元件是 Flash 动画中的主要动画元素，分为影片剪辑、按钮、图形 3 种类型，它们在动画中各具不同的特性与功能。Flash 运用它可以更好地管理对象。要新建一个元件，可以在插入菜单中选择"新建元件"菜单命令，即会弹出如图 6-27 所示的对话框。

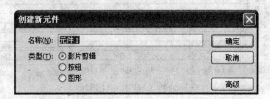

图 6-27 "创建新元件"对话框

在不给图形元件和影片剪辑赋予动作的时候，这两种元件类型是没有什么大的区别的，可以在 Flash 制作中通用，但是每个元件都有自己的特点。利用图形元件制作的移动渐变动画放到场景中的时间线上，不必通过"文件"→"发布"命令就可以直接按 Enter 键进行测试，而影片剪辑是不行的。另外，影片剪辑可以独立于时间轴播放，而图形元件不可以。综合区分图形元件与影片剪辑可以参考各自的"属性"面板，分别如图 6-28、图 6-29 所示。

图 6-28 影片剪辑元件的属性

图 6-29 图形元件的属性

按钮元件的时间轴与其他元件不同，只有 4 个帧。分别是：弹起、指针经过、按下和点击，如图 6-30 所示。

弹起：就是按钮无任何动作时在舞台中的效果；指针经过：就是鼠标指针经过时按钮的效果；按下：就是按下按钮时的效果；点击：就是按钮对动作的反应区域，在场景中看不到这个帧的内容。在使用上按钮元件与其他元件的帧没有区别，可以插入音效、关键帧等，如图 6-31 所示。

所有的元件创建好之后都会出现在库文件中，可以按 Ctrl+L 组合键或选择"窗口"

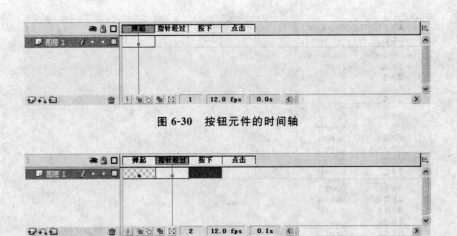

图 6-30　按钮元件的时间轴

图 6-31　编辑按钮上的帧

→"库"菜单命令调出"库"面板,再对库里的元件操作,如图 6-32 所示。

　　现在再来看什么是组件技术。Flash MX 以上版本的组件概念是由 Flash 的智能剪辑延伸而来的,组件即是被封装好的具备一定功能的对象。因此,若要创建一个组件,必须创建一个影片剪辑元件并将它链接到该组件的类文件中。图 6-33 所示是 Flash 8.0 的"组件"面板。按快捷键 Ctrl＋F7 可以打开"组件"面板,按快捷键 Alt＋F7 可以打开组件相应的"参数"面板。

图 6-32　"库"面板

图 6-33　"组件"面板

　　Flash 8.0 版本中有许多相关的组件,如 CheckBox(复选框)组件、ComboBox(组合框)组件、ListBox(列表框)组件、Button(普通按钮)组件、RadioButton(单选按钮)组件、ScrollBar(文本滚动条)组件、ScrollPane(滚动窗口)组件等。下面,来看一下组件的一般使用方法。

　　(1) 选择"窗口"→"组件"菜单命令,或按快捷键 Ctrl＋F7,打开"组件"面板,如图 6-34 所示。

　　(2) 选中一个组件拖到场景中或者双击组件加到场景中,如图 6-35 所示。

图 6-34 "组件"菜单　　　　　　　图 6-35 "组件"面板使用方法

（3）可以安装一些其他组件，只要在 Flash 的目录下找到 Components 文件夹，然后将其打开，会发现一个 Flash UI Components. fla 文件，这就是 Flash 存放几个内置组件的文件。只要把第三方组件（. fla 格式）放到 Components 文件夹中，然后重新启动 Flash 就可以使用新的组件了。

（4）选中场景中的组件，打开"属性"面板，可加入实例名、改变标签等；也可通过选择"窗口"菜单中的"组件检查器"命令设置更多，如是否可见、是否可用等，如图 6-36、图 6-37 所示。

下面将在页面上加载一个 FLVPlayback 组件，这是一个 Flash 视频的播放器，具体方法如下。

（1）打开一个新文档，按快捷键 Ctrl＋F7 打开"组件"面板，然后拖动 FLVPlayback 组件至场景中或元件库中，确保选择的是 Flash 8.0 的 FLVPlayback 组件，如图 6-38 所示。

（2）选中场景中的组件后，在组件的属性面板上命名它的实例名称为"myVideo"。实例名称可以在 ActionScript 中引用。

（3）现在 FLVPlayback 组件已经在场景中了，下面应当使用一种外观使它适应整个项目风格的需要。确保选中场景中的 FLVPlayback 组件，打开"属性"面板然后选择"参数"选项卡，向下滚动参数面板打开 skin 项目，选中它单击右侧的"放大镜"按钮，如图 6-39 所示。

图 6-36 "组件检查器"菜单

图 6-37 "组件检查器"面板

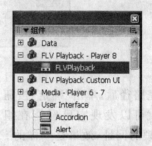

图 6-38 FLVPlayback 组件

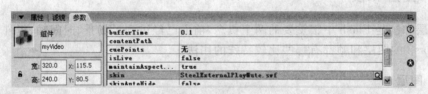

图 6-39 "参数"设置

单击"放大镜"按钮后将弹出一个选择外观的向导窗口,在窗口中选择所需要的外观。然后单击"确定"按钮就可以了,如图 6-40 所示。

图 6-40 播放器外观设置

Flash 提供了许多外观,不同的是它们的外观和一些功能。可以选择适合自己和项目需要的播放器。

选择一种外观后,这个外观的名字会显示在属性面板参数栏的 skin 右侧,所选中的这个外观将会从 Flash 的"Configuration/Skins"目录复制到文件所保存的目录下,可以打开保存文件的位置查看,此时多了一个 .swf 文件,此文件就是选择了外观后的结果。

(4)接下来就是要设置播放的文件。选中组件,在组件的参数中有一项名为 contentPath 的项目,选中后,可以在右侧手动输入位置,也可以单击右侧的"放大镜"按钮选择 FLV 的路径,如图 6-41 所示。

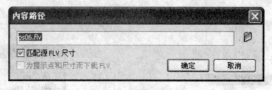

图 6-41　路径设置

输完路径后,单击"确定"按钮,那么这个路径就成为了 contentPath 的属性值,测试影片时就可以发现它已经能在组件中自动地播放了;也可在 contentPath 中直接输入 FLV 视频的网址,效果是一样的。

6.3.3　图层和帧

图层和帧是 Flash 中很重要的两个概念,前面已经讲到了场景、时间轴、组件,现在来看看 Flash 的图层和帧都有哪些比较特殊的用法。

1. 图层

关于图层(Layer)的概念,学过 Photoshop 的人都不会陌生。形象地说,图层可以看成是叠放在一起的透明胶片,如果层上没有任何东西,就可以透过它直接看到下一层。所以可以根据需要,在不同层上编辑不同的动画而互不影响,并在放映时得到合成的效果。使用图层并不会增加动画文件的大小,相反它可以更好地帮助安排和组织图形、文字和动画。在图层面板中,最下方的左侧有 3个按钮:插入图层、添加运动引导层和插入图层文件夹,右侧则为"删除图层"按钮;最上方有 3 个控制按钮,分别是显示/隐藏所有图层、锁定/解除锁定所有图层、显示所有图层的轮廓,如图 6-42 所示。一般来说,图层可以分为普通图层、引导层和遮罩层。

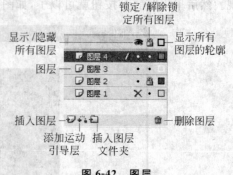

图 6-42　图层

1)普通图层

普通图层是图层的默认状态。图 6-42 是一个典型的图层事例,图层的数量是不限定的,可以随便添加。其中 为当前层。如果该层不能编辑,则会显示图标 。图层后的其他几个标志说明如表 6-2 所示。

表 6-2　图层标志说明

标志	说　　明
✏	该层是否为当前层
	如果该层不能编辑,则会显示 ✏ 图标
👁	控制该层是否被显示
	默认状态为正常显示,在对应下方用 • 表示,如果单击这个黑点,则会出现 ✕,同时该层被隐藏,隐藏的层不能被编辑
🔒	控制是否锁住该层
	被锁住的层可以正常显示,但不能被编辑,这样在编辑其他层时,可以利用这一层作参考,而不会误改了这一层的内容
◻	控制是否将该层以轮廓线方式显示
	单击对应的黑点,会出现 ◻,再单击恢复正常

2）引导层

引导层是辅助其他图层中的对象运动或定位的一种图层方式,它所起的作用在于确定了指定对象的运动路线。例如,让一个球按指定的路线移动,该路径就在引导层上。下面就利用引导层来制作一个简单的运动动画。

（1）新建一个圆球元件,属性为图形。

（2）回到场景中,将该元件拖入工作区任一位置。

（3）在图层上右击,选择“添加引导层”命令,完成后图层窗口的状态如图 6-43 所示。

（4）在引导层上画出一条小球运动的曲线,如图 6-44 所示。

图 6-43　图层效果　　　　　　　　　　图 6-44　引导线

（5）在时间轴上选定插入的关键帧。在默认状态下,每秒 12 帧,如果想让动画延续两秒,就需要 24 帧。现在要让动画延迟 15 帧,也就是 1 秒多。在第 15 帧处按 F5 键或者选择 Insert（插入）→Frame（帧）命令,在引导层的第 15 帧加入一个过渡帧。回到小球层,在第 15 帧插入关键帧（Insert Keyframe）。在第
15 帧处,把圆球从左边位置拖到右边,并让圆球的中心点与引导线的尾端重合。最后,指定运动动画。
结果如图 6-45 所示。

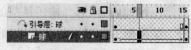

图 6-45　时间轴效果图

这里需注意,在实际播放时,引导层中的路径是不会显示出来的,所以可以放心绘制。另外,路径的起点必须与被引导物件的中心点重合。

3）遮罩层

也许大家看过类似于探照灯的 Flash 动画，在黑色的背景上，只有一个探照灯，灯光打到哪里就能将该处的内容显示出来。这种制作技术就依托于遮罩。探照灯与灯光属于遮罩层，要显示的信息在被遮罩层上。

下面以一个简单的动画理解遮罩层起到的作用。最终效果是"西湖风景"4 个字从左向右移动，移到的地方会将下层的西湖风景透露出来。

（1）首先，在图层 1 中导入一幅西湖风景图，更名为"背景"。

（2）新建图层 2，改名为"遮罩层"，并在该图层上输入"西湖风景"字样。

（3）让动画延续 25 帧，因此，在第 25 帧上插入关键帧。

（4）在背景层上设置图片由左到右的动画。

（5）在遮罩层上右击，选择"遮罩层"命令，图层和时间轴效果如图 6-46 所示。

图 6-46　图层和时间轴效果图

（6）动画效果如图 6-47 所示，遮罩技术还可以制作打字机、电影字幕等效果。

图 6-47　最终效果图

2. 帧

1）帧的基本概念

随着时间轴的推进，动画会按照时间轴的横轴方向播放，而帧的所有操作均在时间轴上进行。在时间轴上，每一个小方格就是一帧，在默认状态下，每隔 5 帧进行数字标示，如时间轴上 1、5、10、15 等数字的标示，如图 6-48 所示。

帧在时间轴上的排列顺序决定了一个动画的播放顺序，至于每帧有什么具体内容，则需在相应的帧的工作区域内进行制作。例如，在第一帧绘了一幅图，那么这幅图只能作为第一帧的内容，第二帧还是空的。一个动画播放的内容即帧的内容，一般来说，帧可以分为关键帧、过渡帧、空白关键帧三类。

（1）关键帧（Key Frame）。与其他帧不一样的是，关键帧是一段动画起止的原型，时间轴上所有的动画都是基于关键帧的。关键帧定义了一个过程的起始和终结，又可以是另外一个过程的开始。例如，图 6-49 所示的小实心圆点就是关键帧。

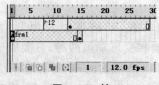

图 6-48　帧

图 6-49　关键帧

（2）过渡帧（Frame）。两个关键帧之间的部分就是过渡帧，是起始关键帧动作向结束关键帧动作变化的过渡部分。在进行动画制作过程中，不必理会过渡帧的问题，只要定义好关键帧以及相应的动作就行了。过渡部分的延续时间越长，整个动作变化越流畅，动作前后的联系越自然。但是，中间的过渡部分越长，整个文件的体积就会越大。

（3）空白关键帧（Blank Frame）。在一个关键帧里，什么对象也没有，这种关键帧，就称为空白关键帧。如图 6-49 所示，关键层后面的空心圆就是空白关键帧。空白关键帧用途很广，特别是那些要进行动作（Action）调用的场合，常常需要空白关键帧的支持。

2）帧的基本操作

（1）定义关键帧。将鼠标指针移到时间轴上表示帧的部分，并单击要定义为关键帧的方格，然后右击，在弹出菜单中选 Insert Keyframe（插入关键帧）命令。这时的关键帧，没有添加任何对象，因此是空的，只有将组件或其他对象添加进去后才能起作用。添加了对象的关键帧会出现一个黑点，如图 6-50 所示。

关键帧具有延续功能，只要定义好了开始关键帧并加入了对象，那么在定义结束关键帧时就不需要再添加该对象了，因为起始关键帧中的对象也延续到结束关键帧了。

（2）清除关键帧。选中欲清除的关键帧，右击并在弹出菜单中选择 Clear Keyframe（清除关键帧）命令。

（3）插入帧。选中欲插入帧的地方，右击并在弹出菜单中选择 Insert Frame（插入帧）命令。新添加的帧将出现在被选定的帧后。如果前面的帧有内容，那么新增的帧跟前面的帧一模一样；如果选定的帧是空白帧，那么将在和这个帧最接近的前面有内容的帧之间插入和前面帧一样的过渡帧，如图 6-51 所示。

图 6-51 中，灰色部分表示有内容，现在要在白色的空帧处（第 20 帧）插入一个空帧，结果如图 6-52 所示。

图 6-50　关键帧　　　　　图 6-51　添加帧　　　　　图 6-52　添加空帧

（4）清除帧。选中欲清除的某个帧或者某几个帧（按住 Shift 键可以选择一串连续的帧），然后按 Del 键即可。

（5）复制帧。选中要进行复制的某个帧或某几个帧，选择 Edit（编辑）→Copy Frames（复制）命令，然后选定复制放置的位置，选择 Edit（编辑）→Paste Frames（粘贴）命令。

3）帧的属性

帧的属性主要在属性面板上，包括帧标签的设置、动画类型及声音、效果等，如图 6-53 所示。其中，动画类型的设置提供了移动动画和变形动画两种；只要库里有声音文件，在右侧的声音一栏里就可以显示出来，可以选择自己喜欢的声音，并在下面的效果栏里进行编辑，包括声音的淡入淡出、左右声道等；Flash 还提供了编辑封套，能更自如地编辑声音文件；另外，还可以设置声音重复的次数、同步与否等。

图 6-53　帧的属性设置

如果某帧被设置了标签，则该帧处就会自动添加一面小旗子，并以标签名进行标志，如图 6-54 所示。

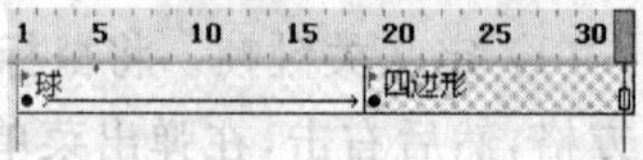

图 6-54　标签效果

6.3.4　几类简单动画实例

Flash 动画的用途广泛，技术千差万别，但不管动画如何变幻，基本的动画设置是不变的。根据其制作的技术，动画一般分为逐帧动画、移动动画、变形动画等。顾名思义，逐帧动画即是帧帧动画，但实际操作起来却并非容易；移动动画是指元素的大小、位置、透明度等的变化；而变形动画是指元素的外形发生了很大的变化。下面通过具体的实例分析这几种动画的区别。

1. 逐帧动画

逐帧动画和前面讲到的 GIF 动画类似，由一系列的相关帧构成，其优点是便于进行精确的操作控制，而缺点是需要大量的人工绘图，文件比较大。

下面通过一个地球自转的实例来了解一下逐帧动画的内涵和创建方法。本例是将一系列地球的各个侧面图导入到 Flash 中，而后生成地球自转的动态效果。

（1）新建文件。

（2）选择"文件"→"导入"→"导入到舞台"菜单命令，将目录下的图片导入到场景中。在单击"打开"按钮后，Flash 将自动检测到该图片是一系列图片中的第一张，所以会出现对话框提示是否导入所有动画序列，如图 6-55 所示。

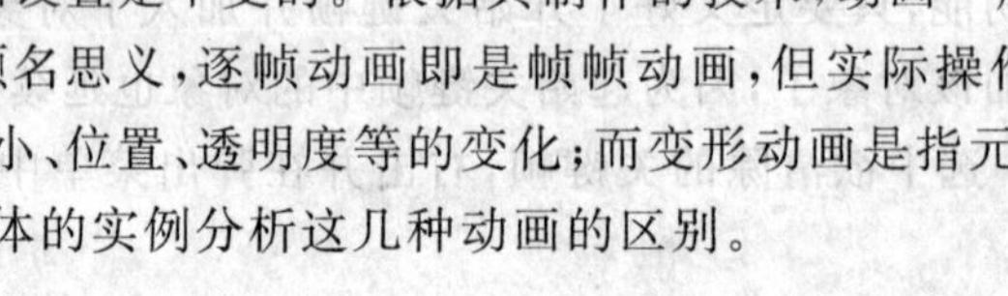

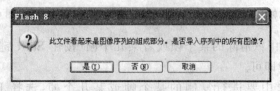

图 6-55　信息提示对话框

（3）单击"是"按钮允许将整个动画序列导入，此时，按 Enter 键就可以查看结果了，如图 6-56 所示。

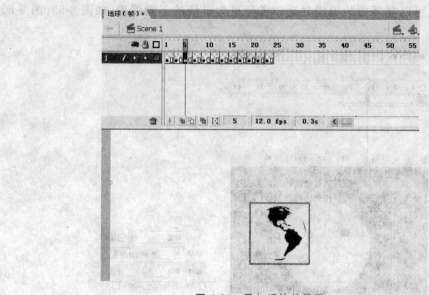

图 6-56　导入后的效果图

逐帧动画看似很简单，但前期工作比较重要，即在导入前需要将每一幅图片绘制好。系列图片越精致，动画越连贯。该实例绘制了 12 幅地球的侧面图，动画看起来就不会有跳跃感。

2. 移动动画（Motion）

区别于逐帧动画，移动动画需要满足以下几个条件。

第一，至少两个关键帧；

第二，关键帧中必须包含必要的组合实体；

第三，需设定移动渐变的动画方式。

下面以弹性小球为例讲解其制作过程，其最终效果图如图 6-57 所示。

（1）新建文件。

（2）插入两个图形元件，笑脸（laughface）和哭脸（cryface），如图 6-58 所示。

图 6-57　效果图

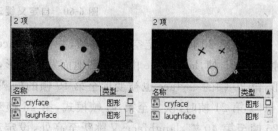

图 6-58　笑脸和哭脸

（3）回到主场景，将 laughface 拖到第 1 帧，并置于舞台顶端；延续运动时间，在第 17 帧处将 laughface 拖到舞台底端，并设定移动动画，在属性面板中给小球一个加速度，即设置缓动值，也可以在后面的编辑封套中进行更为灵活的手动编辑，如图 6-59、图 6-60 所示。

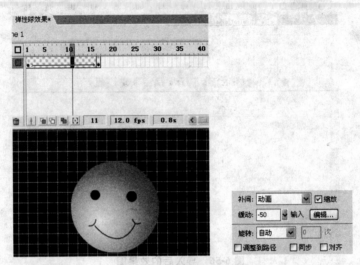

图 6-59　下落动画设置

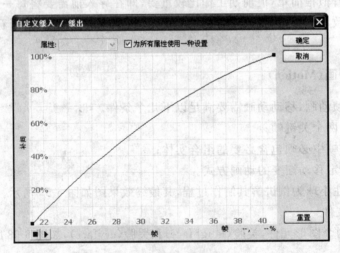

图 6-60　自定义缓动值

（4）在第 20 帧处设定空白关键帧，并将 cryface 拖入场景中，位置与原图吻合。从第 17 帧到第 19 帧，laughface 由于碰到地面发生变形，因此，用任意变形工具将圆脸挤成椭圆形，第 20 帧的 cryface 也被变形至第 19 帧的椭圆状，效果如图 6-61、图 6-62 所示。

（5）第 21 帧时，恢复至第 19 帧模式，第 25 帧对应第 17 帧模式，即恢复至原形。从第 25 帧至第 40 帧，laughface 又跳跃至高处，设定动画的同时给小球一个减速运动的过程。其属性面板设置如图 6-63 所示。

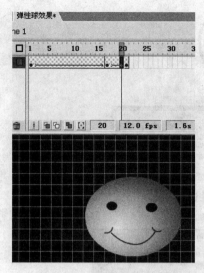

图 6-61 第 19 帧效果图

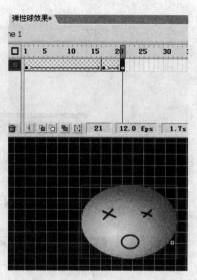

图 6-62 第 20 帧效果图

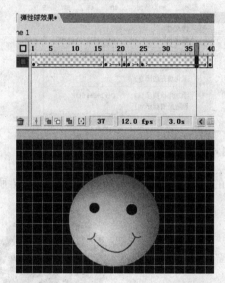

图 6-63 弹起过程设置

3. 变形动画

这里以一个圆的变形动画为例说明变形动画的效果。

（1）新建文件，在工具箱中选择椭圆工具，并绘制一个正圆，其属性面板设置如图 6-64 所示。

（2）选择第一帧，在属性面板中选择创建形状渐变动画 shape。而后在第 20 帧处插入关键帧，选中所画的圆，选择"修改"→"形状"→"将线条转换为填充"菜单命令，如图 6-65 所示。

（3）在第 40 帧处插入关键帧，绘制和第一帧同样的无填充的外框圆形。而后预览，

图 6-64 正圆属性设置

图 6-65 过程设置

就可以看到该形状渐变形成了很复杂的变化。最终效果如图 6-66、图 6-67 所示。

图 6-66 第 10 帧效果图

图 6-67 第 30 帧效果图

6.3.5 基本的动作语言应用

要使用 ActionScript 的强大功能,最重要的是了解 ActionScript 语言的工作原理。像其他脚本语言一样,ActionScript 也有变量、函数、对象、操作符、保留关键字等语言元素,有它自己的语法规则。例如:在英语中用句号结束一个句子,在 ActionScript 中则用分号结束一个语句。但对于一般用户来说,并不需要对 Flash 的脚本语言了解得非常深入,用户的需求才是真正的目标。

　　一般来说,动作面板已在工作区中。如果被关闭,可通过执行 Windows(窗口)→ Actions(动作)命令,调出如图 6-68 所示的面板。

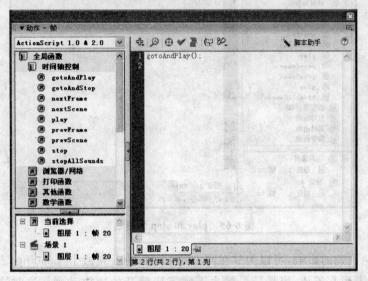

图 6-68　ActionScript 面板

　　动作面板中,左边是动作类型,双击任意一个类型可以展开其下的许多具体动作;右边是具体的参数显示窗口,参数窗口中的参数可以随意地复制、粘贴、增删。

1. 一些常用的 Action

　　(1) Play(播放):从设定的帧开始播放。本动作常常用于帧跳转的场合,如单击后才能跳到某一帧并开始播放该帧的内容。本动作不需要参数(No Parameters),直接设定就可以了。

　　(2) Stop(停止):动画放到此帧时自动停止播放,本动作不需要参数,如图 6-69 所示。

　　(3) Go to and Play(跳至并播放):通过它可以控制影片的播放顺序,从一帧跳转到另外一帧进行播放。

　　(4) Get URL(获取 URL):利用它可以,在影片播放到预定的地方时自动跳转到指定的网页或文件上去。

　　(5) Load Movie(载入影片):利用此动作可以在预定帧装载另外一个影片文件,必须在 URL 栏中输入该影片文件的地址。

　　(6) Unload Movie(影片卸载):即将装载的影片文件卸载。

　　(7) Tell Target(告知目标):Flash 中经常会用到的一个动作,其功能是 Go To(跳转)、Play(播放)、Stop(停止)等动作的合力。但在告知目标前首先得为被告知的目标确定一个实体名称,然后就可以在 Target 输入框中输入实体名称并进行告知。

　　(8) If Frame Is Loaded(如果帧已经装入):常常在制作片头 Loading(下载中)时用

图 6-69   play 和 stop 的语法

到。为了避免网速的影响,可以为放在网上的 Flash 动画先做个 Loading,表示动画正在下载,让访问者耐心等待;当最后一帧也下载完毕就开始播放动画。这时这个最后一帧就是 If Frame Is Loaded 的对象帧,即当此帧已经装入后才开始播放动画。

(9) On Mouse Event(鼠标事件):响应鼠标事件的动作集合,常常与按钮组件有关。

Press:按下鼠标。

Release:激活,而非 Press 动作。

Roll Over:鼠标移入引发的事件。

Roll Out:鼠标移出引发的事件。

另外还有很多的 Action,这里不作一一介绍,可以打开帮助文件仔细查看每组 Action 的语法。

2. 简单的 Action 实例

下面以一个简单的控制播放、暂停、前进、后退、停止的影片为例,熟悉一下 Action Script 的语法。

(1) 打开 Flash,按 Ctrl+F8 组合键,新建立一个影片剪辑,并起名字为 circle。需要先做一个简单的移动动画的影片剪辑,使圆滚动起来,如图 6-70 所示。

(2) 回到舞台工作区,按 F11 键打开库,将 circle 影片剪辑拖放到舞台中,并给这个实例取个名字叫 mc(现在按 Ctrl+Enter 组合键测试效果,就可以看到这个圆形一直在不停地移动)。

(3) 添加脚本,让这个 mc 在影片一开始不要自动播放。选中时间轴的第一帧,按 F9 键打开动作面板,输入:_root. mc. stop();,如图 6-71 所示(_root 代表舞台,这个脚本的意思是,舞台上名字叫 mc 的实例停止播放)。

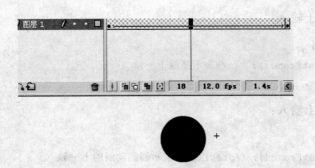

图 6-70　影片剪辑的制作

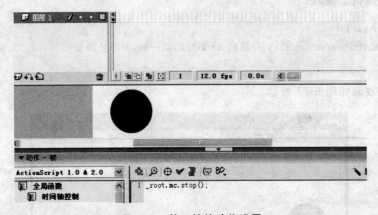

图 6-71　第一帧的动作设置

（4）接下来做几个按钮，分别表示播放、暂停、前进、后退、停止，并摆放在舞台上。关于按钮的制作方法请参考上文按钮元件的制作，如图 6-72 所示。

（5）现在要添加控制影片的脚本，把脚本直接写在舞台上这些按钮上面。选中"播放"按钮，打开动作面板，输入：

```
on (release) {
_root.mc.play();
}
```

如果要在按钮上面写脚本的话，必须使用 on(事件){//脚本程序}的格式来写！上面的脚本作用就是：当在这个按钮上单击(release 事件)的时候，就会执行下面的_root. mc. play();程序，它的意思是让舞台上的 mc 开始播放。

（6）同理，选中舞台上的暂停按钮，在它上面输入：

```
on (release) {
_root.mc.stop()
}
```

图 6-72　按钮元件

在前进按钮上输入：

```
on (release) {
_root.mc.nextFrame();      //表示播放下一帧
}
```

在后退按钮上输入：

```
on (release) {
_root.mc.prevFrame(); //prevFrame 表示回到动画的上一帧
}
```

在停止按钮上输入：

```
on (release) {
_root.mc.gotoAndStop(1); //跳到 mc 影片的第一帧,并停止播放
}
```

最终的效果如图 6-73 所示。

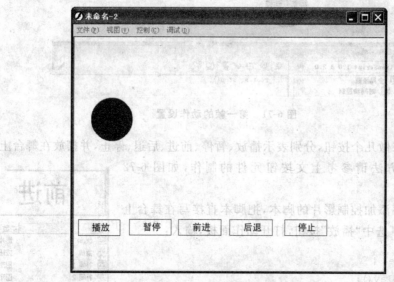

图 6-73　脚本控制的移动动画

本 章 小 节

　　本章主要介绍了多媒体动画制作过程中的一些基本概念与技术,涉及到以下几个知识点。

　　(1) 电脑动画的相关概念。电脑动画(Computer Animation)是一种借助计算机生成一系列可动态实时演播的连续图像的技术,它是计算机图形学和艺术相结合的产物。根据不同的分类维度,电脑动画可以有很多种类。例如,根据动画性质的不同,可以分为帧

动画和矢量动画两类；根据动画的表现形式，可以分为二维动画和三维动画；按电脑软件在动画制作中的作用分类，可分为电脑辅助动画和造型动画，前者属二维动画，其主要用途是辅助动画师制作传统动画，而后者属于三维动画。

(2) 动画的基本原理。视觉暂留原理，即物体移开后其形象在人眼视网膜上还可停留约 0.05~0.2s，因此，当以每秒 24 帧的速度播放静止的单独画面时，就会看到连续的画面。

(3) GIF 动画的概念及特点。GIF(Graphics Interchange Format)，原义是"图像互换格式"，是 CompuServe 公司在 1987 年开发的图像文件格式。GIF 图像的深度从 1b 到 8b，也即 GIF 最多支持 256 种色彩的图像。另外，在一个 GIF 文件中可以存多幅彩色图像，如果把存于一个文件中的多幅图像数据逐幅读出并显示到屏幕上，就可构成一种最简单的动画。

(4) ImageReady 软件及 Flash 软件的使用。ImageReady 是一款专门用来编辑动画的软件，其中包含了大量制作网页图像和动画的工具，甚至可以产生部分 HTML 代码。Flash 是美国的 Macromedia 公司于 1999 年 6 月推出的优秀网页动画设计软件。它是一种交互式动画设计工具，用它可以将音乐、声效、动画以及富有新意的界面融合在一起，以制作出高品质的网页动态效果。它的最大特点是能使用矢量图形和流式播放技术、能通过使用关键帧和图符使得所生成的动画文件非常小以及具有动画编辑功能等。

(5) Flash 软件的基本技术。元件是 Flash 动画中的主要动画元素，分为影片剪辑、按钮、图形三种类型，它们在动画中各具不同的特性与功能。Flash 运用它可以更好地管理对象。组件即是被封装好的具备一定功能的对象。图层可以看成是叠放在一起的透明胶片，如果层上没有任何东西，就可以透过它直接看到下一层。图层可以分为普通图层、引导层和遮罩层。在时间轴上，每一个小方格就是一帧。一般来说，帧可以分为关键帧、过渡帧、空白关键帧三类。

(6) 几种动画类型的制作。动画可分为逐帧动画、移动动画、变形动画。逐帧动画由一系列的相关帧构成，其优点是便于进行精确的操作控制，而缺点是需要大量的人工绘图，文件比较大。区别于逐帧动画，移动动画需要满足以下几个条件：至少两个关键帧；关键帧中必须包含必要的组合实体；需设定移动渐变的动画方式。

思考与练习

一、判断题

1. 在 Flash 里绘制的图形是向量图。　　　　　　　　　　　　　　　(　　)

2. 若要将图形导入 Flash 中进行编辑，可以直接将图形导入舞台或导入元件库。
　　　　　　　　　　　　　　　　　　　　　　　　　　　　　　(　　)

3. 若要将某一物体由舞台上的一点移动到另一点，则必须将补间动画设定为形状。
　　　　　　　　　　　　　　　　　　　　　　　　　　　　　　(　　)

4. 若要将某一图形的背景色改成其他颜色，可先将该图形打散后再用索套工具将背景图改成其他颜色。　　　　　　　　　　　　　　　　　　　　　　(　　)

5. 使用者可以将某些物体选中并按 Ctrl+G 组合键或选择"修改"→"群组"菜单命令,将多个物体变成一个单一物体。 （　　）

二、选择题（包括单选和多选）

1. 下列哪种动画类型的工作原理非常类似于过去的翻翻书？（　　）

    A. 帧帧动画   B. 角色动画   C. 关键帧动画   D. 路径动画

2. 下列这些图像格式中,哪些支持透明输出？（　　）

    A. GIF   B. JPEG   C. TIFF   D. BMP

3. 下列选项中哪些可存储动画格式？（　　）

    A. GIF   B. SWF   C. AVI   D. PNG

4. 在动画制作中,一般帧速选择为（　　）。

    A. 30 帧/秒   B. 60 帧/秒   C. 120 帧/秒   D. 90 帧/秒

5. 下列关于 3D Studio MAX 软件的描述（　　）是正确的。

    （1）3D Studio MAX 软件与 Animator Studio 软件是一家公司的产品

    （2）3D Studio MAX 只能制作三维动画

    （3）内置的反向动力学特性是其他三维造型动画软件所没有的

    （4）3D Studio MAX 与 Windows NT 的界面风格完全一致

    A. （1）,（3）,（4）   B. （1）,（2）,（4）

    C. （1）,（2）,（3）   D. 全部

三、填空题

1. Flash 动画的源文件格式是_____。

2. 若要创建动画,必须将所在帧设定为_____。

3. 若要设定动画的透明度则必须在颜色中设置_____。

4. 在 Flash 中,制作的元件都存入_____。

5. 要改变某一物体大小时可以选择_____工具。

四、问答题

1. 在 Flash 中,帧可以分为哪几种类型？

2. 动画的视觉原理是什么？

3. GIF 动画的特点是什么？

4. 请说出二维动画和三维动画的不同应用场合。

5. 试分析 Flash 动画如何和网页制作联系起来。

第7章

chapter 7

多媒体作品的设计与制作

学习目标

1. 了解多媒体作品的设计过程和设计原则；
2. 理解多媒体作品的界面设计原理；
3. 掌握 Authorware 动画的基本制作；
4. 熟练掌握 Authorware 交互控制的实现；
5. 掌握 Authorware 作品的调试与发布。

随着多媒体技术的迅猛发展，多媒体的创作也蒸蒸日上，丰富多彩的多媒体作品几乎每天都有上市，其中动感的影像、美妙的音乐、精致的图像、友善的人机交互等总是令人耳目一新。

多媒体作品又称多媒体应用软件或多媒体应用系统，它是由多种应用领域的专家和开发人员利用多媒体编程语言或多媒体创作工具编制的最终软件产品，主要包括多媒体教学软件、培训软件、电子图书、演示系统、多媒体游戏等。

多媒体作品实质上是一种特殊的计算机应用产品，因此，有关计算机应用系统的开发与设计的基本思想、基本方法与原则，也同样适合于多媒体应用系统的开发与设计。但是，与一般计算机软件应用系统不同之处是多媒体作品更加强调人性化和视听美，需要开发者具备更多方面的知识和能力，也有自己独特的工程化设计特点，既需要创意，更强调表现方法的运用。本章主要介绍多媒体应用系统的设计原理以及应用著作工具 Authorware 设计和制作多媒体作品的基本方法。

7.1 多媒体作品设计

7.1.1 多媒体作品的设计过程与设计原则

按照软件工程的思想，多媒体作品（即多媒体应用软件）的设计应遵循"需求分析—设计—编码—测试—运行—维护"的一般过程。实际上，多媒体作品的创作，更类似于电影或电视的创作过程，甚至许多具体的术语（如脚本、编号、剪接、发行等）都可直接从中借鉴过来使用。总体上看，多媒体创作的一般步骤为：策划选题、结构设计、建立设计的标准和细则、素材选取与加工、准备素材、系统的测试与应用、系统的维护等。

1. 策划选题

一个多媒体作品总是从某种想法或需要开始。开始之前,首先必须定出它的范围和内容,让该应用系统在头脑中大致定形,然后再制订出一个计划。

作品的内容来源往往出于某种应用需要,策划选题是创作一种新软件产品的第一阶段,也是软件产品生命周期的一个重要阶段。该阶段的任务就是对整个作品的需求进行评估,确定用户对应用系统的具体要求和设计目标。

2. 结构设计

当策划好选题,确定了设计方案后,就要决定如何构造系统的结构。需要强调的是多媒体作品设计后,必须将交互的概念融于项目的设计之中。在确定系统整体结构设计模型之后,还要确定组织结构是线性、层次、网状链接,还是复合型,然后着手脚本设计,绘制导向图,并通过脚本与导向图的很好结合确定如下内容。

目录主题:即项目的入口点,一旦目录主题选定,即表示同时设定了其他主题内容,所以应以整个项目为一体,形成一致而有远见的设计。

层次结构和浏览顺序:许多时候,信息所表示的是前一屏幕的后续部分而不是其他层的信息内容,故此需建立其浏览顺序,更好地理解内容。

交叉跳转:通常我们要把相关主题连接起来,可采用主题词或图标作为跳转区,并指定要转向的主题。但交叉跳转功能需慎重使用,大量跳转使用户能随意浏览信息,也会使查找过于复杂,而且要花费许多时间对跳转进行检测以保证跳转的正确性。

3. 建立设计的标准和细则

在开发应用系统之前必须制定出设计标准,以确保多媒体设计具有一致的内部设计风格。这些标准主要如下。

主题设计标准:当把表现的内容分为多个相互独立的主题或屏幕时,应当使声音、内容和信息保持一致的形式。例如,是要在一个主题中用移动屏幕的方法来阅读信息,还是限制每个主题的信息量,使其在标准窗口中显示。

字体使用标准:利用 Windows 提供的字形、字体大小和字体颜色来选择文本字体,使项目易读和美观。

声音使用标准:声音的运用要注意内容易懂、音量不可过大或过小,并与其他声音采样在质量上保持一致。

图像和动画的使用:选用图像,要在设计标准中说明它的用途,同时要说明图像如何显示及其位置,是否需要边框,颜色数,尺寸大小及其他因素。若采用动画则一定要突出动画效果。

在开发应用系统之前指定高质量的设计标准,需要花费一定时间。但按照精心制定的标准工作,不仅会使项目的外观更好,也使它易于使用和推广。

4. 素材选取与加工

多媒体素材的选取与加工是一项十分重要的基础工作。在一般的多媒体系统中,文字的加工工作比较简单,所占的存量也很少,因此,在一个多媒体系统中,基本可以不考虑文字所占用的存储空间。但另外几种媒体信息,例如,声音、动画、图像等占用的存储空间就比较大,准备工作也较复杂。对图像来说,其处理过程十分关键,不仅要进行剪裁处理,而且还要在这个过程中修饰图像,拼接合并,以便能得到更好的效果。对于声音来说,音乐的选择,配音的录制也要事先做好,必要时也可以通过合适的编辑进行特殊处理,如回声、放大、混声等。其他的媒体准备也十分类似,如动画的制作,动态视频的录入等。最后,这些媒体都必须转换为系统开发环境下要求的存储和表示形式。

5. 制作生成多媒体作品

在完全确定产品的内容、功能、设计标准和用户使用需求后,要选择适宜的创作工具和方法进行制作。目前的多媒体应用系统开发工具可分为两大类:基于语言的编程开发平台和基于集成制作的创作工具。

在生成应用系统时,如果采用程序编码设计,首先要选择功能强、可灵活进行多媒体应用设计的编程语言和编程环境,如 VB、VC++、Java 等。这需要经过编程学习和训练之后才能胜任。有经验的编程人员可较好地完成设计要求,精确地达到设计目标。若采用工程化设计方法,缩短开发周期。

由于进行多媒体作品制作时要很好地解决多媒体压缩、集成、交互、同步等问题,编程设计不仅复杂,而且工作量大,使无编程经验的人望而却步,因此多媒体创作工具应运而生。各种创作工具虽然功能和操作方法不同,但都有操作多媒体信息进行全屏幕动态综合处理的能力。根据现有的多媒体硬件环境和应用系统设计要求选择适宜的创作工具,可高效、方便地进行多媒体编辑集成和系统生成工作。

具体的多媒体作品制作任务可分为两个方面:一是素材制作;二是集成制作。素材制作是各种媒体文件的制作。多媒体创作不仅媒体形式多,而且数据量大,制作的工具和方法也较多,因此,素材的采集与制作需多人分工合作,如美工人员设计动画,程序设计人员实现制作,摄像人员拍摄视频影像,专业人员配音等。但无论文本录入,图像扫描,还是声音和视频信号采集处理,都要经过多道工序才可能进行集成制作。

集成制作是应用系统最后生成的过程。许多多媒体/超媒体创作工具,实际上是对已加工好的素材进行最后的处理与合成,即是集成制作工具,设计者面对所选用的创作工具或开发环境有充分的了解和熟练的操作,才能高效地完成多媒体/超媒体应用系统的制作。

集成制作应尽量采用"原型"和逐渐使之"丰满"起来的手法,即在创意同时或在创意基本完成之时,就先采用少量最典型的素材对少量的交互性进行"模板"制作。因为多媒体产品的制作受到多种因素的影响,大规模的正式批量生产必须是在"模板"获得确认之后方可进行,而在"模板"的制作过程中,实际上也已经同时解决了将来可能会碰到的各种各样的问题。

在多媒体创作中,一般素材准备占有大部分工作量,而集成制作工作量仅占整个工作量的 1/3 左右。在素材编辑量大的情况下,由于集成创作工具提供了高效方便的平台,使集成工作量只占整个工作量的 1/10 左右。目前绝大部分创作工具软件都是基于 Windows 环境下,其中许多创作工具还为多媒体应用程序提供了创作模式,这些不同的模式影响到用其开发的多媒体应用程序的特征。

6. 系统的测试与应用

当完成一个多媒体系统之后,一定要进行系统测试。系统测试的工作是烦琐的,测试的目的是发现程序中的错误。测试工作实际从系统设计一开始就可进行,开发周期的每个阶段,每个模块都要经过单元测试和功能测试。模块连接后要进行总体功能测试。开发周期的每个阶段,每个模块都应经过测试,不断改进。

对可执行的版本测试、修改后,形成一个可用的版本,便可投入试用,在应用中再不断地清除错误,强化软件的可用性、可靠性及功能。经过一段时间的试用、完善后,便可进行商品化包装及上市发行。

软件发行后,测试还应继续进行。这些测试应包括可靠性、可维护性、可修改性、效率、可用性等。其中可靠性是指程序所执行的和所预期的结果一样,而且前一次执行与后一次执行的结果相同;可维护性是指如果其中某一部分有错误发生时,可以容易地将之更改过来;可修改性是指系统可以适应新的环境,随时增减改变其中的功能;效率高则是程序执行时不会占用过多的资源或时间;可用性是指一项产品可以满足想要完成的全部工作。

经过上述应用测试后,再进行用户满意度分析,进而详细整理并除去影响用户满意的因素,完成开发过程。

7. 系统的维护

软件交付使用后,可能在开发周期中需求分析得不彻底,或测试与纠错的不彻底,使之仍存在一些潜藏的错误,某些功能需要进一步的完善和扩充,所以要进行维护、修改工作,从而延长系统的生命周期。软件维护的内容有:改正性(纠错性)维护、适应性维护、完善性维护、预防性维护等。

7.1.2　人-机界面设计

人-机界面是指用户与多媒体应用系统交互的接口,人-机界面设计是多媒体设计中详细设计的内容。多媒体系统最终是以一幅幅界面的形式呈现,所以人-机界面设计在多媒体系统的开发与实现中占有非常重要的地位。

1. 界面设计的一般原则

一般地说,人-机界面设计应遵循下列基本原则。

(1) 用户为中心的原则。界面设计应该适合用户需要。用户有各种类型,例如,按照对使用计算机的熟练程度,可区分为专家、初学者和几乎未接触过计算机的外行;按照用户的特点,可划分为青少年、学生、其他不同的人群等。在设计界面时,需要对用户作基本的分析,了解他们的思维、生理和技能方面的特点。

(2) 最佳媒体组合的原则。多媒体界面的优点之一就是能运用各种不同的媒体,以恰如其分的组合有效地呈现需要表达的内容。一个界面的表述形式是否最佳,不在于它使用的媒体种类有多丰富,而在于选择的媒体是否恰当、内容的表达是相辅相成还是互相干扰。

(3) 减少用户负担的原则。一个设计良好的人-机界面不仅赏心悦目,而且能使用户在操作中减少疲劳,轻松操作。为此,窗口布局、控件设置、菜单选项、"帮助"、"提示"都要一目了然,并尽可能采用人们熟悉的、与常用平台相一致的功能键和屏幕标志,以减少用户的记忆负担。恰到好处的超级链接为用户检索相关信息提供了捷径,也可减轻用户的操作负担。

2. 界面设计的指导规则

在多媒体作品中,多媒体教学软件占有重要地位。这类软件多属于内容驱动软件,其中出现最多的是内容显示界面,此外还可能包含数据输入界面以及各类控制界面。这里介绍在实现内容显示界面时对屏幕布局、使用消息、颜色等方面应该遵守的指导规则。

1) 屏幕的布局

无论何种界面,屏幕布局必须均衡、顺序、经济、符合规范。具体要求如下。

(1) 均衡:画面要整齐协调、均匀对称、错落有致,而不是杂乱无章。

(2) 顺序:屏幕上的信息应由上而下、自左至右地依序显示,整个系统的信息应按照逐步细化的原则一屏屏地显示。

(3) 经济:力求以最少的数据显示最多的信息,避免信息冗余和媒体冗余。

(4) 规范:窗口、菜单、按钮、图标呈现格式和操作方法应尽量标准化,使对象的执行结果可以预期;各类标题、各种提示行应尽可能采用统一的规范,等等。

2) 文字的表示

文字是一种重要的语言表达形式,在显示内容时,文本仍然是显示消息的重要手段。文字与其他的媒体相配合,形成一种反映多媒体作品的结构、强化多媒体作品的内容、说明多媒体作品过程的独特的语言形态。文字不是多媒体作品的重复,而是对多媒体作品要点的强调。其一般规则主要如下。

(1) 简洁明了,多用短句。

(2) 关键词采用加亮、变色、改变字体等强化效果,以吸引用户注意。

(3) 对长文字可分组分页,避免阅读时滚动屏幕(尤其是左右滚屏)。

(4) 英文标注宜用小写字母。

3) 颜色的选用

颜色的搭配可美化屏幕,使用户减轻疲劳。但过分使用颜色也会增强对用户不必要的刺激。在页面构设中常遇到的媒体主要有文字、图形、图像、动画、视频 5 种,每一种媒体都与色彩有关。在设计多媒体作品的页面时,对色彩的处理必须谨慎,不能只凭个人对色彩感觉的好恶来表现,而要根据内容的主次、风格及学习对象来选择合适的色彩作为主体色调。如内容活泼的常以鲜艳、亮丽的色调来表现；政治、文化类的内容以暖色、绿色来衬托；一些科技类及专业的内容则以蓝色、灰色来定调。

一般来说，一部多媒体作品要有一个整体基调，不管层次多么复杂，多媒体作品的整体基调不能变；否则多媒体作品的内容首先从页面上失去了整体感，从而显得杂乱无章、基调和风格不统一了。

通常情况下，颜色的使用请注意下列几点。

（1）记住彩色与单色各自的特点。彩色悦目，但单色能更好地分辨细节，不要一律排斥单色。

（2）同一屏幕上使用的色彩不宜过多，同一段文字一般用同一种颜色。

（3）前景与活动对象的颜色宜鲜艳，背景与非活动对象的颜色宜暗淡。

（4）除非想突出对比；否则不要把不兼容的颜色对（如红与绿、黄与蓝等）一起使用。

（5）提示信息宜采用日常生活中惯用的颜色。例如，用红色代表警告；用绿色表示通行；提醒注意可用白、黄或红色的"！"号等。

3. 界面设计的评价

良好的界面设计不仅能产生良好的视觉效果，而且能使问题表达更形象化，同时还能增加系统的产品价值。因此，在多媒体作品的开发设计中，必须要重视界面设计，要遵循上述原则，还要进行界面评价或评审，并且这个评价或评审在系统开发的各个阶段均要进行。评价或评审界面设计时，主要从以下几个方面开展工作。

（1）界面设计是否有利于完成系统目标。

（2）用户对界面的操作和使用是否方便、容易。

（3）界面使用效率是否高。

（4）界面是否美观、简洁。

（5）界面设计是否违背了上述某条原则。

（6）用户是否满意界面设计，不满意的具体地方有哪些？

（7）界面设计还存在哪些潜在问题？

通过长时间和多人次的使用，统计界面设计的稳定性指标、出错率、响应时间、环境及其设备的使用率等数据，从而判断界面设计的优劣。

7.1.3　多媒体创作工具

多媒体创作工具是多媒体应用系统开发的基础，随着多媒体应用系统需求的日益增长，多媒体创作工具越来越受到重视，并集中人力进行开发，进而使多媒体创作工具发展得十分迅速。

创作工具是在系统集成阶段广泛使用的一种多媒体软件工具，其目的是简化多媒体系统的编码过程。作为一种支持可视化程序设计的开发平台，它一般能在输入多种媒体元素（即多媒体素材）的基础上，为软件工程师提供一个自动生成程序代码的基本环境。由于其命令通常被设计成图标或菜单命令等形式，所以易学易用，用户不需要或很少需要自己编程，从而大大简化了多媒体系统的实现过程。

1. 创作工具的功能

一个理想的多媒体创作工具要求具备以下功能。

1）提供良好的编程环境

多媒体创作工具除具有一般编程工具所具有的流程控制能力以外,还应具有对多媒体数据流的编排与控制的能力,包括它们的空间分布、呈现顺序、动态文件输入和输出能力等。

2）输入和处理各种媒体素材的能力

一般地说,媒体素材通常是由单一媒体的素材准备软件完成,而创作工具则主要负责将它们整合和集成。因此,对于各种不同格式的媒体数据文件,创作工具应具有将它们输入或输出的能力,并能通过键盘、剪贴板等工具,在创作工具和单个媒体编辑软件之间实现数据交换。

正确处理相关媒体(如动画文件及其配音文件)之间的"同步"关系 ,也是创作工具的一项重要功能。为此,创作工具通常都具有设定各种媒体的位置和播放顺序的能力,使集成后的整个节目能按照同步信息正确地播放。

3）支持超级链接

超级链接是帮助多媒体系统实现网状结构的关键技术,它支持用户快速灵活地检索和查询信息,其中数据结点可以包括正文、图形、图像、声音和其他种类的媒体信息。多数创作工具支持这一技术,支持数据流从一个数据结点(例如,按钮、图标或屏幕上的一个区域)跳转到另一个相关的数据结点,从而实现有效的超媒体导航。

4）支持应用程序的动态链接

除了上述数据之间的链接外,许多创作工具还应支持把外部的应用程序与用户自己创作的应用程序相链接。换句话说,它们允许用户将外部的多媒体应用程序接入自己开发的多媒体系统,向外部程序加载数据,然后返回自己的程序。通过这种动态链接,可以方便地扩充所开发系统的功能。

5）标准的人-机界面

既然创作工具的用户主要是不熟悉程序设计的非专业人员,所以一个良好的创作工具总是把界面友好性放在第一位,只有易学易用,才能让用户把主要精力集中到脚本的创意和设计上。为此,创作工具的人-机界面都十分重视支持交互功能,方便操作,尽可能为用户提供一个标准的、所见即所得的可视化开发环境。

综上所述,多媒体创作工具的特点可以归纳为突出集成性、交互性、标准化等几个方面。

2. 多媒体创作工具类型

每一种多媒体创作工具都提供了不同的应用开发环境,都具有各自的功能和特点,并适用于不同的应用范围。目前市场上流行的大多数创作工具一般仅具备以上所说的一部分功能,但各有所长。以下介绍几种常见的类型及其主要优、缺点,以便用户选择。

1）基于流程图的创作工具

在这类工具中，集成的作品是按照流程图的方式进行编排的。它将流程图作为作品的主线，把各种数据或事件元素（例如，图像、声音或控制按钮）以图标的形式逐个接入流程线中，并集成为完整的系统。打开每个图标，将显示一个对话框让用户输入相应的内容。在这里，图标所代表的数据元素可以预先用素材编辑工具来制作；也可以先从系统提供的图标库中选择，然后用鼠标拖至工作区中适当位置。

这类工具的优点是集成的作品具有清晰的框架，流程一目了然。整个工具采用"可视化创作"的方式，易学易用，无须编程，常用于制作教学软件。缺点是当多媒体应用软件规模很大时，图标及分支增多，进而复杂性增大。属于这类创作工具的有 Authorware、IconAuthor 等。Authorware 是这类工具的典型代表，它以能创作交互功能极强的作品而闻名。本章后面将详细介绍这一工具。

2）以时间线为基础的创作工具

基于时基的多媒体创作工具所制作出来的节目，是以可视的时间轴来决定事件的顺序和对象上演的时间的。这种时间轴包括许多行道或频道，以便安排多种对象同时展现。它还可以通过编程控制转向一个序列中任何位置的节目，从而增加了导航功能和交互控制。通常基于时基的多媒体创作工具中都具有一个控制播放的面板，它与一般录音机的控制面板类似。在这些创作系统中，各种成分和事件按时间路线组织。

这类工具的优点是把抽象的时间转化为看得见的时间线，使用户能在这些时间线上知道各种数据媒体的出现时间，并且操作简便、形象直观，在一个时间段内，可任意调整多媒体素材的属性，如位置、转向等。但它们要对每一素材的展现时间做出精确安排，调试工作量大，并且对作品交互功能的支持不如前一类创作工具，故一般多用于制作对交互性要求不高的影视片与商业广告。这类多媒体创作工具的典型代表有 Director、Action 等。

3）基于页面或卡片的创作工具

基于页面或卡片的多媒体创作工具提供一种可以将对象连接于页面或卡片的工作环境。一页或一张卡片便是数据结构中的一个结点，它类似于教科书中的一页或数据袋内的一张卡片。只是这种页面或卡片的数据比教科书上的一页或数据袋内一张卡片的数据类型更为多样化。在这类创作工具中，可以将这些页面或卡片连接成有序的序列。

这类多媒体创作工具是以面向对象的方式来处理多媒体元素的，这些元素用属性来定义，用剧本来规范，允许播放声音元素以及动画和数字化视频节目。在结构化的导航模型中，可以根据命令跳至所需的任何一页，形成多媒体作品。其优点是组织和管理多媒体素材方便，通常具有很强的超级链接功能，使设计的系统有比较大的弹性，适于制作各种电子出版物。缺点是在要处理的内容非常多时，由于卡片或页面数量过大，不利于维护与修改。这类多媒体创作工具典型代表有 Asymetrix 公司的 ToolBook 和 Machintosh 公司的 Hypercard 等。

4）基于对象的可视化编程语言的多媒体创作工具

以上 3 类创作工具的共同特点就是由工具代替用户编程来进行多媒体作品的开发。但是大多数创作工具会限制设计的灵活性和设计者的创新，因为创作工具使用的命令通常是比较高级的"宏"命令,其灵活性不一定能满足系统的全部功能。要在项目设计上有很高灵活性和创造性,就应采用编程语言作工具,这需要对语言及开发环境有相当的了解和较丰富的编程经验。从原则上讲,越是低级的语言或软件表达能力越强,但编码工作量也越大。微软公司的 VB,VC++、Borland 公司的 C++ 等都是其中著名的代表。

7.2　多媒体创作工具 Authorware 概述

Authorware 是美国 Macromedia 公司推出的一个优秀的交互式多媒体制作工具,该软件功能强大,应用范围涉及教育、娱乐、科学等各个领域,已被全球大多数多媒体开发厂家采用,目前主要应用版本有 Authorware 6.0、Authorware 6.5 和 Authorware 7.0。本章以 Authorware 7.0 中文版为工具来详细介绍多媒体应用程序的开发。

同许多 Windows 应用软件一样,Authorware 也具有友好的用户界面。Authorware 的安装、启动和退出、文件的打开和保存等操作都和 Windows 其他应用软件类似,本节仅介绍其特有的一些基本功能。

7.2.1　主界面屏幕组成

启动 Authorware,进入 Authorware 7.0 的主界面,如图 7-1 所示。在窗口最顶上的带着 Authorware 图标和名称的蓝色亮条是标题栏。标题栏下的一行菜单是 Authorware 的菜单栏。紧接菜单栏的一行图标是工具栏。位于屏幕左边的一行是图标栏,其内容如图 7-2 所示。在图标中可集成文字、图形、图像、声音、动画、视频等媒体素

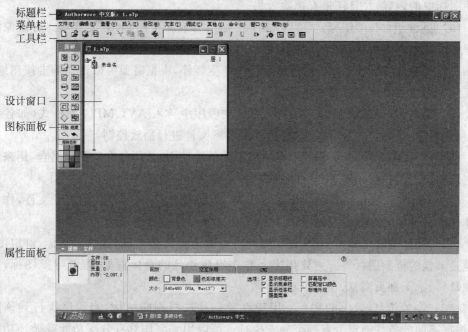

图 7-1　Authorware 7.0 的主界面

材。Authorware 提供了 13 个图标,它们是构成应用系统的基本元素,是 Authorware 的核心,下面再具体介绍。

　　屏幕中央的白色窗口是设计窗口。左侧的竖直线是程序主流程线,在程序主流程线上方的手形标志为程序指针,它的位置随着操作位置的改变而改变。

图 7-2　图标栏

7.2.2　图标及常用功能介绍

　　(1) 显示(Display)图标:用于显示文字、图形、图像等。显示图标是 Authorware 中使用最频繁的图标,它不仅能展示文本和图像,而且有十分丰富的过渡效果。

　　(2) 交互(Interactive)图标:用于实现各种交互功能,共有 11 种交互方式。这是 Authorware 7.0 中最有特色也是最复杂的一个图标,用来给作品增加交互功能,例如,按钮、按键、下拉菜单、热区、热对象等。交互图标是 Authorware 交互能力最主要的体现。

　　(3) 移动(Motion)图标:使选定图标中的内容(文字、图片、数字电影等)实现简单的路径动画,在 Authorware 7.0 中提供了 5 种类型的动画效果。

　　(4) 计算(Calculate)图标:是存放程序的地方,用于执行函数、给变量赋值等。计算图标,这也是 Authorware 7.0 的特色所在,通过计算图标可以实现变量、函数以及简单的语言设计功能。

　　(5) 擦除(Erase)图标:用来擦除流程线上位于当前擦除图标前面的带有显示功能的图标中的内容,并且还带有擦除效果。

　　(6) 群组(Map)图标:可以将多个图标组合成一个图标,方便管理。有点像结构化程序设计中的思想,使整个作品结构清晰,便于分工协作和修改。

　　(7) 等待(Wait)图标:使程序运行中产生暂停,根据需要可以选择单击按钮继续、按任意键继续或等待几秒自动继续。

　　(8) 电影(Digital Movie)图标:用于在程序中导入 AVI、MPG 等格式(如各种动画、视频和位图序列)的数字电影文件,并对电影文件进行播放控制。

　　(9) 导航(Navigate)图标:本图标不能单独使用,必须与框架图标结合,用来制作具有跳转功能的作品。用于建立超级链接,实现跳转到框架中指定的某一页。

　　(10) 声音(Sound)图标:用于导入 WAV、MP3、SWA 等格式的声音文件,作为多媒体作品的背景音乐或解说词。

　　(11) 框架(Frame)图标:框架图标上可以下挂许多图标,如显示图标,群组图标,甚至是其他的框架图标等。主要用来制作多媒体作品的总体框架,配合导航图标,可以实现跳转、上下翻页浏览、查找等功能。

　　(12) 决策(Decision)图标:用于设置一种选择判断结构,当程序执行到该图标时,根据不同的条件确定沿着哪个分支执行。可以用来制作具有分支功能或循环功能的作品。

（13）知识对象（Knowledge Objects）图标：用来在作品中插入知识对象模块，可以加快开发的进程和减少作品的大小。

（14）视频图标：用于控制计算机外接的视频媒体播放器播放视频剪辑，利用此图标可以在作品中导入 DVD 视频。

（15）开始（Start）和结束（Stop）图标：用于调试程序时设定用户程序运行的起始和结束的位置

（16）图标调色板（Icon Palate）：图标调色板用于更改流程线上的图标的显示颜色，以区分不同区域的图标，便于检查调试。

7.2.3　菜单栏

Authorware 7.0 的菜单栏如图 7-3 所示，共有 11 个下拉菜单。

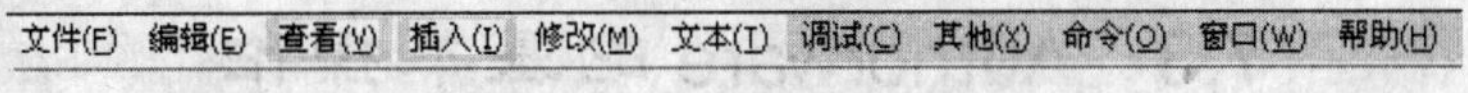

| 文件(F) | 编辑(E) | 查看(V) | 插入(I) | 修改(M) | 文本(T) | 调试(C) | 其他(X) | 命令(O) | 窗口(W) | 帮助(H) |

图 7-3　Authorware 7.0 的菜单栏

（1）文件：用来完成文件的新建、打开、关闭、保存、素材的导入与导出、作品的打包与发布、系统的设置等功能。

（2）编辑：用来完成撤销、复制、剪切、粘贴、清除、全选、查找等功能。

（3）查看：用来完成菜单栏、工具栏、属性面板、网格的显示和隐藏等功能。

（4）插入：用来在作品中插入图标、图片、知识对象、ActiveX 控件、Flash 动画、GIF 动画、QuickTime 动画等。

（5）修改：用来对文件、图标和对象的相关属性进行修改，以及对多个图标进行群组和解组，设置对象的图层等。

（6）文本：用来对文本进行格式化，如对文本设置字体、字号、字形、对齐模式、滚动条、抗锯齿等。

（7）调试：用来运行、暂停、停止作品，对作品进行调试等。

（8）其他：该菜单提供了一些辅助功能，有库链接、文本拼写检查、生成图标大小报告、WAV 文件转 SWA 文件等。

（9）命令：用来完成 SCO 编辑、RTF 对象编辑、查找作品中所使用的 Xtras 等功能。

（10）窗口：用来打开或关闭 Authorware 7.0 中的各种窗口和面板。

（11）帮助：用来显示 Authorware 7.0 的版本信息和提供帮助服务。

Authorware 7.0 的菜单命令很多，在这里先作简单介绍，在后面的章节中结合实例再来进一步讲解。

7.2.4　Authorware 程序设计和运行的主要流程

在 Authorware 中，程序设计和运行的流程主要包括设计、调试及修改、发布等过程，其流程如下。

（1）添加图标：从图标面板中选择相应的图标，用鼠标将其拖动到设计窗口中流程线上的合适位置。

（2）编辑图标：对流程线上的各个图标进行内容的添加和相关属性的设置。

（3）保存文件：保存程序文件，Authorware 7.0程序文件的扩展名为"＊.a7p"。

（4）调试及修改：程序设计完成以后或在程序设计过程中，都可以通过演示窗口来观看程序的最终效果。如果不满意，可以随时关闭演示窗口，回到设计窗口中对程序进行修改和调整。

（5）发布：为了使 Authorware 设计的程序能够在脱离 Authorware 的环境中独立地运行，应该在作品设计完成以后，将作品所有涉及的程序文件以及各种素材和系统文件通过打包的形式进行发布。正确发布以后，作品不再由单独的一个文件所组成，而是包含许多相关的文件，但是会有一个主程序文件，运行这个主程序文件就相当于运行整个作品。

7.3　Authorware 的基本操作

7.3.1　显示图标的使用

显示图标是 Authorware 中使用频率最高的一个图标，也是 Authorware 中最重要的图标之一，熟练掌握显示图标的使用方法是设计一个多媒体作品的基础。

1. 显示图标的打开与关闭

显示图标图是图标面板中的第一个图标，它的主要功能是在演示窗口中显示文本、图形、图像等信息，几乎所有的 Authorware 程序都会包含一个或多个显示图标。

在 Authorware 程序设计中，如果已经将显示图标拖动到流程线上，则双击就可以打开此显示图标，如图 7-4 所示，即自动弹出演示窗口，同时会弹出一个绘图工具箱，且窗口下方的属性面板会自动切换为显示图标的属性面板。接下来就可以在演示窗口中为此显示图标添加内容了，如绘制图形，输入文本信息，导入文本、图形、图像等。

2. 导入外部图形图像

将显示图标拖动到流程线上之后，就可以在显示图标中导入外部现成的图形图像了。Authorware 7.0 支持的图形图像文件的类型比较丰富，如 WMF、PICT、GIF、JPEG、PNG、TIFF、EMF、BMP 等。导入外部图形图像的具体方法如下。

（1）在流程线上双击需要导入图形图像的显示图标，弹出演示窗口。

（2）选择"文件"→"导入或导出"→"导入媒体"（Ctrl＋Shift＋R 组合键）菜单命令，则弹出一个"导入哪个文件？"对话框，如图 7-5 所示。如果在此对话框中选中"显示预览"复选框，则可以对图形图像进行预览；如果选中"链接到文件"复选框则表示图形图像文件以链接的方式导入。

（3）从媒体导入对话框中选择合适的路径以及需要导入的图形图像文件，然后单击"导入"按钮即可。

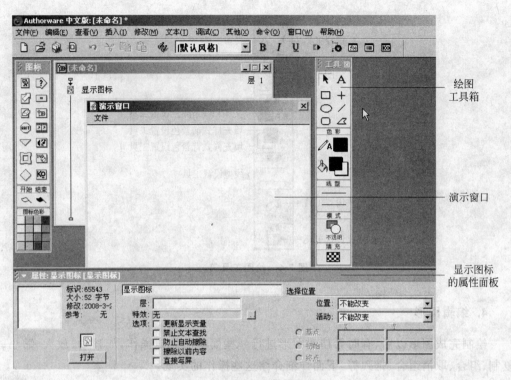

图 7-4　显示图标的展示窗口

图 7-5　"导入媒体"对话框

3. 绘制图形

在显示图标中不仅可以导入外部图形图像,也可以通过 Authorware 提供的绘图工具箱自己绘制一些比较简便和实用的图形。先了解一下绘图工具箱,如图 7-6 所示。绘图工具箱由选择工具、文本工具、绘图工具、文本和线条颜色设置工具、填充样式前景色设置工具、填充样式背景色设置工具、线型设置工具、覆盖模式设置工具和填充样式设置工具所组成。

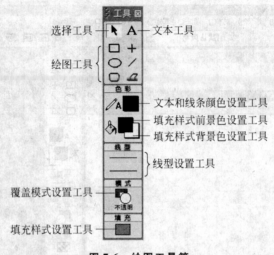

选择工具 —— 　　　　—— 文本工具

绘图工具 {

　　　　　　　　—— 文本和线条颜色设置工具
　　　　　　　　—— 填充样式前景色设置工具
　　　　　　　　—— 填充样式背景色设置工具

　　　　　　　　} 线型设置工具

覆盖模式设置工具 ——

填充样式设置工具 ——

图 7-6　绘图工具箱

4. 编辑图形

绘制完成图形以后,有时希望对图形进行一些简单的编辑操作,如移动、放大、缩小、复制、组合、取消组合、排列等,下面详细介绍这些操作的实现。

(1) 图形的选择:进行上述操作之前,必须先选择图形。选择图形时只要用选择工具 在图形的轮廓线上单击即可。图形处于选中状态时,它的周围会出现八个小方块,称为控制句柄。按下 Shift 键的同时逐个单击对象可以同时选中多个图形或图像(此方法对于导入的外部图形图像和文本也适用)。按组合键 Ctrl+A 可以一次选中显示图标中的全部对象。

(2) 图形的移动:首先选择需要移动的一个或多个图形,然后用鼠标拖动到合适的位置释放即可。选择“编辑”→“剪切”(Ctrl+X 组合键)菜单命令,然后将光标定位在合适的位置再选择“编辑”→“粘贴”(Ctrl+V 组合键)菜单命令。

(3) 图形的放大和缩小:首先选择需要进行放大或缩小的图形,然后拖动图形周围的控制句柄即可。

(4) 图形的复制:选择要复制的一个或多个图形,选择“编辑”→“复制”(Ctrl+C 组合键)菜单命令将图形复制到剪贴板上,然后将光标定位在合适的位置再选择“编辑”→“粘贴”(Ctrl+V 组合键)菜单命令即可。

5. 图形的组合和解组

有时为了移动、复制和修改图形,又需要将已经组合的图形进行组合或解组,这两种操作的具体作法如下。

(1) 组合:通过前面所学的图形选择的方法选中所有需要进行组合的小图形,使它们都处于选中状态,然后选择“修改”→“组合”(Ctrl+G 组合键)菜单命令。

图形组合以后,就变成了一个整体,此时选中这个图形,它的周围只有 8 个控制句柄,可以进行整体的放大、缩小、移动、复制等操作。

(2) 解组:选择需要进行解组且已经组合以后的图形,选择"修改"→"取消组合"(Ctrl+Shift+G 组合键)菜单命令。

6. 覆盖模式

覆盖模式是指一个显示图标内部或者多个显示图标之间的多个对象(图形、图像、文本等)发生相互重叠时,这些对象之间的遮盖方式。双击打开一个显示图标,然后单击绘图工具箱中的覆盖模式设置工具 ,则弹出如图 7-7 所示的"覆盖模式设置"面板。

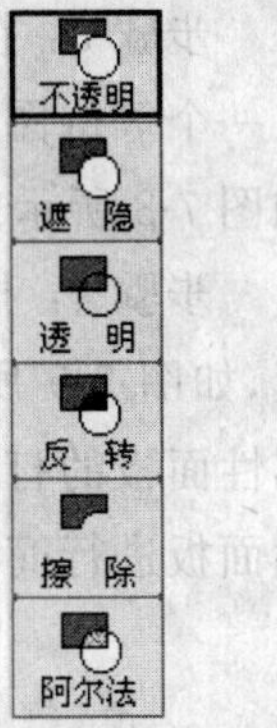

Authorware 7.0 中提供 6 种覆盖模式,分别介绍如下。

(1) 不透明(Opaque)模式。在这种模式下,被设置的对象将完全覆盖后面的对象(即排在流程线上前面的显示图标中的对象或同一显示图标中先绘制或导入的对象),并且保持其颜色不变,Authorware 默认的覆盖模式就是不透明模式。

(2) 遮隐(Matted)模式。在这种模式下,被设置对象主轮廓线之外的白色区域将会变成透明,而对象主轮廓线之内的颜色将保持不变。

图 7-7　"覆盖模式设置"面板

(3) 透明(Transparent)模式。在这种模式下,被设置对象的白色部分将会全部变为透明,其他部分的颜色保持不变。

(4) 反转(Inverse)模式。在这种模式下,如果被遮盖对象的颜色是白色的,则设置对象的显示模式和不透明模式是一致的;但是如果被遮盖对象的颜色是其他颜色,则设置对象的白色部分将以被遮盖对象的颜色显示,其他的颜色将以它的补色显示。

(5) 擦除(Erase)模式。在这种模式下,不管被设置对象是何种颜色,它在显示时总是与演示窗口的背景色保持一致。

(6) 阿尔法(Alpha)方式。Alpha 通道是一种特殊的通道,可以用来设置图形图像整体透明或者局部透明。在 Alpha 通道中,全黑的部分为完全透明的部分,白色的部分为完全不透明的部分,其余的部分则为半透明的部分,透明的程度与黑色所占的比例有关。需要说明一点,并不是所有的图形图像格式都支持 Alpha 通道,例如,扩展名为.jpg、.bmp 的图形图像就不支持 Alpha 通道的功能。如果要使用 Alpha 通道,在 Photoshop 中对图形图像增加一个 Alpha 通道,并存储为 PSD 的格式即可。

7.3.2　等待图标的使用

等待图标 (Wait)的功能是用来暂停程序的运行,根据需要可以选择单击按钮继续、单击鼠标继续、按键盘任意一键继续或等待几秒自动继续。如果要使用等待图标,只需将其拖动到流程线上的合适位置并进行简单的设置即可。

例 7-1　校园风光欣赏:通过 3 个显示图标分别显示 3 幅校园风光图片。

步骤 1:打开 Authorware 7.0 或者在已经打开的 Authorware 7.0 中新建一个文件,

并且保存为"例 7-1 校园风光欣赏.a7p"。在程序流程线上顺序拖入三个显示图标，并且分别命名为"图片 1"、"图片 2"和"图片 3"。

步骤 2：在显示图标"图片 1"至"图片 3"中分别导入三幅校园风光图片，并且调整大小使图像大小与演示窗口的大小一致（即满演示窗口显示）。

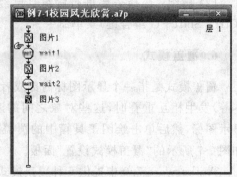

步骤 3：在以上 3 个显示图标之间分别加入一个等待图标，并且命名为 wait1 和 wait2，如图 7-8 所示。

步骤 4：打开 wait1"属性：等待图标"面板，如图 7-9 所示，打开方法等同于显示图标属性面板的打开方法，下面先对等待图标的属性面板进行简单的介绍。

图 7-8　例 7-1 程序流程图

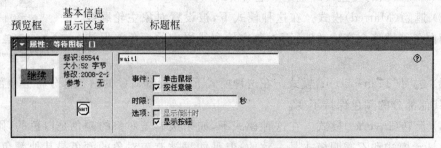

图 7-9　"属性：等待图标"面板

（1）等同于显示图标的属性面板，左面是预览框和基本信息显示区域。

（2）标题框：显示和修改等待图标的名称。

（3）单击鼠标：选中该选项表示程序暂停时单击鼠标继续。

（4）按任意键：选中该选项表示程序暂停时按键盘任意键继续。

（5）时限：可以在该文本框中输入一个正整数，表示等待的时间（单位为秒）。当程序暂停时间为所设定的等待时间时，即使没有单击鼠标或按键盘任意键，程序也会自动继续。

（6）显示倒计时（Show Countdown）和显示按钮（Show Button）："显示倒计时"复选框只有在"时限"文本框中设定了等待时间值时才有效，用来显示一个动态倒计时的模拟时钟。而"显示按钮"复选框用来显示一个"继续"按钮，如图 7-10 所示。

在本例中，我们只设定等待 3 秒自动继续，其他选项均不选择。

步骤 5：对等待图标 wait2 进行与 wait1 同样的设置。

步骤 6：运行程序，看到显示图标"图片 1"中的图像显示 3 秒钟后自动显示图标"图片 2"中的内容，显示 3 秒钟后再显示图标"图片 3"中的内容。

按钮

倒计时时钟

图 7-10　显示按钮和倒计时效果图

7.3.3　过渡方式的设置与擦除图标的使用

过渡方式是指在运行某个显示图标时,图标中的内容以某种动画的方式显示出来。Authorware 中,擦除图标用来从屏幕上擦除不再需要的图标中的内容。

1. 过渡方式的设置

如图 7-11 所示,在讲解显示图标的属性面板时,通过设置"特效"选项可以为显示图标中的内容设置显示时的过渡方式,以增加作品的生动性。

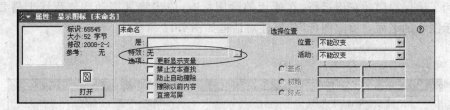

图 7-11　通过"属性"面板设置过渡方式

在属性面板中单击"特效"选项后面的 ... 按钮,则弹出如图 7-12 所示的"特效方式"对话框。

(1) 分类(Category)列表框:列出了 Authorware 提供的过渡方式的种类。

(2) 特效(Transition)列表框:如果在分类列表框中选择了某一过渡种类,则在本列表框中就会列出这一类所包含的所有过渡方式。

(3) Xtras 文件(Xtras Files):显示当前过渡方式所属的 Xtras 文件。在 Authorware 7.0 中,"内部"(Internal)是内置的过渡种类,而其他种类的过渡方式均包含在 *.X32、*.X16 等外部文件中。

（4）周期（Duration）：用来设置当前过渡
方式的持续时间，单位为秒。

（5）平滑（Smoothness）：用来设置当前
过渡方式的平滑程度，其值的可取范围是
0～128。

（6）影响（Affect）：用来设置当前过渡方
式的影响范围。如果选中"整个窗口"（Entire
Window），则表示当前过渡方式将作用于整个
演示窗口；如果选中"仅限区域"（Changing
Area），则表示当前过渡方式只作用于显示图
标中有内容的部分。

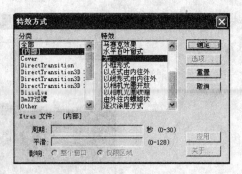

图 7-12　"特效方式"对话框

（7）　选项　按钮：可以对当前的过渡方式进行更进一步的设置，但是有些过渡方式
没有这一选项。

（8）　重置　按钮：将当前过渡方式的设置初始化为系统默认值。

（9）　确定　按钮：设置好过渡方式以后，单击此按钮则返回到设计窗口。

（10）　取消　按钮：取消当前所进行的设置。

（11）　应用　按钮：对当前所设置的过渡方式进行预览。

（12）　关于　按钮：对于部分外部过渡方式，单击此按钮可以查看它们的相关信息，
如名称、作者、版本号、公司等。

2. 擦除图标的使用

擦除图标 ☑（Erase）用来擦除流程线上位于当前擦除图标前面的显示图标中的内
容，并且带有擦除的过渡方式。

为了确保程序的正确运行，在使用擦除图标时，应当将其拖动到流程线上需要擦除
的显示图标的下面，"擦除图标"的属性对话框如图 7-13 所示。

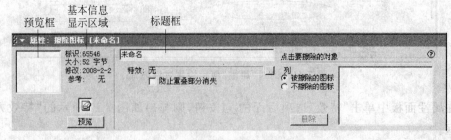

图 7-13　"擦除图标"的属性对话框

（1）等同于显示图标的属性面板，擦除图标属性面板的左边是预览框和基本信息显
示区域。

（2）标题框：用来显示和修改擦除图标的名称。

（3）　预览　按钮：对当前所设置的擦除内容和过渡方式进行预览。

（4）特效（过渡）：设置擦除时的过渡方式，其设置方法类似于显示图标的过渡方式，

在此不再赘述。

(5)防止重叠部分消失(防止交叉擦除):对于显示图标既可以使用显示过渡方式,又可以使用擦除过渡方式。假如对流程线上某个擦除图标前面的显示图标设置的擦除过渡方式和对擦除图标后面的显示图标设置的显示过渡方式相同,则如果选中了防止重叠部分消失(Prevent Cross Fade)复选框,程序运行时前面显示图标中的内容完全擦除以后才显示后面显示图标中的内容;否则在擦除前面显示图标中内容的同时显示后面显示图标中的内容,即相当于过渡方式只起了一次作用。

(6)被擦除的图标:如果选中该选项,则程序运行时右面 List 列表框中的图标将被擦除。

(7)不擦除的图标:如果选中该选项,则程序运行时右面 List 列表框中的图标将被保留(不擦除),而其他图标会被擦除。

(8) 删除 按钮:在 List 列表框中选中一个显示图标后,单击此按钮可以将其删除。

下面通过一个实例来看看显示图标的显示过渡方式和擦除过渡方式的设置及其实际效果。

例 7-2 改进的校园风光欣赏:在本例中,对本章中的"例 7-1 校园风光欣赏.a7p"加以改进,对三个显示图标设置显示过渡方式和擦除过渡方式。

步骤 1:打开本章的"例 7-1 校园风光欣赏.a7p"程序,将其另存为"例 7-2 改进的校园风光欣赏.a7p",在流程线上的 wait1 和 wait2 等待图标的下面各拖入一个擦除图标,并且分别命名为 erase1 和 erase2,改进以后的程序流程图如图 7-14 所示。

步骤 2:在显示图标"图片 1"的属性面板中为其设置一种显示过渡方式,例如,可以选择"内部"分类中的"以相机光圈开放"过渡方式,其他设置保持默认值,如图 7-15 所示。

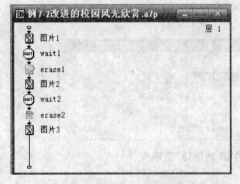

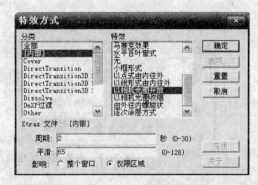

图 7-14 改进以后的程序流程图　　**图 7-15 显示图标"图片 1"的"显示过渡方式"设置窗口**

步骤 3:双击打开显示图标"图片 1"的演示窗口,然后在 erase1 擦除图标的属性面板中首先选中"被擦除的图标(Icon to Erase)"单选按钮,然后在显示图标"图片 1"的演示窗口中单击校园风光图像,发现显示图标"图片 1"自动添加到擦除图标属性面板 List 后面的列表框中,为其设置一种擦除过渡方式,例如,"内部"分类中的"以点形式由外往内"过渡方式,并且选中"防止重叠部分消失(Prevent Cross Fade)"复选框,如图 7-16 所示。

步骤 4:用类似的方法设置显示图标"图片 2"、"图片 3"和擦除图标 erase2。

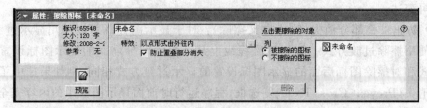

图 7-16　擦除图标 erase1 的属性面板

步骤 5：单击重新运行按钮 或选择"调试"→"重新开始"(Ctrl＋R 组合键)菜单命令，会发现每幅图像显示时都有显示过渡方式，等待 3 秒钟后伴随着擦除过渡方式又被自动擦除。

7.3.4　在多媒体作品中加入声音、动画和视频

为了让多媒体作品更具生动性和感染力，接下来介绍 Authorware 7.0 中声音图标、视频图标的使用，以及怎样导入 GIF 动画和 Flash 动画。

1. 声音图标的使用

声音图标 (Sound)用来将声音文件导入到课件作品中，用作课件的背景音乐或解说词。

使用声音图标时，首先将声音图标拖动到流程线上，然后在属性面板中进行相关的设置即可。声音图标的属性面板如图 7-17 所示，在默认情况下首先显示的是"声音"(Sound)选项卡。

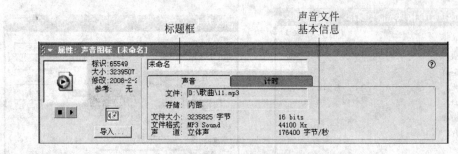

图 7-17　声音图标属性面板的"声音图标"选项卡

（1）标题框：用来显示和修改声音图标的名称。

（2）导入 按钮：用来导入声音文件，单击此按钮则弹出如图 7-18 所示的"导入文件"对话框，在对话框中选择合适的路径和文件名，然后单击"导入"(Import)按钮，稍等片刻就可以将声音文件导入到 Authorware 中了。Authorware 7.0 支持的声音文件较多，例如，AIFF、MP3、PCM、SWA、VOX、WAVE 等，其中最为常用的是 MP3 和 WAVE 声音文件。

（3）■ ▶停止按钮和播放按钮：声音文件导入到 Authorware 中以后，利用这一组按钮可以播放和停止声音文件，主要用来对导入的声音文件以及设置的效果进行试听。

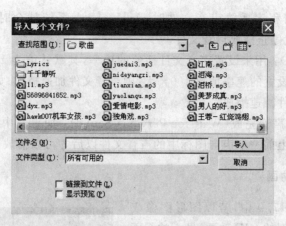

图 7-18 "导入文件?"对话框

(4) 文件(File)：用来显示所导入的声音文件的路径和文件名。

(5) 存储(Storage)：用来显示所导入的声音文件在 Authorware 中的存储方式，Internal(内部方式)还是 External(外部方式)。

(6) 声音文件基本信息：用来显示当前所导入的声音文件的基本信息，如格式、是否立体声、声音的位数、速率等。

在属性面板中单击"计时（Timing）"标签名，属性面板就会自动切换到"计时（Timing）"选项卡，如图 7-19 所示。

图 7-19 声音图标属性面板的 Timing 选项卡

(7) 执行方式（Concurrency）下拉列表框。

等待直到完成(Wait Until Done)：如果选中这个选项，则表示只有当前声音图标中的声音文件播放完以后才可以执行流程线上的下一个图标。

同步(Concurrent)：如果选中这个选项，则表示在播放当前声音文件的同时执行流程线上下面的图标。

永久(Perpetual)：如果选中这个选项，则表示当声音图标中的声音文件播放完以后，Authorware 系统还会时刻监视开始文本框中变量或表达式的值，一旦此值为 TRUE(真)，声音文件就会再次播放，且播放的同时继续执行流程线上下面的图标。

(8) 播放(Play)下拉列表框。

播放次数(Fixed Number of Times)：选中这个选项以后，可以在其下面的文本框中输入一个正整数，用来控制声音文件的播放次数，默认情况下播放次数为 1。

直到为真(Until True)：选中这个选项以后，在其下面的文本框中可以输入一个变量或表达式,在执行程序播放声音文件时,Authorware 系统就会时刻监视变量或表达值,一旦此值为真就停止播放声音文件。

(9) 速率(Rate):用来设置声音文件播放的速率,其默认值为 100％,表示保持原来的速率不变。如果设置的速率值比 100％大,则声音文件加速播放;如果设置的速率值比 100％小,则声音文件减速播放。

(10) 等待前一声音完成(Wait for Pervious Sound):如果选中此复选框,则表示只有在播放完流程线上前一个声音图标中的声音文件以后才可以播放当前声音文件。

2. 加入 GIF 动画

在 Authorware 7.0 中,若以图形图像或文本的方式导入外部的 GIF 动画,导入的 GIF 动画不会动,只有第一帧画面。所以只能使用下面的方法。

(1) 在流程线上想要加入 GIF 动画的地方单击,即将"手形"标识定位于此,如图 7-20 所示。

(2) 选择"插入"(Insert)→"媒体"(Media)→Animated GIF 菜单命令,则弹出如图 7-21 所示的"GIF 动画资源属性"窗口(Animated GIF Asset Properties)。

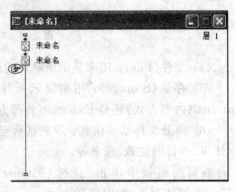

图 7-20　定位"手形"标识

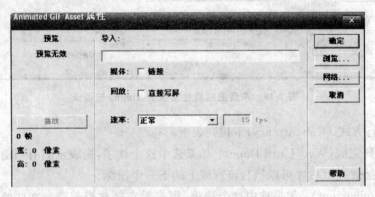

图 7-21　"GIF 动画资源属性"对话框

① 浏览... 按钮:单击此按钮可以在弹出的"打开 GIF 文件"窗口中打开一个 GIF 动画文件,同时"GIF 动画资源属性"对话框变成了如图 7-22 所示。

② 导入(Import):打开一个 GIF 文件以后,在 Import 下面的文本框中将显示当前 GIF 文件的路径和文件名。如果在打开一个 GIF 文件之前,已经知道 GIF 文件所在的路径和文件名,则可以直接在这里输入路径和文件名来打开 GIF 文件。

③ 窗口左边显示的是当前 GIF 文件的一些基本信息:GIF 动画的帧数、高度和宽度。

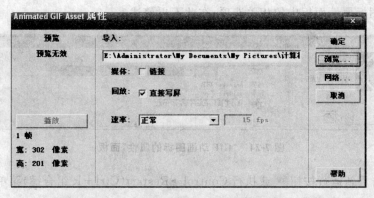

图 7-22 打开 GIF 文件以后的"GIF 动画资源属性"对话框

④ 媒体(Media)：设置 GIF 文件的存储方式,如果选中"链接(Linked)",则 GIF 文件以外部方式存储;否则以内部方式存储。

⑤ 回放(Playback)：设置 GIF 动画的显示模式,如果选中后面的"直接写屏"(Direct to Screen),则不管 GIF 动画在流程线上的位置如何,在程序运行时总在最上面显示;否则以流程线上的顺序或层次设置来显示。

⑥ 速度(Tempo)：用来设置 GIF 动画的播放速度,分为以下 3 种。

普通(Normal)：以正常速度播放 GIF 动画,这也是 Authorware 的默认选项。

固定帧数(Fixed)：选中这个选项以后将激活其后面的文本框,用来设置播放时的帧数/秒,默认设置为 15 帧/秒,如果大于 15 帧/秒将加速播放,小于 15 帧/秒将减速播放。

前后紧接(Lock-Step)：如果选中这个选项,则 GIF 动画将以一种系统默认的连续的速度播放。

(3) 在 GIF 动画资源属性窗口中设置好 GIF 动画的各种相关参数以后,单击 OK 按钮返回设计窗口。此时发现,在流程线上的"手形"标识处多了一个 GIF 动画图标,如图 7-23 所示。

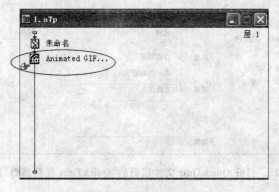

图 7-23 GIF 动画图标

(4) 在流程线上双击 GIF 动画图标打开"GIF 动画图标的属性"面板,如图 7-24 所示。单击"选项"按钮则再次打开"GIF 动画资源属性"对话框,而属性面板中的其他选项类似于显示图标属性面板中的相关选项,在此不再赘述。

图 7-24　"GIF 动画图标的属性"面板

（5）单击重新运行按钮 或执行 Control→Restart(Ctrl＋R 组合键)菜单命令,就可以在演示窗口中欣赏到 GIF 动画了。

Flash 动画的加入方法类似于 GIF 动画的加入方法。

3. 加入 QuickTime 视频

QuickTime 视频是苹果公司开发的一种视频格式,其扩展名为.mov,是一种流媒体格式,在网络和基于网络的多媒体 CAI 课件中得到了广泛的应用。Authorware 7.0 支持 QuickTime 视频的播放,QuickTime 视频的加入方法类似于 Flash 动画的加入方法。

（1）在流程线上想要加入 QuickTime 视频的地方单击,即将"手形"标识定位于此。

（2）选择"插入"(Insert)→"媒体"(Media)→QuickTime 菜单命令,然后在弹出的"QuickTime 视频属性"窗口(QuickTime Xtra Properties)中单击"浏览"按钮打开一个 QuickTime 视频文件,打开 QuickTime 视频文件以后的"QuickTime 视频属性"窗口如图 7-25 所示。

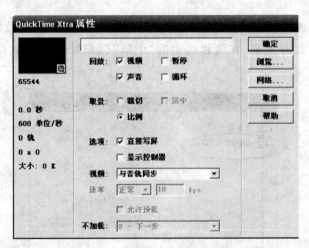

图 7-25　打开 QuickTime 文件以后的"QuickTime 视频属性"窗口

（3）属性窗口中的大部分选项类似于 GIF 动画图标属性窗口中的选项,因此只介绍一些不同的选项。

① 取景方式(Framing)：用来设置播放 QuickTime 视频时的取景方式。

裁切(Crop)：设置是否对画面进行裁切，如果选中该选项则会激活后面的 Center (居中)复选框，表示裁切以后保留画面的中心区域。

比例(Scale)：设置是否对画面按比例进行缩放。

② 选项(Options)。

直接写屏(Direct to Screen)：不管 QuickTime 图标在流程线上的位置如何，程序运行时 QuickTime 视频总在最上面显示。

显示控制器(Show Controller)：在程序运行时会显示一个用来控制 QuickTime 视频播放的控制面板，如图 7-26 所示，从左到右分别是音量调节、播放、进度条、上一帧和下一帧。

图 7-26　**QuickTime 视频播放控制面板**

③ 视频(Video)。

与音轨同步(Sync to Soundtrack)：选中该选项后，播放 QuickTime 视频时会同步播放音频。

只播放视频(Play Every Frame，No Sound)：选中该选项后，播放 QuickTime 视频时只播放视频而不播放音频。

④ 速率(Rate)：用来设置播放 QuickTime 视频时的速率，有三个选项：Normal(正常速率)、Maximum(最大速率)和 Fixed(固定速率)。

(4) 进行相关的设置以后，单击 OK 按钮返回设计窗口。此时发现，在流程线上的"手形"标识处多了一个 QuickTime 图标，如图 7-27 所示。

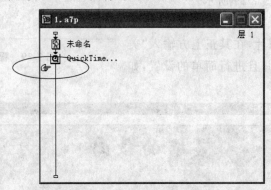

图 7-27　**QuickTime 图标**

(5) 在流程线上双击 QuickTime 图标时就会打开"QuickTime 图标的属性"面板，如图 7-28 所示。单击"选项"按钮会再次打开"QuickTime 视频属性"窗口。"属性"面板中的其他选项类似于 Flash 动画图标属性面板中的相关选项，所以在此不再重复。

(6) 单击重新运行按钮 或选择 Control→Restart(Ctrl＋R 组合键)菜单命令，就可以在演示窗口中欣赏到精彩的 QuickTime 视频了。

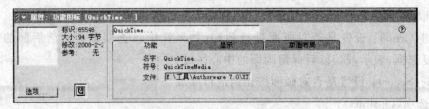

图 7-28　"QuickTime 图标的属性"面板

4. 数字电影图标的使用

数字电影图标 ▦（Digital Movie）用来将数字电影文件导入到作品中去，以增加其视觉效果。数字电影多用于片头动画、片尾动画以及一些实景视频资料的播放，Authorware 7.0 支持的数字电影格式较多，如 MPEG、FLC、FLI、Video for Windows、Windows Media Player、Director、Bitmap Sequence 等，下面就以一个实例来介绍数字电影图标的使用。

例 7-3　美丽的校园：通过数字电影图标播放一段校园风光数字电影。

步骤 1：打开 Authorware 7.0，新建一个文件，并且保存为"例 7-3 美丽的校园.a7p"。在设计窗口中顺序拖入一个显示图标和一个数字电影图标，并且分别命名为"背景"和"视频"，其程序流程图如图 7-29 所示。

步骤 2：双击打开"背景"显示图标的演示窗口，导入一幅背景图片，在其正上方输入"美丽的校园"文本信息，并且进行简单的设置，如图 7-30 所示。

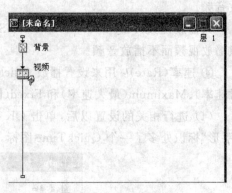

图 7-29　程序流程图

图 7-30　"背景"显示图标的内容

步骤 3：打开"视频"数字电影图标的"数字电影图标的属性"面板，如图 7-31 所示。单击"导入"按钮，在弹出的"打开文件"窗口中打开需要的数字电影文件。

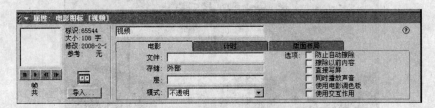

图 7-31　"数字电影图标的属性"面板

步骤 4：对"视频"数字电影图标属性面板中的相关选项进行设置，其方法如下。

1)"电影"选项卡

(1) 文件(File)：显示所导入的数字电影文件所在的路径和文件名，如果在导入之前已经知道这个数字电影文件的路径和文件名，则可以直接在这里输入路径和文件名来打开数字电影文件。

(2) 存储(Storage)：显示数字电影文件在 Authorware 中的存储方式，内部方式(Internal)还是外部方式(External)。

(3) 层(Layer)：显示和设置数字电影所在的层次。

(4) 模式(Mode)：用来设置数字电影的覆盖模式。

(5) 选项(Options)，有以下几项内容。

同时播放声音(Audio On)：只有选中这个选项，播放数字电影时才会播放数字电影文件中的伴音(数字电影文件中有伴音存在)。

使用电影调色板(Use Movie Palette)：如果选中这个选项，则程序运行播放数字电影时会使用数字电影的调色板，而不使用 Authorware 默认的调色板。

使用交互作用(Interactivity)：如果选中这个选项，则程序运行播放 Director 数字电影时，允许用户进行交互性操作。

其他选项与前面已经学过的一些图标属性面板中的选项含义相同，在此不再多作介绍。

2)"计时"选项卡

数字电影图标属性面板中的"计时"选项卡的大部分选项与声音图标属性面板"计时"选项卡中的选项相同，因此这里不再介绍。

步骤 5：设置数字电影播放时画面的大小和位置：单击重新运行按钮 ⏵ 或选择 Control→Restart(Ctrl＋R 组合键)菜单命令运行程序，当数字电影处于播放状态时，选择 Control→Pause(Ctrl＋P 组合键)菜单命令暂停程序的运行，然后在演示窗口中像调整图片一样调整数字电影画面的大小和位置，如图 7-32 所示。

步骤 6：再次单击重新运行按钮 ⏵ 或选择 Control→Restart(Ctrl＋R 组合键)菜单命令运行程序，就可以欣赏作品了。

图 7-32　调整数字电影画面的大小和位置

7.4　Authorware 的动画功能

多媒体程序最大的特征就是以动态的效果来吸引人的注意力,丰富多彩的动画设计往往比静态文字和图片更具有魅力。在 Authorware 中制作动画是由移动图标 ☑ (Motion)来实现的。利用移动图标可以将显示图标 ☒ (Display)中的对象在不改变其形状、大小和方向的前提下,使其沿着已经设定好的路径进行运动,用来移动的对象可以是文本、静态的图形图像、动画、视频等。在 Authorware 7.0 中,有**指向固定点、指向固定直线上的某点、指向固定区域内的某点、指向固定路径上的终点和指向固定路径上的任意点** 5 种动画设计方式。

下面就通过几个实例来介绍 Authorware 7.0 中的动画设计功能。

7.4.1　指向固定点的动画

"指向固定点"的移动方式是指定的对象从原始位置沿直线路径运动到设定的终点。这是 Authorware 中最简单的动画设置类型。

例 7-4　升旗的动画。利用固定终点移动(Direct to Point)方式制作一个升旗的动画,当程序运行时,展示窗口中显示一面红旗沿着旗杆徐徐升起。

要制作升旗的动画效果,首先加入两个显示图标分别绘制旗杆和红旗两个图标,然后加入直接到终点移动的移动图标将红旗从旗杆底端移动到顶端。具体制作过程如下。

步骤 1:单击工具栏上的"新建"图标新建一个文件,拖动一个显示图标到程序流程线上,命名为"旗杆"。双击该显示图标打开其展示窗口,利用绘图工具绘制旗杆和底座,绘图完成后关闭展示窗口。

步骤 2:在程序流程线上增加一个显示图标,并命名为"红旗"。利用矩形工具画一个适当大小的矩形,填充为红色表示红旗。也可以在 Word 中使用插入自选图形功能绘制一个五星红旗,然后通过复制,粘贴加入到"红旗"图标的展示窗口中。

步骤 3:单击工具栏中的"运行"按钮运行程序,展示窗口中同时出现了红旗与旗杆,调整它们的位置。

步骤 4:拖动一个移动图标到程序流程线上,将其命名为"升旗",同时打开旗杆和红旗两个显示图标,然后双击程序流程线上的移动图标,显示其属性对话框。单击展示窗口中的红旗图形指定要移动的对象为红旗,此时在 Object 框中显示移动对象的图标名称为"红旗"。

步骤 5:在 Type 下拉列表框中默认为 Direct to Point 选项,在提示栏中显示的信息为 Drag object to destination,即拖动对象到目的地。拖动红旗到旗杆的顶部。Destination 表示运动终点的绝对坐标,在其文本框中可输入目的位置的坐标。

步骤 6:单击 Properties :Motion icon 对话框下面的 Motion 标签,显示 Motion 选项卡,如图 7-33 所示。在"定时"下拉列表框中选择"时间"选项,在下面文本框输入数字6,表示红旗升起所用时间为 6 秒。也可选择 rate,设置移动的速率(秒/英寸)。

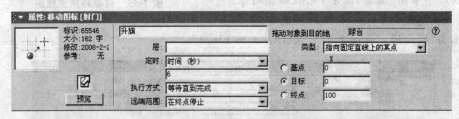

图 7-33　直接到终点 Motion 选项卡设置

步骤 7:至此程序完成,将程序以文件名"7-4 升旗"存盘。整个程序流程如图 7-34 所示。单击工具栏中的"运行"按钮运行程序,可以看到一面红旗沿旗杆徐徐升起。

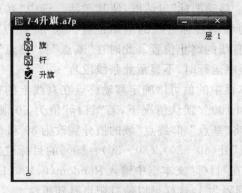

图 7-34　升旗程序流程图

7.4.2　指向固定直线上的某点的动画

"指向固定直线上的某点"是基于常量、变量或表达式的返回值确定运动终点的移动方式,运动的终点局限于一条直线,不像 Direct to Point 那样其终点很随意。

例 7-5 打靶。本节通过一个打靶的例子说明 Direct to Line 移动方式的制作及应用。当程序运行时,将看到一支箭沿直线移动到指定靶子的位置。

步骤 1:新建一文件,在流程线加入一个显示图标并命名为"靶子",打开其展示窗口利用画圆和画线工具绘制一个"靶子"。

步骤 2:再次加入一个显示图标命名为"箭",在其展示窗口中利用画线工具制作一水平带箭头的直线当做"箭"。

步骤 3:单击工具栏上的"运行"按钮运行程序,使箭和靶子在同一展示窗口中,调整箭和靶子的位置。

步骤 4:在流程线上增加一个移动图标并命名为"射击",此时程序流程结构如图 7-35 所示。

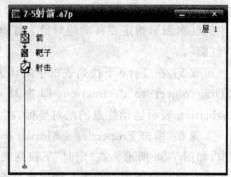

图 7-35 打靶程序流程图

再次运行程序,屏幕显示如图 7-36 所示的展示窗口和"移动图标"的属性对话框。在展示窗口中单击"箭"的图形,完成移动对象的载入。在"类型"(Type)下拉列表框中选择运动类型为"指向固定直线上的某点(Direct to Line)"。

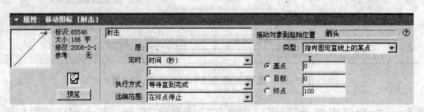

图 7-36 "属性:移动图标"对话框

步骤 5:单击"属性:移动图标"对话框,使其激活。选中"基点"单选按钮,然后拖动"箭"到"基点"位置,作为移动目标直线的起始位置。选中"终点"选项,拖动"箭"到"终点"位置,作为移动目标直线的终止位置。此时在"基点"和"终点"之间出现一条线段,即移动对象的目标范围(程序运行时,不显示此条线段)。

步骤 6:"目标"文本框中的值可以确定移动终点在直线上的相对位置,"基点"和"终点"的默认值分别为 0 和 100。默认情况下,若"目标"值为 60,则箭将射到距"基点"处 60% 的目标直线上。若将"基点"和"终点"域的值分别改为 30 和 80,"目标"值改为 60,则箭将射到直线上距"基点"处(60−30)/(80−30)=60% 的目标位置。在此设定"基点"和"终点"分别为 0 和 100,在"目标"文本框中输入 Random(0,100,1),表示让计算机随机在 0~100 之间取一个数,间隔为 1,这样可以使打靶更具随机性。

步骤 7:在"时间"下一行的文本框中输入 0.5,表示箭头运动的时间为 0.5s。设置好后的"属性:移动图标"对话框如图 7-37 所示。

步骤 8:设置完毕,单击 OK 按钮关闭"属性:移动图标"对话框。将程序以文件名"7-5 射箭"存盘。多次运行程序查看效果,可以看到每次运行时箭头击中的目标都是不定的。

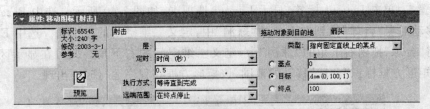

图 7-37 设置好后的"属性：移动图标"对话框

7.4.3 指向固定区域内的某点的动画

"指向固定区域内的某点"（Direct to Grid）移动方式与沿直线定位移动的区别仅在于前者类似于建立一个一维坐标系，后者则建立一个二维坐标系。沿平面定位移动会使被移动对象从"演示窗口"中的显示位置，移动到指定区域内的二维坐标位置点。

例 7-6 台球运动。本节将通过一个台球运动效果的实例说明如何使用"指向固定区域内的某点"移动方式。当程序运行时，球将按照设置的值，进入不同的"球洞"。

要制作台球移动的动画效果，首先加入两个显示图标分别绘制球桌和球两个图形。然后加入移动图标，并确定移动目标的终点所在的区域为 6 个球洞组成的矩形框，还要设定目标的相对位置表达式。具体制作过程如下。

步骤 1：新建一文件，在程序流程线上加入一个显示图标并命名为"球台"，在该图标的展示窗口中制作带 6 个球洞的"球台"。

步骤 2：增加一个显示图标命名为"台球"，在图标的展示窗口中央利用画圆工具绘制一黑色的"台球"。

步骤 3：在"台球"图标之后加入一个移动图标并命名为"射门"，此时程序总体结构已制作完毕，如图 7-38 所示。

步骤 4：单击工具栏上的"运行"按钮运行程序，展示窗口同时选中显示球台，台球图形，激活移动图标属性对话框。单击展示窗口中的"台球"，将其设定为移动对象。设置移动类型为"指向固定区域内的某点"，移动的时间（Timing）设置为 0.5s，"远端范围"设置为"在终点停止"，如图 7-39 所示。

图 7-38 台球运动程序流程图

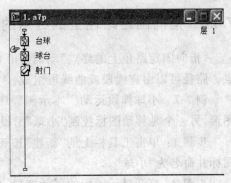

图 7-39 "射门"移动图标属性设置

步骤5：单击 Layout 标签，显示 Layout 选项卡，如图7-40所示。选中 Base 单选按钮，将移动对象"台球"拖到左上角的"球洞"中，定义二维空间的左上角。选中 End 单选按钮，将"台球"拖到右下角的"球洞"中，定义二维空间的右下角。此时在显示区域内显示一个矩形方框标识"台球"移动的范围，该矩形方框在程序运行时不出现。

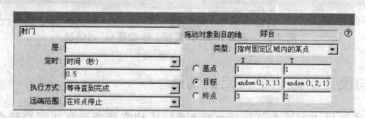

图7-40　沿平面定位移动的选项卡设置

步骤6：设定目标的位置，因为"球台"中包括了2行3列"球洞"，所以设置"基点"的 x,y 值都为1，"终点"的 x,y 值分别为3,2。然后设定"目标"的 x,y 分别为 Random(1,3,1)和 Random(1,2,1)。则每次运行程序"台球"都移动到"球洞"中，但是具体位置不定。

步骤7：参数设置过程中随时可以单击对话框左下角的 Preview 按钮预览移动效果，如有不满意的地方可以重新设定。设置完成，单击 OK 按钮关闭对话框。

步骤8：程序制作完成，将程序以文件名"7-6台球运动"存盘。

7.4.4　指向固定路径上的终点的动画

"指向固定路径上的终点"动画指沿着一条路径，将对象从当前位置移动到路径的终点。路径可以由直线段或曲线段组成。

例7-7　小球弹跳运动。本示例程序包含两个程序图标，一个是显示图标加入小球图形，另一个是移动图标控制"小球"沿设定的路径移动。具体制作步骤如下。

步骤1：单击工具栏上的"新建"按钮新建一个程序文件，在流程线上加入一个显示图标并命名为"小球"。

步骤2：打开显示图标的展示窗口，使用工具箱中的画圆工具绘制一个小球或者导入一个小球的图片。

步骤3：在流程线上增加一个移动图标并命名为"跳动"，此时的程序结构如图7-41所示。

步骤4：双击移动图标显示"属性：移动图标"对话框，将移动类型（Type）设置为"指向固定路径的终点"方式。单击显示图标上的"小球"，载入移动对象。

步骤5：为建立"小球"跳动的路径，单击展示窗口中的小球，在小球中间出现一个黑色

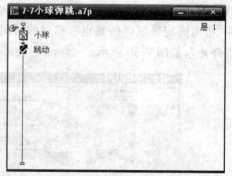

图7-41　小球跳动程序流程图

三角形,这表示路径的起始点。拖动黑色三角形到一个合适的起始位置,然后拖动小球(不要拖动三角形)到一个合适的位置建立路径的一个关键点。按照同样的方法拉出如图 7-42 所示的折线。

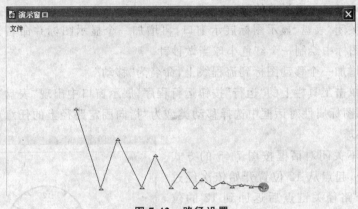

图 7-42　路径设置

步骤 6:为了使小球的跳动路径平滑一些,可以双击折线顶部的三角符号使折线变为弧线同时三角符号也变为小圆,如果不满意可以双击小圆符号使弧线还原为折线。

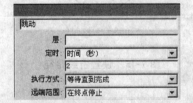

图 7-43　沿任意路径到终点 Motion 选项卡

步骤 7:时间和执行方式的设置如图 7-43 所示,在其中设定移动的时间为 2s。执行方式为默认值。

步骤 8:设置后,单击 OK 按钮关闭移动图标属性对话框。

步骤 9:制作完成,将程序以文件名"7-7 小球弹跳"存盘。单击工具栏上的"运行"按钮运行程序,可以看到一次小球下落后跳动的动画。

7.4.5　指向固定路径上的任意点的动画

本移动方式是基于常量、变量或表达式的返回值确定运动终点的移动方式。该方式也需定义一段路径,并在其"目标"文本框中输入一个表达式确定移动对象的终点位置。本节通过制作一个钟表程序的例子介绍该移动方式的操作方法。

例 7-8　钟表秒针移动。本示例只包含两个显示图标和一个移动图标,两个显示图标分别展示表盘和秒针,移动图标控制秒针沿表盘永久运动。具体制作步骤如下。

步骤 1:选择"文件"→"新建"→"文件"菜单命令,创建一个文件,然后添加一个显示图标并命名为"表盘"。打开该显示图标的展示窗口,绘制如图 7-44 所示的表盘。在表盘内

图 7-44　表盘

按图中格式加入以下文本"北京时间{FullTime}",其中 FullTime 是返回当前计算机系统时间的系统变量,{FullTime}表示在该处显示 fulltime 变量当前的值。

步骤 2:激活"表盘"显示图标属性对话框。在选项栏中选中"更新显示变量"复选框,使表盘中动态显示出当前的时间。

步骤 3:关闭"表盘"显示图标展示窗口,再增加一个显示图标并命名为"秒针"。为了方便,在该图标中绘制一个红色小球当做秒针。

步骤 4:增加一个移动图标到流程线上,命名为"移动"。

步骤 5:单击工具栏上的"运行"按钮运行程序,展示窗口中出现"表盘"和红色小球。在弹出的移动图标属性对话框中选择移动类型为"指向固定路径上的任意点",指定移动对象为红色小球。

步骤 6:不关闭对话框按图 7-45 的方式设置折线路径,起点从 12 位置开始依次经过 3、6、9 共 3 个路径关键点后返回到 12 的位置,形成一个正方形的封闭路径。

步骤 7:分别双击 3、9 位置的两个三角符号使方形路径变为圆形,并且与表盘的圆形重合。

步骤 8:在移动图标属性对话框的"定时"选项卡中设定移动的时间为 0 秒,"执行方式"选择为"永久"。

图 7-45　设置折线路径

步骤 9:分别设定"基点"、"目标"和"终点"文本框的值为 0、Sec、59。设置完毕,关闭对话框。

步骤 10:将程序以文件名"7-8 时钟"存盘。运行程序,可以看到表盘中动态显示当前的时间,红色小球沿着表盘永久运动,且运动的速度及位置同表盘中的秒数完全一致。再在"表盘"显示图标中加入一个新的文本对象{fulldate}动态显示当前的日期,请运行程序观看效果。

本例中将移动的路径设定为表盘的圆周,路径的相对值从 0~59 正好同系统时钟中秒的变化对应。运行的并发性设置为永久运动,目标值对应的 Sec 变量可以返回计算机系统时间中秒的值。Sec 的值从 0~59 不断循环变化,所以作为永久运动方式,红色小球也不断地循环运动。

7.5　Authorware 的交互功能

人机交互是计算机最主要的特点之一。Authorware 作为一种多媒体设计软件,具有强大的交互功能,该功能主要通过交互图标实现。因此,学好交互图标的使用方法,是学会使用 Authorware 的一个重要方面。有效准确地利用交互图标可以制作出界面友好、控制灵活的多媒体软件。

7.5.1 认识交互响应图标

1. 交互响应结构的组成

如图 7-46 所示，一个典型的交互响应结构是由交互图标、交互响应类型标识和交互响应分支 3 部分所组成的。

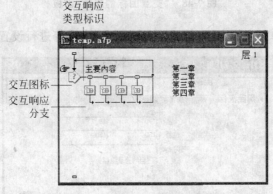

图 7-46 交互响应结构的组成

（1）交互图标：交互图标是交互响应结构中最重要的组成部分，是整个交互响应结构的入口。交互图标除了可以实现交互控制的功能以外，还具有显示图标的功能，即在交互图标中也可以显示文本、图形、图像等。

（2）交互响应类型标识：交互响应类型是指 Authorware 通过什么方式或手段来实现交互功能，而标识就是指这种方式或手段的比较形象的标记。在 Authorware 中有 11 种"交互响应类型"，如图 7-47 所示，每一种类型的左面是交互响应类型的标识，右面是交互响应类型的名称。

（3）交互响应分支：用来实现交互响应的分支流程，如图 7-46 所示的交互响应结构就有 4 个交互响应分支。

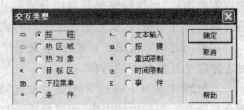

图 7-47 "交互类型"对话框

2. 交互图标的属性面板

"交互图标的属性"面板如图 7-48 所示，在默认情况下首先显示的是交互作用（Interaction）选项卡。

（1）标题框：用来显示和修改交互图标的名称。

（2）基本信息：显示当前交互图标的一些基本信息，类似于显示图标。

（3）预览框：对当前交互图标中的内容以缩略图的形式进行显示。

（4） 打开 按钮：打开当前交互图标的演示窗口（交互图标具有显示图标的功能）。

（5） 文本区域 按钮：单击则打开如图 7-49 所示的"交互文本区域属性设置"窗口，在这

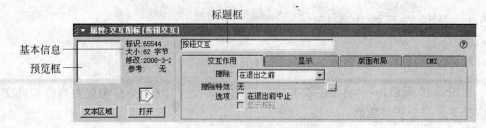

图 7-48 "交互图标的属性"面板

里可以对交互区域中文本的大小、位置、字体、颜色、字形等进行设置。

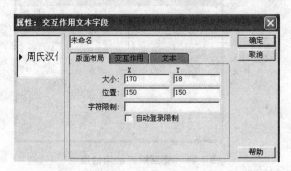

图 7-49 "属性：交互作用文本字段"对话框

1）交互作用(Interaction)选项卡

擦除(Erase)下拉列表框：用来设置擦除交互图标中内容的方式，有以下几项内容。

在下次输入之后(After Next Entry)：交互响应发生后，在执行相应的交互响应分支的内容前擦除，当执行完交互响应分支的内容后，执行下一次交互响应前继续显示。但是当退出交互结构后，交互图标中的内容将被自动擦除。

在退出时(Upon Exit)：在整个交互结构的运行期间都不擦除，只有在退出交互结构时才擦除交互图标中的内容。

不擦除(Don't Exit)：不管是在交互结构的运行期间，还是在交互结构退出以后，都不会擦除交互图标中的内容，如果想擦除只能使用擦除图标。

擦除特效(Erase)：用来设置擦除交互图标中内容时的擦除过渡方式，设置方法类似于显示图标的擦除过渡方式设置。

选项(Options)：用来设置退出交互前的动作，它有两个复选框。

在退出之前暂停(Pause Before Exit)：如果选中该复选框，则在退出交互结构时系统会暂停程序的执行，单击鼠标或按键盘任一键将继续（退出交互结构）。

显示按钮(Show Button)：此复选框只有选中 Pause Before Exit（在退出之前暂停）复选框后才有效，表示在暂停程序的执行时，同时会在屏幕的左上角显示一个 Continue（继续）按钮，单击此按钮或按键盘任一键将继续执行程序（退出交互结构）。

2）显示(Display)选项卡

"交互图标"属性面板的"显示"(Display)选项卡如图 7-50 所示，从图中可以看出，它的所有选项均等同于显示图标属性面板中的相应选项，所以在此不再赘述。

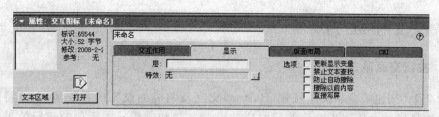

图 7-50 "交互图标"属性面板的"显示"(Display)选项卡

3) 版面布局(Layout)选项卡

"交互图标"属性面板的"版面布局"(Layout)选项卡如图 7-51 所示。从图中可以看出,它的所有选项均等同于显示图标属性面板中的相应选项,所以在此不再赘述。

图 7-51 "交互图标"属性面板的"版面布局"(Layout)选项卡

4) CMI(计算机管理教学)选项卡

"交互图标"属性面板的 CMI(计算机管理教学)选项卡如图 7-52 所示,见名知义,此选项卡中的内容主要用来对用户的交互操作进行跟踪,以便即时反馈信息,从而通过改进等手段提高教学质量。

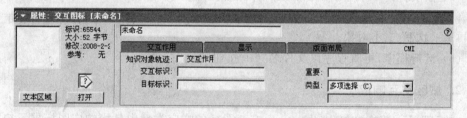

图 7-52 "交互图标"属性面板的 CMI(计算机管理教学)选项卡

(1) 知识对象轨迹(Knowledge Track):如果选中该选项,则在程序运行期间 Authorware 系统会自动跟踪用户在交互过程中的各种操作。

(2) 交互标识(Interaction ID):用来指定当前交互图标在 CMI(计算机管理教学)中的标识号,值得注意的是此标识号必须唯一。

(3) 目标标识(Object ID):用来指定当前交互图标在 CMI(计算机管理教学)中的对象标识号。

(4) 重要(Weight):用来指定当前交互图标在 CMI(计算机管理教学)中的重要性。

(5) 类型(Type):用来指定当前交互图标在 CMI(计算机管理教学)中的响应类型。

7.5.2　交互响应应用实例

1．按钮交互响应

例 7-9　按钮响应。关于按钮（Button）交互及响应的设置内容较多，本节将通过制作一道选择题的示例逐步介绍按钮响应的设置方法和应用。本示例的运行效果是首先在展示窗口中显示一行文本作为问题，在问题下方有 4 个按钮表示 4 个候选答案。当用户通过按钮回答问题时，机器会给出评判。具体步骤如下。

（1）首先新建一个程序文件，在程序流程线上加入一个交互图标，将其命名为"选择题 1"。双击该交互图标，在展示窗口中加入以下文本对象"一、以下哪个城市是中国的直辖市？"作为问题。输入完毕，关闭展示窗口。

（2）拖动一个显示图标到交互图标的右侧，在弹出的响应类型（Response Type）对话框中单击选择按钮（Button）类型，单击 OK 按钮关闭响应类型对话框。然后将新加入的显示图标命名为"A 重庆"。

（3）重复第（2）步，依次在交互图标右侧加入 3 个显示图标，并分别命名为："B 上海"、"C 广州"、"D 天津"。

（4）双击交互图标显示其展示窗口，可以看到在展示窗口中又增加了 4 个按钮，标题分别是"A 重庆"、"B 上海"、"C 广州"、"D 天津"，即刚刚增加的 4 个响应图标的名字。调整文本对象和 4 个按钮到合适的位置，然后关闭展示窗口。其程序结构如图 7-53 所示。

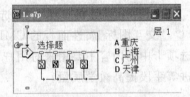

图 7-53　按钮响应流程图

（5）依次打开 4 个显示图标，在第 3 个图标中加入"恭喜你！答对了！"文本对象，其他图标中加入"别灰心，再来一次！"文本对象。

（6）运行程序，再将程序以文件名"7-9 按钮响应"存盘。

2．热区交互响应

"热区"（Hot Spot）在 Authorware 交互图标的响应类型中是指响应图标展示窗口中经过定义的可以响应鼠标操作的一个矩形区域。

例 7-10　热区响应。本节通过"看图识字"的范例介绍热区响应的使用方法。该例程序的基本运行过程为：首先显示一个包含椭圆、矩形和圆形 3 个图形的 Presentation Window，当用户用鼠标指向椭圆、矩形或圆形时，屏幕上显示出对应的汉字及汉语拼音。

单击工具栏中的 New（新建）按钮，开始一个新文件。然后按以下步骤进行。

（1）向程序流程线上添加一个显示图标并命名为"图形"，显示"响应图标"对话框，利用绘图工具绘制一个椭圆，一个矩形和一个圆。然后关闭 Presentation Window 对话框，再向程序流程线上添加一个交互图标命名为"热区域交互"，在交互图标的右边添加一个组图标作为响应图标，在对话框中，选中 Hot Spot 单选按钮。

（2）单击 OK 按钮关闭 Response Type 对话框，将刚加入的图标命名为"椭圆热区域响应"。双击响应图标"椭圆热区域响应"，显示该图标，向其中增加一个显示图标、一个等待图标及计算图标,利用文本工具向显示图标中增加文本对象"椭圆 Tuo Yuan"。等待图标中 mouse click 选中,其余项都不选中。然后向计算图标中输入"goto(iconid@"热区响应")",其功能是返回到交互图标"热区域交互"处重新执行。程序流程如图 7-54 所示。

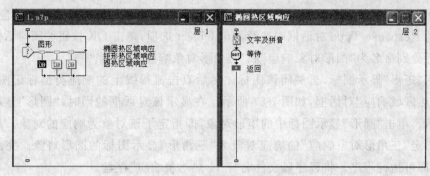

图 7-54 椭圆程序流程图

(3) 方法同上,向交互流程中再增加"矩形热区域响应"与"圆形热区域响应"两个组图标,并同样向其中添加对应显示图标、等待图标、计算图标及其内容。程序流程如图 7-55 所示。

(4) 双击"椭圆热区域响应"的响应类型标记图标,显示"椭圆热区域响应"对话框,如图 7-56 所示。可以看到在显示 Properties:Response 对话框的同时,相应的"响应图标"对话框也被显示,并出现热区虚线框。拖动虚线框调整其位置,拖动虚线框的句柄调整框的大小,使其刚好覆盖住相应的椭圆形。

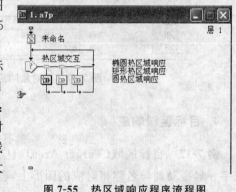

图 7-55 热区域响应程序流程图

将"矩形热区域响应"和"圆形热区域响应"的响应区域设置为刚好包含 Presentation Window 对话框中对应的图形。

图 7-56 "椭圆热区域响应"对话框

(5) 完成以上工作后,将程序以文件名"7-10 热区响应"存盘。运行程序,当鼠标指针移动到 Presentation Window 对话框中某个图形上时,将出现该图形对应的文字和拼音,本例至此制作完毕。

3. 热对象响应

例 7-11 热对象响应。本示例的功能是运行时屏幕出现"圆"和"三角形",把它们作为热对象(Hot Object)。单击"圆"和"三角形"时,在"圆"和"三角形"的右边分别显示对应的汉字。制作方法如下。

在显示图标中加入圆形和三角形的图形,拖动一个交互图标到程序流程线上显示图标的下面,命名为"热对象响应",再拖动两个显示图标到交互图标的右边作为响应图标,在显示的 Response Type 对话框中选择 Hot Object 选项,单击 OK 按钮关闭对话框。将响应图标分别命名为"圆形对象响应"和"三角形对象响应"。

显示"矩形"显示图标,再关闭该图标。然后双击流程线上的响应类型标记图标,显示"矩形热区域响应"对话框,如图 7-57 所示。在显示该对话框的同时,"圆形"显示图标也被显示。单击"圆形"显示图标中的矩形对象,即指定了该对象为响应的对象。用同样的方法指定"三角形对象响应"的响应对象为"三角形"显示图标的圆形对象。完成以上工作后,即可运行程序。将程序以文件名"7-11 热对象响应"存盘。

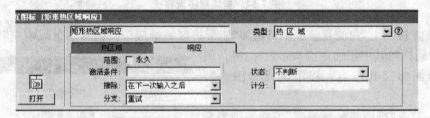

图 7-57 热对象响应矩形热区域响应对话框

4. 目标区域响应

例 7-12 目标区域(Target Area)响应 。该示例程序要求操作者将圆形和正方形的文字一起拖动到与名称相对应的图形上,程序根据移动位置是否正确显示相应的提示信息。操作步骤如下。

(1) 在程序流程线上添加一个显示图标,命名为"目标区域",显示 Presentation Window 对话框。利用绘图工具绘制一个圆,一个正方形,并填充一种模式。

(2) 添加两个显示图标,分别命名为"正方形"和"圆",并分别向其 Presentation Window 对话框中添加文本"正方形"和"圆",作为移动对象。下面即可设置判断。

(3) 拖动一个交互图标到程序流程线上,命名为"判断",在交互图标右边添加 4 个组图标作为响应判断图标,分别命名为"正方形正确"、"正方形错误"、"圆正确"和"圆错误"。分别显示 4 个组图标,在其二级程序流程线上添加 4 个显示图标,并分别向其演示窗口对话框中添加"正确"、"移错了"、"正确"和"移错了",最后再加一个显示图标作为结束图标。整个程序流程图如图 7-58 所示。

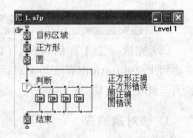

图 7-58 目标区域响应程序流程图

(4) 双击交互图标右边的目标区域响应类型标志符号,可显示目标区域 Properties：Response 对话框,如图 7-59 所示。同时还能在 Presentation Window 对话框中看到一个矩形活动区域,在其中心有正方形,该区域即是系统默认的目标区域。因为目标区域在程序运行时不可见,所以只能在编辑或中断程序运行时看见。

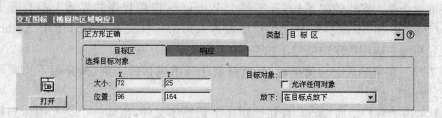

图 7-59 目标区域 Properties：Response 对话框

在此说明目标区(Target Area)选项卡的各项功能。

① 目标对象(Target Object)：目标对象的设置。当用户第 1 次选定对象后,该对象所在的图标标题将自动显示在这个文本框中。

允许任何对象(Accept Any Object)复选框：表示接受任何对象。一般情况下,一个目标区域只接受一个指定的对象,选中该项后可使多个对象在同一个目标区域中获得响应。但是只能接受那些可移动(Movable)属性不为"Never"的对象。

② 放下(On Drop)：对象移动设置,其中包含以下选项。

- 在目标点放下(Leave at Destination)：当用户放下对象时保持对象放置的位置。若对象中心在目标区域内,则执行响应图标。
- 返回(Put Back)：当用户放下对象且对象中心在目标区域内时,将对象推回到原处,并执行响应图标。
- 在中心定位(Snap To Center)：当用户放下对象且对象中心在目标区域内时,将对象自动拉到目标区域中心,并执行响应图标。

以上选项设置完毕,然后运行程序,发现并不能实现所想象的功能,这是因为没有设置好目标区域的对应位置。双击"正方形正确"响应类型标记符号,可以看到在显示 Properties：Response 对话框的同时,出现目标区域及"正方形正确"的响应虚线框。

调整"正方形正确"虚线框到正方形的位置,并且其大小恰好覆盖正方形区域。利用同样的方法设置另外 3 个响应。不同的是圆的正确响应虚线框拖到圆的目标区域上,错误响应的虚线框大小设置为整个运行窗口。

响应图标的 Properties：Response 设置如下。

① 正方形正确：放下选中在目标点放下。

② 圆正确：放下选中在中心定位。

③ 两个错误：放下都选中返回。

其他为系统默认值。

(5) 将程序以文件名"7-12 目标区域响应"存盘。现在可以运行一下程序,看看设置的属性所对应的效果。当然,也可以改变属性设置,设置自己的风格。

5. 下拉菜单响应

菜单命令是大家比较熟悉的，几乎每个 Windows 应用程序的界面上都有若干项下拉菜单(Pull-down Menu)，它是应用程序普遍采用的一种交互形式。使用 Authorware 可以很容易地在应用程序中创建下拉菜单，实现菜单交互功能。

例 7-13　菜单响应。为简单起见，通过制作显示风景的实例，来介绍下拉菜单响应的实现。

(1) 单击工具栏上的"新建"按钮创建一个新程序文件，拖动一个交互图标到程序流程线上并命名为"风景"。接着添加一个显示图标到交互图标的右侧，在弹出的 Response Type 对话框中选择 Pull-down Menu 选项，单击 OK 按钮，关闭 Response Type 对话框。将显示组图标命名为"风景一"。

(2) 向"风景一"图标的右方再拖放两个显示图标和一个计算图标，它们将被自动设置为下拉菜单响应。分别将这三个图标命名为"风景二"、"风景三"、"结束"。

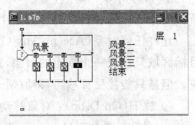

图 7-60　下拉菜单响应程序流程图

(3) 分别打开三个显示图标并输入相应风景图片，再打开计算图标，输入 quit( )，其功能是退出该程序。将程序以文件名"7-13 菜单响应"存盘。整个程序流程图如图 7-60 所示。

6. 文本响应

下面通过创建一个密码输入的示例介绍文本输入响应(Text Entry)的操作方法。

例 7-14　文本响应。拖动一个交互图标到程序流程线上，再添加一个响应图标，在显示的 Response Type 对话框中选择 Text Entry 命令，单击 OK 按钮关闭对话框。双击交互图标，显示 Presentation Window 对话框，利用文本输入工具添加文本"请输入密码："，并调整文本对象与交互文本域的大小与位置，关闭 Presentation Window 对话框。然后双击响应类型标记图标，在显示的属性对话框中设置如下属性。

(1) Pattern：匹配字符为 mima，即只有用户输入该字符时程序才向下执行。

(2) Ignore：其下的复选框全部选中。

(3) Erase：On Exit。

(4) Branch：Exit Interaction。

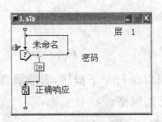

图 7-61　文本响应程序流程图

(5) Status：Not Judge。

其他设置项可以取系统的默认值。最后，在主流程线上添加一个显示图标，并创建一个内容为"密码正确"的文本对象，作为密码输入正确以后的提示内容。整个程序流程如图 7-61 所示。

运行程序，展示窗口中提示用户"请输入密码："。用户只有输入字符串 mima(大小写通用)时程序才结束交互并显示"密码正确"的提示信息；否则将一直等待交互。将程序以文件名"7-14 文本响应"存盘。

7. 限次响应

在练习测试类软件中，当测试者没有正确解答问题时，可以再次给他解答的机会，但最多不超过 3 次。许多软件使用前要求用户必须输入密码，并且在限定的次数内如果不能正确输入，程序将自动退出。在 Authorware 7.0 中，所有这些都可以通过限次响应（Tries Limit）功能实现。

例 7-15　限次响应。下面的示例继续制作上一节的范例程序，目的是利用限次响应与文本输入响应相结合来实现输入密码的登录功能。

在 mima 图标右边添加一个组图标，将其命名为"尝试"，双击其响应类型标记符号，在显示的 Properties：Response 对话框中设置为限次响应，如图 7-62 所示。

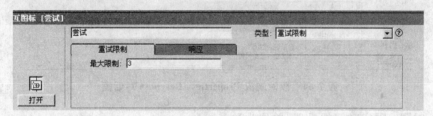

图 7-62　限次响应 Properties：Response 对话框

该对话框的"重试限制"选项卡中只有一个可设置项（"最大限制"：设置最大尝试次数），在此设置为 3 次，其他为系统默认。单击 OK 按钮关闭对话框，交互流程如图 7-63 左图所示。

双击显示 mima 图标，在其中添加一个擦除图标，擦除登录界面中所有内容，避免程序向下执行时使运行窗口显得凌乱。双击显示"尝试"图标，在二级程序设计窗口添加程序图标，如图 7-63 右图所示。

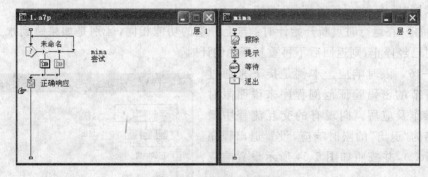

图 7-63　限次响应流程图

擦除图标用于擦除登录界面，提示为"你无权使用本软件"。等待图标设置提示文本显示的时间为 2 秒。使用运算图标退出程序，设置退出程序函数 Quit( )。

将程序以文件名"7-15 限次响应"存盘。运行程序，在提示输入密码时输入密码，如果超过 3 次不正确,将显示"你无权使用本软件"的窗口,2 秒后将退出程序。

8. 限时响应

在设计抢答或密码验证类软件时,一般都有一个时间限制。登录者在规定时间内如果没有完成密码输入过程,系统自动执行预先设置的程序进行超时处理。此类功能在 Authorware 中可以用限时响应(Time Limit)完成。

在创建限时响应程序之前,应该首先关注一下限时响应的属性设置内容。在流程线上双击交互中的响应类型符号,在弹出的"属性:响应"对话框中选择响应类型为"限时响应",则可以看到限时响应的对话框,如图 7-64 所示。其中"时间限制"选项卡的各项功能说明如下。

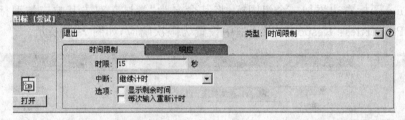

图 7-64 限时响应 Properties:Response 对话框

(1) 时限:限定时间的设置,单位为秒。

(2) 中断:计时中断的设置。当一个程序中同时含有其他的永久性交互,而倒计时正在进行时用户又点了其他永久交互将引起计时中断。其中包含以下选项。

① 继续计时:当执行永久交互时继续计时。

② 暂停,在返回时恢复计时:当执行永久交互时计时暂停,执行永久交互的结果图标后继续计时,但要求该永久交互属性的"响应"选项卡中的"分支"设置必须为"返回"。

③ 暂停,在返回时重新开始计时:当执行永久交互时计时暂停,执行完永久性的结果图标返回后重新开始倒计时,不管跳到永久交互前的倒计时是否结束,对永久交互的返回要求同"暂停,在返回时恢复计时"。

④ 暂停,在运行时重新开始计时:与上一项的功能相同,区别是如果跳到永久交互前倒计时已经停止,则返回后不再重新开始倒计时。

例 7-16 限时响应。本例是接下来通过完善上一节的密码验证范例程序来说明限时交互的操作及应用。向现有的交互流程中增加一个名为"退出"的限时响应,设置退出程序函数 Quit( ),并按照如图 7-64 所示设置响应属性。

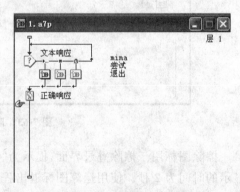

"时限"为 15 秒。

"中断"为"继续计时"。

"选项"选中"显示剩余时间"。

目前整个程序流程图如图 7-65 所示。将

图 7-65 限时响应程序流程图

程序以文件名"7-16 限时响应"存盘。如果登录者在 15 秒钟的时限内没有完成密码输入过程,将执行限时响应分支的计算图标退出程序。

9. 条件响应

条件响应(Conditional)与前面的响应有所不同,一般不是用户直接通过某种操作来实现交互,而是由于某个状态的改变或某个条件变量的值的改变而触发交互的。条件响应的 Properties:Response 对话框如图 7-66 所示。

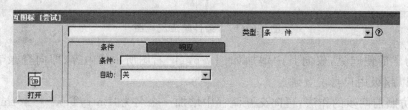

图 7-66　条件响应 Properties:Response 对话框

该对话框的"条件"选项卡各项功能说明如下。

(1) 条件(Condition):用户可以在此输入变量、条件表达式,只有当变量或表达式的值为真时才有可能执行相应的响应图标。

(2) 自动(Automatic):条件为真时并不一定执行响应图标,还要结合以下选项。

关:当用户完成本交互图标中的所有交互操作,且条件为真时才执行相应的响应图标。

When True:只要条件为真就执行响应图标。

On False to True:只有当指定条件由"假"到"真"变化时才执行响应的图标。

例 7-17　条件响应。下面继续制作本章的密码验证范例程序:利用条件响应为程序增加辨认登录者身份的功能。

(1) 假设共有超级用户和普通用户两种身份的登录者,这两种用户的身份应该通过密码进行区别,超级用户采用密码 super,而普通用户采用密码 normal。因此,将原有交互流程中的文本输入响应匹配字符串设置为 super|normal,以便同时接收两个密码,如图 7-67(a)所示。

(2) 将文本输入响应的分支类型设置为 Continue,以便于右边的响应能够继续处理登录者输入的内容。接下来向文本输入响应的右方增加一个条件响应,如图 7-67(b)所示,将响应条件设置为"EntryText='super'"。变量 EntryText 保存着登录者在文本输入响应中输入的内容,当登录者输入 super 并按 Enter 键确认后,此条件响应将自动执行。

(3) 在"EntryText='super'"图标中,可以添加根据登录者身份不同而进行不同处理

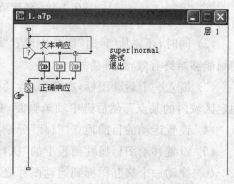

图 7-67(a)　条件响应流程图

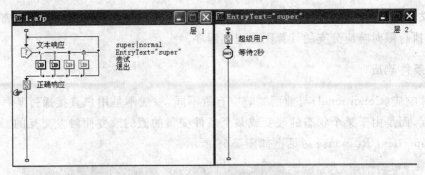

图 7-67(b)　条件响应流程图

的流程,为了简便起见,仅向其中增加如图 7-67(b)右图所示的内容,即向登录者提示他当前已经以超级用户身份登录。

(4) 仿照前两步的作法,再向交互流程中增加一个名为"EntryText='normal'"的条件响应,来处理以普通用户身份登录的情况。

(5) 运行程序,尝试输入不同的密码,可以发现程序完全能够按照设计意图,根据密码区别两种不同身份的登录者。将程序以文件名"7-17 条件响应"存盘。

10. 按键响应

利用按键(Keypress)来控制对象移动,是一种常用的程序设计方法。下面来尝试一个例子,利用 4 个方向键来控制一幅动画的移动。

例 7-18　按键响应。

(1) 建立一个新文件,拖入一个动画图标,命名为"动画"。双击打开属性窗口,导入一幅动画,设置如图 7-68 所示,允许动画在显示窗口内运动。

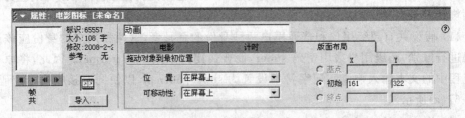

图 7-68　设置动画在显示窗口内运动

(2) 同时,还要从"计时"面板中设置"执行方式"为"永久"、"播放"为"重复",以保证动画能够始终有效,循环播放。

(3) 拖入一个运动图标,命名为"运动"。双击打开属性窗口,从"类型"中选择"指向固定区域内的某点",然后选中动画画面,并拖动来定义运动区域。

(4) 设置运动的目的地点"目标"分别为 X、Y 两个变量,如图 7-69 所示。

(5) 设置移动图标属性面板上的"执行方式"为"永久",然后关闭运动图标属性窗口。

(6) 拖动一个交互图标到运动图标之下,命名为"移动"。

(7) 再拖动一个计算图标到交互图标的右侧,出现"响应类型"对话框,从中选择"按

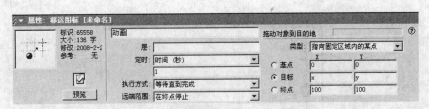

图 7-69　运动图标及变量 X, Y 的设置

键响应"类型,关闭对话框。双击打开计算图标窗口,输入如图 7-70 所示的内容。

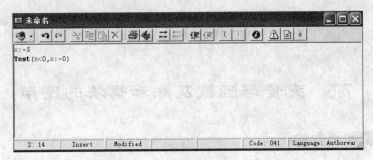

图 7-70　计算图标内容

注意:Test 是一个系统函数,作用是判断条件是否成立,若成立就执行后面的表达式。

(8) 关闭计算窗口,双击响应类型符号,打开其按键响应属性窗口,在 Key(s) 栏输入 LeftArrow,其他设置不变,如图 7-71 所示。

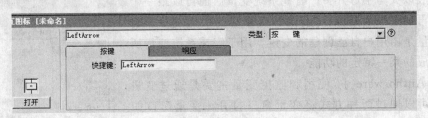

图 7-71　设置按键

(9) 用同样的方法设置其余几个按键响应分支,如图 7-72 所示。

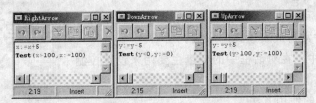

图 7-72　RightArrow、DownArrow、UpArrow 计算图标的设置

运行程序,可以看到小动画在上、下、左、右 4 个按键的控制下运动自如,且不会超出设定区域。到此为止,该程序段基本完成,将程序以文件名"7-18 按键响应"存盘。其程序结构如图 7-73 所示。

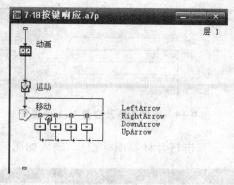

图 7-73　按键响应流程图

7.6　变量与函数及库和模块的使用

7.6.1　变量和函数的使用

1. 变量

变量是一个其值可以改变的量。在 Authorware 7.0 中,变量可以分为两种:系统变量和自定义变量。

系统变量是 Authorware 本身建立的,并且能自动更新这些变量的值。系统变量的名称一般以大写字母开头。有些系统变量后面可以跟一个@字符再加上一个图标标题,这种变量称为引用变量。自定义变量是由用户自己创建的变量。用于完成系统变量所无法完成的某一特定的功能。

在 Authorware 中,使用和监控变量主要是通过变量窗口。可以通过两种方式将变量窗口打开。变量窗口如图 7-74 所示。选择"窗口"→"面板"→"变量"菜单命令,将变量窗口激活;或者选择工具栏上的"变量"图标。

1) 变量使用场合

用于计算图标窗口中。Authorware 在计算图标窗口中使用变量时,常常写成表达式的形式。

用于对话框中。在对话框中的变量主要用来设置控制程序运行的条件。

2) 系统变量的使用方法

系统变量可分为 11 大类,即 CMI、Decision、File、Framework、General、Graphics、Icons、Interaction、Network、Time 和 Video。

单击工具栏上的"变量"按钮,弹出"变量"对话框。在

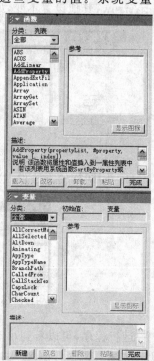

图 7-74　Variables 变量窗口

"分类"下拉列表框中选择所要使用的系统变量名,如 NumEntry,单击 Paste 按钮粘贴该系统变量。单击"完成"按钮关闭对话框。

3) 自定义变量的使用方法

单击工具栏上的"变量"按钮,打开"变量"对话框,再单击"新建"按钮,弹出"新建变量"对话框。在其中的"名字"文本框中输入自定义变量名,如 position。在"初始值"文本框中对其进行初始化,例如 0。单击 OK 按钮,关闭"新建变量"对话框。Authorware 就能自动跟踪自定义变量在整个程序运行中值的变化,并将它加到 Variables 对话框中的变量列表中。

2. 函数

函数,一般可以认为是提供某些特殊功能或者作用的子程序。Authorware 本身带有大量的系统函数。对于 Authorware 系统函数所无法完成的任务,可以由用户自己定义一个函数来完成。创建自定义函数需要用到 Windows 编程方面的许多知识,所以在这里就不对自定义函数作介绍了。

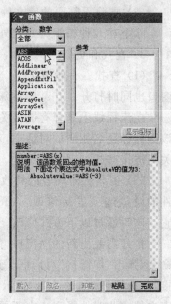

1) 函数窗口

在 Authorware 中使用和监控函数,主要是通过函数窗口来完成的。可以通过两种方法将函数窗口激活:选择"窗口"→"面板"→"函数"菜单命令即可将"函数"窗口激活和选择工具栏中的函数图标 ƒ⁄⁄。"函数"窗口如图 7-75 所示。

2) 系统函数的使用方法

选择要使用系统函数的地方。单击工具栏上"函数"按钮,打开"函数"对话框。在"分类"列表框中选择要使用的函数所属的类别。

图 7-75　"函数"窗口

如果不能确认所用的函数属于哪一类,则可选择"全部"。在"类别"列表框中选择要用的系统函数名,如 ABS,Quit( )。此时"描述"文本框中将显示该系统函数的语法及使用方法的简短描述。单击"粘贴"按钮粘贴该系统函数。单击"完成"按钮关闭对话框。

7.6.2　库和模块

1. 库的简单介绍

Authorware 中的库是一个设计图标的集合。这些图标包括显示图标、交互图标、计算图标、数字电影图标及声音图标,一个库文件只能存储其中一个设计图标及包含的内容。

库文件与应用程序间是一种链接关系,而不是一个图标的备份。因此,使用库文件可以节省存储空间,避免重复操作,当修改库中的一个图标内容时,在程序中用到该图标的地方,将同时得到更新,即有自动更新的优点。

1)创建库文件

选择"文件"→"新建"→"库"命令,弹出"未命名-1"的新库窗口,选择"文件"→"保存"命令,为新库文件取名,将库文件保存。

2)添加和删除库文件

(1)添加库文件。

将一个设计图标从设计图标栏中拖放到库窗口中。

将 Authorware 文件中主流程线上设计图标拖放到库窗口中。

使用编辑方式。使用 Copy 和 Paste 命令来完成将流程线上一个设计图标复制到库链接窗口中。

在不同的库之间移动库文件。

(2)删除不需要的库文件。

除上述几种编辑方式之外,库文件还可以进行排序、扩展/折叠及读/写控制操作。

3)查找和更新

(1)查找。一般情况下,当打开 Authorware 程序设计窗口时,与其有链接关系的库窗口也同时打开。在某些特殊情况下找不到相应的库文件时,可以进行查找。

在流程线上选择有链接关系的图标,选择"修改"→"图标"→"库链接"命令,打开与该图标标题名相同的对话框,对话框中显示该链接图标的基本属性。单击"关闭"按钮将关闭链接查找。

(2)更新。对内容的修改,Authorware 会自动给予更新,但若对有链接关系的库文件的设置选项进行修改,Authorware 就不会自动更新它。这时通过以下方式修改。

打开需要更新的库窗口,然后选择 Xtras→"库链接"命令,弹出"库链接"对话框。选择"显示"右侧的"完整链接"单选按钮,如图 7-76 所示。列表框中将显示链接的库文件。此时选择列表中所要进行更新的图标,单击"更新"按钮,Authorware 将弹出对话框,提示若单击"更新"按钮将更新有链接关系的图标中的选项设置。

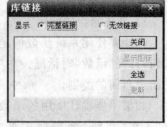

图 7-76 "库链接"对话框

2. 模块

模块是流程线的一段流程结构。它可以是一个图标或包含多个图标的逻辑结构,同时每一个图标内还要有一定的具体内容。在交互式程序中使用模块时,既可以使用已创建的模块,也可以创建一个新模块,然后在程序包中引用它。当模块中的内容移植到 Authorware 的流程线中后,Authorware 复制了模块中的内容,但不是链接关系。因此,用户可以在流程线中修改它而不会影响模块中的内容。

1)创建模块

(1)用鼠标选取创建模块的所有图标。

(2)选择"文件"→"以模块保存"命令,打开"存为模块"对话框,在文本框中输入模块文件名,单击"保存"按钮。Authorware 默认的保存模块文件夹是 Knowledge Objects,也可以在此文件夹下新建文件夹来存储模块。

图 7-77　"知识对象"窗口

(3) 选择"窗口"→"面板"→"知识对象"命令,弹出"知识对象"窗口,窗口中单击"刷新"按钮,系统将对其中的智能对象进行更新,新的模块得以加载。此时,在"分类"的"全部"文件夹中可以找到存储的新模块,如图 7-77 所示。其中的"动画"模块为新加入的模块。

2) 加载模块

加载模块有如下两种方法。

(1) 打开所要加载模块的程序,然后打开"知识对象"窗口,在"分类"的下拉列表中选择"全部"文件夹,从中选中所要加载的模块,例如,"动画"模块,双击该模块,模块就被加载到流程线上。

(2) 将所要加载的模块,例如,"动画"模块,直接拖动到所要加载的位置释放即可。

7.7　决策判断与框架结构设计

7.7.1　分支结构简介

决策判断分支结构主要用于程序控制,它的应用相当灵活。在不使用变量和跳转函数的情况下同样能够实现对程序流程的控制。

Authorware 提供了一个"判断"设计图标创建分支路径。在分支路径中顺序、分支、循环是程序的 3 种基本结构,这 3 种结构的有机组合可以实现任何复杂的程序结构,其中顺序结构由设计者在流程线上安排各图标的顺序自然形成;分支结构与循环结构一般由"判断"设计图标构成。只要掌握了"判断"设计图标使用方法,并加以灵活运用,就能构造出各种分支或循环,从而完成顺序结构所完成不了的功能。

1. 创建分支结构

在创建分支结构时,可以先在流程线上添加一个"判断"图标,然后再拖动几个"群组"图标到"判断"图标右侧,即可生成一个分支结构,如图 7-78 所示。分支结构与交互结构大致相同,都具有若干个分支,但它们执行的原理不一样。对于"交互"图标,用户是通过直接与交互图标进行交互来选择分支的。而对于"判断"图标,用户不能与"判断"图标的分支进行交互,而是通过获取路径的参数,并通过参数的匹配来执行相应的分支。

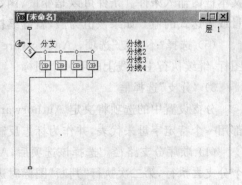

图 7-78　分支路径的创建

2. 设置决策设计图标属性

双击该"判断"图标,打开"判断"图标属性对话框,如图 7-79 所示。

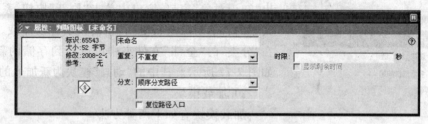

图 7-79 "判断"图标属性设置

下面对"判断"图标属性对话框各个选项进行介绍。

1)"时限"文本框

在该输入框中输入秒数用来限制用户执行分支的时间,在输入框中输入的时间限制条件可以是数值、数值型变量及表达式。当用户判断时间超过时间限制时,Authorware 将中断当前的工作退出"判断"图标,执行主流程线上的下一个图标。

如果设置了限制时间,"显示剩余时间"复选框变为可用,选中该复选框后,屏幕上会出现一个小闹钟,用于显示执行当前分支结构的剩余时间。

2)"重复"选择框

用于设置 Authorware 在执行完多少路径或在什么条件下才能够跳出该"决策"分支结构,Authorware 支持下列 5 种方式。

(1)选择"固定的循环次数"选项后,程序将根据在输入框中的输入数值,重复执行"决策"图标固定的次数。如果输入框中的值小于 1,将退出"判断"图标,不执行任何分支。

(2)选择"所有的路径"选项后,表示分支被循环执行,直到各个分支都被执行完毕。

(3)选择"直到单击鼠标或按任意键"选项,表示循环执行"判断"图标下的所有分支,直到用户单击鼠标或按下任意键。

(4)选择"直到条件为真"选项,用条件来控制循环。选择该选项后,需要在其下方的文本框内输入条件。条件可以是变量、函数或表达式,Authorware 会自动计算输入的变量或表达式的值。如果该值为假,就继续执行图标;如果该值为真,就退出"决策"图标。

(5)选择"不重复"选项,Authorware 将只执行"判断"图标一次,然后就退出"判断"图标,继续执行主流线上的下一个图标。

3)"分支"选择框

分支设置中的选项将决定 Authorware 采取何种方式执行分支内容,每种方式选项都用一个特定字母来代表,并作为标志反映在分支图标上。

(1)顺序分支路径。选择该选项后,Authorware 第一次执行"判断"图标时进入第一个分支去执行,第二次执行"判断"图标时进入第二个分支去执行,以此类推,从左至右顺序执行每一个分支。

（2）随机分支路径。选择该选项后，Authorware 进入判断分支结构后要执行的分支路径不确定，可以执行任意一条分支路径。对于此方式 Authorware 有可能重复执行同一路径。

（3）在未执行过的路径中随机选择。选择此选项后 Authorware 进入决策分支结构后，只在未执行过的路径中随意选择，即当 Authorware 执行过某一分支路径后，下次就不会再选择该路径执行。

（4）计算分支结构。选择此选项后，在分支选项列表下输入数值或数值型函数、表达式来决定执行的分支路径。例如，如果输入值为 3，则直接进入第三分支去执行。

3. 设置"路径"属性

双击交互结构其中的某一个图标-◇，将会弹出"判断路径"属性对话框，如图 7-80 所示。各选项的含义如下。

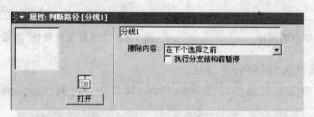

图 7-80　"判断路径"属性对话框

1）"擦除内容"下拉列表

此下拉列表中的选项是控制分支信息的擦除效果，包括如下 3 个选项。

（1）在下个选择之前：执行完该分支即擦除。

（2）在退出之前：选中此项时，Authorware 在分支结构中将不会擦除任何信息，直到要退出整个分支结构时才会擦除这些信息。

（3）不擦除：选中此项时，Authorware 不擦除分支信息，这些信息会一直保留到用户使用"擦除"图标将其擦除。

2）"执行分支结构前暂停"复选框

选中此复选框，Authorware 运行完一条路径，并在演示窗口内显示分支信息后，程序暂停，出现"继续"按钮。只有单击此按钮，程序才会继续执行。

7.7.2　分支结构创建与设置

在熟悉了"判断"图标的功能属性后，下面来介绍如何用"判断"图标实现分支结构。在选择一个分支的过程中，可以有以下 4 种方式，即顺序、随机、条件和循环。接下来讲述不同分支结构的创建与设置。

1. 顺序分支结构的创建

顺序分支结构是指程序顺序执行分支结构中的各个路径，它可以用于说明某个过程的发生顺序,模拟某个连续动作等。下面通过一个实例说明该分支结构的使用方法,该实例实现了一个倒计时显示牌。

例 7-19   用顺序分支结构创建"倒计时显示牌"。

步骤 1:新建一个文件,向其中添加一个"判断"图标、三个"群组"图标和两个"显示"图标,并重新对各图标命名。命名后的程序流程图如图 7-81 所示。

步骤 2:打开"判断"图标属性对话框,设置"判断"图标的属性,如图 7-82 所示。设置"重复"属性为"固定的循环次数",此时,其下面的文本框变为可用状态,向其中输入 3。

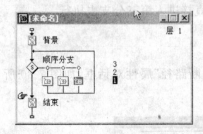

图 7-81　程序中的图标

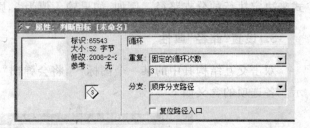

图 7-82　"判断图标属性"对话框属性设置

设置"分支"属性为"顺序分支路径"。

步骤 3:设置分支路径属性如图 7-83 所示,其含义在前面已经详细介绍过。

图 7-83　设置分支路径属性

步骤 4:在如图 7-81 所示的每个"群组"设计图标中添加两个图标,如图 7-84 所示。

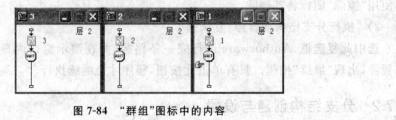

图 7-84　"群组"图标中的内容

步骤 5:在如图 7-84 中所示的每个"显示"设计图标中,添加相应的数字。在名称为"1"的"显示"设计图标中添加一个数字"1"。在名称为"2"的"显示"设计图标中添加一个数字"2"。在名称为"3"的"显示"设计图标中添加一个数字"3"。

步骤 6:设置"等待"设计图标的等待时间为 3s,如图 7-85 所示。

步骤 7:在图 7-81 中所示的"结束"图标中添加文字,如图 7-86 所示。

步骤 8:程序运行后,将会依次显示 3、2、1,如同倒计时一样。

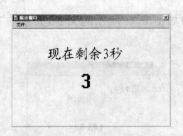

图 7-85　"等待"图标中的内容

图 7-86　"结束"图标中的内容

2. 随机分支结构的创建

随机分支就像用彩票机购买彩票一样,随机地选择执行某个分支,使人无法预测、无法控制。在 Authorware 的"判断"图标中也有一种与此类似的分支路径,这就是下面要介绍的随机路径分支。

例 7-20　随机出题的模型示例。

步骤 1:新建一个文件,向其中添加图标并命名,如图 7-87 所示。

步骤 2:向背景图标中添加一个背景图片。

步骤 3:设置"判断"设计图标的属性,如图 7-88 所示。设置"分支"路径为"随机分支路径",表示以随机的方式访问各分支路径。

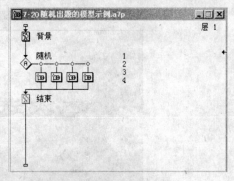

图 7-87　程序的流程设计

图 7-88　设置"判断"设计图标的属性

步骤 4:设置分支路径属性,如图 7-89 所示。

图 7-89　设置分支路径属性

步骤 5:在每个分支路径的"群组"设计图标中添加一个"显示"设计图标和一个"等待"设计图标,如图 7-90 所示。

步骤 6：在名称为"1"的"显示"设计图标中添加如图 7-91 所示的文字，其余的"群组"设计图标中的"显示"设计图标内容按此方法设计。

图 7-90　"群组"图标中的内容

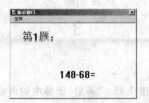

图 7-91　"显示"图标中的内容

步骤 7：设置"等待"设计图标的等待时间为 1s。

步骤 8：在图 7-87 中所示的"结束"图标中添加如图 7-92 所示的文字。

图 7-92　"结束"图标中的内容

步骤 9：运行程序，将会随机地出现 4 个不同的题目，题目出现的顺序是随机的。

3. 条件分支结构的创建

条件分支路径实际上提供了一种条件响应的方式，它可以根据在"分支"文本框中的变量的值来决定"判断"图标要执行哪一条路径。

设置"计算分支路径"的方法比较简单，只需要在"判断"图标的属性对话框中选择"分支"下的"计算分支结构"选项，然后在下面的文本框中输入相应的变量或表达式即可。但"计算分支路径"的使用比较麻烦，它需要根据不同的程序要求来设置不同的变量或表达式，下面通过一个实例说明该分支结构的使用方法。

例 7-21　用"条件分支"出题实例。

步骤 1：新建一个文件，向其中添加交互和判断等图标并命名，其流程图如图 7-93 所示。

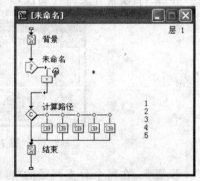

图 7-93　程序的流程设计

步骤 2：设置"交互"图标的属性，如图 7-94 所示。表示用户输入任何文字都将执行该分支，设置分支路径为"退出交互"。

图 7-94　"交互"图标的属性设置

步骤 3：在"计算"设计图标中添加代码"question ：= NumEntry"，如图 7-95 所示，表示接受用户输入的数字，并且将其保存到 question 变量中。

步骤 4：设置"判断"图标的属性，如图 7-96 所示，将其分支属性设置为"计算分支结构"，表示需要经过计算，得出要执行的路径，并在其下面的文本框中加入 question 变量。

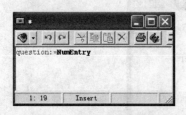

图 7-95　"计算"图标中的内容

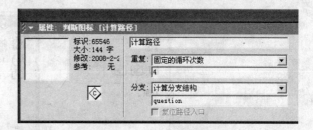

图 7-96　"判断"图标属性设置

步骤 5：运行程序。将出现提示输入问题号对话框，向其中输入 4，按 Enter 键将会进入到"判断"设计图标的第 4 个分支。

4. 循环分支结构的创建

循环分支结构就是程序在分支中循环执行，要执行哪一条路径并不确定。下面同样以一个实例来加以说明。

例 7-22　循环分支结构示例。

本例要求不停地随机播放图片，只是在单击鼠标后退出分支结构。

步骤 1：新建一个文件，向其中添加一个"判断"设计图标，在该图标后再拖入三个"群组"图标，并依次取名为"1"、"2"、"3"，程序的流程如图 7-97 所示。

步骤 2：双击"判断"图标，弹出属性对话框，在"重复"下拉列表框中选择"直到单击鼠标或按任意键"选项，在"分支"下拉列表框中选择"随机路径分支"选项。也就是程序将随机地进入任何分支，只有当单击鼠标或按任意

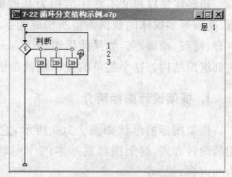

图 7-97　程序的流程图

键时，才会停止循环，如图 7-98 所示。

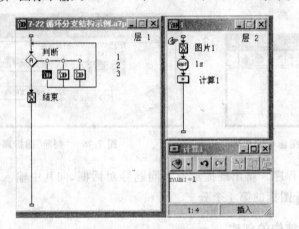

图 7-98　"决策图标"属性对话框

步骤 3：接着双击"群组"图标上的分支符号，在弹出的属性对话框中，从"擦除内容"下拉列表框中选择"在下个选择之前"选项。

步骤 4：接下来设置 3 个"群组"图标中的内容，分别向"群组"图标中放置一个"显示"图标、"等待"图标和"计算"图标。在每个"显示"图标中导入一幅图片，并设置等待时间为一秒。分别在三个"计算"图标中输入 num := 1、num := 2、num := 3，如图 7-99 所示。

图 7-99　设置程序流程线

在程序最后添加一个"显示"图标，并进行设置，以显示最后的结束画面。

7.7.3　框架结构设计

超媒体是以超文本顺序结构为基础的信息网络，其结点可以是文本、图形、声音、视频、动画等多媒体的数据类型所构成的系统。超媒体网状结构的结点可以是文本、图形、声音、视频、动画等。如果使用编程语言来实现超媒体制作，则不必了解超媒体原理及其内部组织结构。这个简单的接口也就是框架（Frame）图标和导航（Navigate）图标。

1. 框架设计图标简介

框架图标的形状如图 7-100 所示，它提供了一种简便实用的跳转方式，框架图标最基本的作用是建立包括分支和结构的内容。

框架图标的右边还有几个附属的图标，这些附属的图标

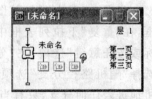

图 7-100　框架图标简介

称为"页"。"页"并不仅仅只能是显示图标,也可以是群组图标,还可以是运动图标、擦除图标、等待图标、计算图标等。

双击框架图标,可以看到如图 7-101 所示的显示窗口,这个窗口就是框架。框架窗口最上面是一个显示图标,也称做"导航背景面板"(Gray Navigation Panel),它的主要功能是在屏幕的右上面显示一个图形,此图形中划分成 8 个部分,分别放置 8 个按钮。显示图标的下面是一个交互响应图标。一个交互图标和 8 个导航图标,构成了 8 种按钮响应功能。双击显示图标,会发现屏幕右上角的图形,此图形中有 8 个按钮,分别对应于交互图标中的 8 个按钮响应。这 8 个按钮的作用如图 7-102 所示。

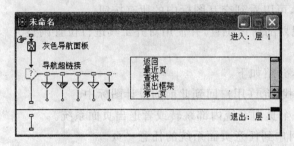

图 7-101 框架图标显示窗口　　　　图 7-102 8 个按钮的作用

框架图标的导航功能由导航图标(Navigate)所提供。导航图标的位置非常灵活,它可以放置在流程线上的任何地方,可以放置在群组图标中,可以附属于决策判断图标和交互图标,也可以放置在框架图标内。使用导航图标的途径有两种:自动导航和用户控制的导航。

(1) 自动导航。自动导航就是当 Authorware 执行到导航图标时,自动跳转到导航图标中设置的目标页。这里要强调一句:导航图标的目标页必须是框架图标所附属的页,而不能是放置在流程线上的某个图标。

(2) 用户控制的导航。用户控制的导航,是用户通过对按钮(或热区等)的操作来进入相应的页,也要强调一句:导航图标的目标页可以是同一个文件里不同框架中的页,但不能是不同文件框架中的页。

2. 框架结构的建立

创建一个完整的框架结构比较简单,其步骤如下。

(1) 拖曳一个框架图标到流程线上。

(2) 拖曳另一个图标到流程线上,且放置在框架图标的右边,作为框架的页。这些作为页的图标可以是显示图标、运动图标、等待图标、群组图标、计算图标、数字电影图标、声音图标和视频图标。

(3) 如果需要的页数大于 1,再继续拖曳图标到框架图标的右边。

(4) 为框架图标和每一页命名。

(5) 编辑每一页的内容。

(6) 单击工具栏的"重新开始"按钮运行程序。

3. 设置框架中的导航

1) 改变控制按钮的位置

Authorware 框架结构中的按钮是系统提供的,按钮样式与位置由系统默认,置于屏幕右上角。如果不喜欢这种按钮的样式和位置,可以自己调整。下面仅就按钮位置调整步骤作一简要介绍。

（1）先单击按钮运行程序。

（2）按住 Shift 键的同时双击框架图标打开其窗口,在框架图标窗口中可以看到交互图标,再双击交互图标打开其调整窗口,可以看到交互图标中的所有按钮。

（3）用鼠标拖动各个按钮到用户规划的窗口位置,并使用对齐工具进行位置调整。

2) 5 种导航方式

Authorware 中设有 5 种导航方式,介绍如下。

（1）最近（Recent）：又称为向前查找,允许用户回到此前的设计图标中。

（2）附近（Nearby）：允许用户在一个页面系统内部跳转或者退出页面系统。

（3）任何位置（Anywhere）：允许用户到任意页面系统的任意一页。

（4）计算（Calculate）：设置一个可以返回某一个设计图标编号的表达式,当遇到该导航图标后,它将跳转到表达式返回的编号所在的设计图标处。

（5）查找（Search）：让用户自己查找名称中含有某一词的页面。

7.8　程序调试与发布

7.8.1　程序调试

程序编制好后一般都可能存在着错误,Authorware 提供了通常只有在专门的编程语言中才提供的跟踪调试手段,由此可以使设计者快速而高效地查出错误,进而排除错误。

一般程序中的错误分为两类:运行错误和逻辑错误。运行错误是指按照错误的语法格式使用了函数、企图播放一个根本不存在的文件等,在这些情况下,Authorware 会在程序设计期间或运行期间自动提示出错,因此这种类型的错误比较容易被发现;逻辑错误是指从语法角度来看,程序不存在问题,但是它没有正确地反映出设计者的意图,例如,一个设计成循环 6 次的循环语句在运行时陷入了死循环,或者平时表现正常的程序在特定情况下运行失常等,这时 Authorware 并不会提示出错,这种类型的错误隐蔽性强,很可能会一直存在到程序被正式打包发行之后。Authorware 提供的调试工具对于发现这类错误提供了很大的帮助。

1. 使用“开始标志”和“结束标志”

通常情况下,单击“运行”按钮,Authorware 会从程序开始处运行程序,直到流程线上最后一个设计图标或者遇到 Quit()函数。但是,有时所要调试的程序段只是整个程序的一部分,此时可以利用"开始标志"和"结束标志"来帮助调试这段程序。"开始标志"和"结束标志"的用法非常简单,只要从图标选择板上将"开始标志"拖动到流程线上欲调试程序段的开始位置,而将"结束标志"拖动到流程线上欲调试程序段的结束位置,此时单击"从开始标志处运行"命令按钮,就可以只运行两个标记之间的程序段。

图标选择板中的"开始标志"和"结束标志"与其他设计图标不同,它们只能使用一次,一旦被拖动到设计窗口之后,原来的位置上就形成一个空位。在设计窗口中拖动它们可以重新设置欲调试程序段的起始和结束位置,如果想将它们放回图标选择面板,单击它们留下的空位即可。将"开始标志"或"结束标志"放回图标选择面板之后,就自动撤销了它们对程序的影响。

有时程序可能会很大,包含了上百个设计图标,根据程序运行时出现的错误提示信息不容易判断错误发生的大概位置,使用"开始标志"和"结束标志",可以最大限度地缩小查错范围。

2. 使用控制面板

利用控制面板,可以控制程序的显示并对程序的运行过程进行跟踪调试。

有时只依靠设计窗口中的流程结构图并不能准确地判断出设计图标的真正执行顺序,尤其是在程序中存在很多分支控制、永久性响应、复杂交互作用分支结构的情况下,设计图标可能会以不同的顺序被执行,这时就可以使用控制面板提供的各种手段对设计图标的执行顺序进行跟踪,"控制面板"窗口中会显示出设计图标真正的执行顺序。

图 7-103 控制面板

单击"控制面板"命令按钮,将会打开或关闭如图 7-103 所示的"控制面板"。

"控制面板"包含 6 个控制按钮,用于控制程序的执行过程。这些按钮的作用分别描述如下。

(1) 运行按钮:使程序从头开始运行。此时 Authorware 会首先清除跟踪记录和"演示"窗口中已有的内容,并将程序中所有的变量设置为初始值,然后开始运行程序。

(2) 复位按钮:使程序复位。此按钮的作用与"运行"按钮类似,只是程序回到起点后并不开始向下执行。

(3) 停止按钮:终止程序的运行。

(4) 暂停按钮:使程序暂停运行。

(5) 继续运行按钮:使程序从刚才停止的地方继续运行。

(6) 显示窗口按钮:单击此按钮则弹出"控制面板"对话框和扩展的控制按钮,此时该按钮变为"关闭窗口"按钮,单击它则会将"控制面板"窗口和扩展控制按钮收回。

"控制面板"中提供的调试手段相当完善,再结合使用"开始标志"和"结束标志",可以很方便地找到程序中出现错误的地方。但是,使用"控制面板"只能将错误范围定位在某个设计图标上,这时候就需要使用 Trace( )函数找到出错的语句。

Trace( )函数是个专用的调试函数,它使用字符串或变量作为参数。Trace( )函数在"控制面板"窗口中显示调试信息,调试信息可以是指定的字符串,也可以是变量的值。

Authorware 在执行到 Trace（）函数时，会自动将字符串或变量的当前值送到"控制面板"对话框中，这对跟踪程序的执行很有用。

3．其他调试技巧

1) 从大到小修改错误

那些影响程序正常运行的关键性的错误一定要先改，改正完大错误之后再改正小错误。

2) 修改错误时要少量多次

修改错误时不要贪多求快，要知道某一次的修改不一定是正确的，如果很着急地全都修改，可是再运行，还是错的，就很浪费时间。另外，有的错误改正之后附带着又会出现新的错误，因此，改正错误一定要少量多次。

3) 在程序调试过程中使用快捷键

(1) Ctrl＋B：当程序运行到某一个图标时，想查看这个图标所在的流程图，用这个快捷键就可以打开当前运行的流程图，可以直接修改流程图中的图标属性或内容来修改错误。

(2) Ctrl＋P：当程序运行到某处发现程序有错误时，可用这个快捷键暂停程序的运行，以便程序制作者修改程序中的错误，修改好错误后，再次按下快捷键 Ctrl＋P，可以继续向下运行程序。

(3) Ctrl＋双击：按住 Ctrl 键，并且在一图标上双击时，就可以打开这个图标的属性面板，可以直接修改这个图标的属性。

(4) Ctrl＋右击：可以对图标的内容进行预览，不用打开展示窗口就能看到图标的内容，这一快捷键只适用于显示图标、交互图标、声音图标、数字电影图标。

7.8.2 程序发布

制作完成的多媒体程序可以交付用户使用，交付用户的方式根据实际情况不同，可以有多种发布形式。Authorware 有一键发布功能，不论发布何种文件形式，都可以通过该功能一次对程序进行各种发布设置和相关操作。省去了许多烦琐的操作步骤，大大提高了开发多媒体程序的效率。

1．一键发布的操作步骤

要使用"一键发布"功能发布程序，可以打开要发布的程序文件，选择"文件"→"发布"菜单命令，屏幕弹出如图 7-104 所示的"一键发布"对话框。其中包含以下可设置项。

(1) 指针或库：在该列表框中列出了要打包的程序文件和库文件。单击右侧的 按钮可以重新设定其他文件。

(2) 在"打包为"文本框中列出打包后的程序文件名，系统默认为 a7R 文件，即打包文件中不带 Authorware 运行环境，打包后的程序必须通过 Authorware 7.0 的 runa6w32.exe 程序调用才能运行。若要打包后的程序完全脱离 Authorware 7.0，可以

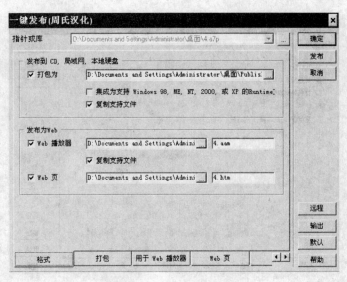

图 7-104 "一键发布"对话框

单击选中该文本框下的 With Runtime for Windows 9x and NT variants 复选框,打包生成扩展名为.exe 的可执行文件。如果有库文件,则库文件打包后的文件名为 a7p。打包后的程序还需要部分插件文件的支持才能运行,选中"复制支持文件"复选框,自动将该程序所涉及的文件复制到打包程序所在的位置。

(3) 在"Web 播放器"文本框中列出了打包为 Web Player 环境播放的流程序文件名和位置,文件扩展名为.aam。此类打包程序可以在互联网上发布,用户通过互联网浏览器如 Internet Explorer、Netscape 进行浏览,但用户机必须安装 Macromedia 的 Web Player 插件程序。

(4) 在"Web 页"文本框中还列出了将程序发布为页面文件的文件名和位置,文件扩展名为.htm。此类打包程序也可以在互联网上发布,用户通过互联网浏览器如 Internet Explorer、Netscape 进行浏览,但用户的互联网浏览器必须安装 Macromedia 的 Shockwave 插件。

在对话框中的 3 个打包文件名文本框前面都有一个复选框,可以根据情况选择要打包的程序文件类型。其中 EXE 和 a7R 文件适合在局域网或单机环境中运行,若要在互联网上发布,可以考虑打包为 AAM 或 HTM 文件。

设置完毕,单击 Publish 按钮系统开始按设定的方式打包程序,打包结束,屏幕弹出 Information 对话框。单击信息框中的 Detail 按钮,可以看到更详细的打包情况信息。单击 Preview 按钮可以播放打包的程序。

2. "一键发布"的发布设置

在"一键发布"对话框中设置了打包文件的类型后,还可以针对相应类的程序进行进一步的设置,如图 7-105 所示,对应于 3 种打包方式对话框中分别有对应的 3 个属性设置标签。如果取消一种发布方式,则相应的标签就自动隐藏。单击某个标签,对话框中就显示对应的选项卡。下面分别介绍每种选项卡的用法。

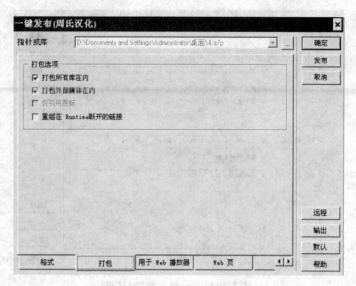

图 7-105 "打包"选项卡

(1)"打包"选项卡：包含以下 4 个复选框，如图 7-105 所示。

① Package All Libraries（将所有库图标打包为文件的一部分）：选中该项，Authorware 7.0 会将所有与文件有链接的库图标打包成文件的一部分，即将库和文件打包为一个大文件。

② Package External Media Internally（将所有外部媒体打包成文件的一部分）：选中该项，Authorware 7.0 会将所有外部的媒体（数字化电影除外）打包成文件的一部分。

③ Resolve Broken Links at Runtime（运行时恢复断链）：对包含库的程序文件，系统将自动对其进行链接调整。为了让程序运行过程中不出现问题，最好选择此项，让Authorware 7.0 自动处理断链。

④ Referenced Icon Only（仅引用图标）：选中该选项，只将库中与当前程序有链接关系的图标打包。

(2)"用于 Web 播放器"（For Web Player）选项卡：该选项卡主要进行网络播放方面的设置，如图 7-106 所示。其中包括以下可选项。

①"映射文件"（Map File）选项组：该选项组主要是一些与网络连接相关的设置，根据联网方式的不同，设定打包的片段大小。

②"高级流信息"（Advanced Streamer）选项组：可以进行高级流信息设置。在 CGI-BIN URL 文本框中可以设置服务器地址，Input URL 和 Output URL 显示的是程序输入、输出文件的地址。

(3)"Web 页"（Web Page）选项卡：其中主要进行与发布网页文件相关的设置，如图 7-107 所示，其中包含以下设置项。

①"模板"（Template）选项组：主要包括网页模块（HTML Template）选择和网页标题设定。

②"回放"（Playback）选项组：其中包括展示画面的大小、背景颜色、播放程序、调色

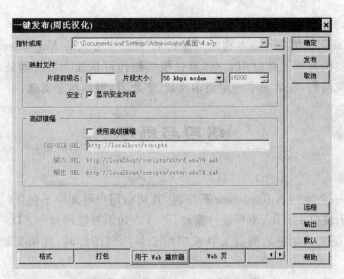

图 7-106 "用于 Web 播放器"选项卡

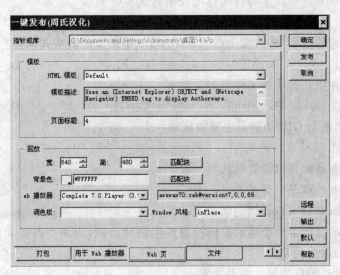

图 7-107 "Web 页"选项卡

板、窗口风格等设置。

（4）"文件"选项卡：该选项卡中列出了与当前打包程序相关的插件文件，这些文件将随打包程序一起发布。在此也可以添加或删除文件，由于是系统自动检测出来的相关文件，一般取默认值即可。

本 章 小 结

本章简述了多媒体创作工具 Authorware 的主要功能特点，并通过实例详细讲解了 Authorware 7.0 中的几种常用图标的操作与编程方法，包括文件的创建与设置，显示、等待、擦除、移动、交互、群组和框架图标的使用。

　　Authorware 7.0 的 5 种基本动画类型和 11 种交互方式是 Authorware 的核心内容，本章通过大量实例介绍了其应用要点，通过模仿制作可快速上手。但是，这些操作方法的使用是十分灵活的，在学习中一定要多比较、多思考，做到融会贯通、举一反三。

练习与思考

一、选择题

1. 当创建一个新的 Authorware 程序时，其初始用户界面中不包含(　　)。
　　A. 展示窗口　　　B. 流程设计窗口　　　C. 知识对象窗口　　　D. 图标工具栏

2. 利用绘图工具箱中的椭圆工具或矩形工具绘制图形时，如果要绘制正圆或正方形，需要按住(　　)。
　　A. Tab 键　　　B. Shift 键　　　C. Ctrl 键　　　D. Alt 键

3. 下列哪种方式不属于等待图标的控制方式?(　　)
　　A. 单击鼠标　　　B. 等待按钮　　　C. 等待时间　　　D. 等待条件

4. 下列格式的电影文件，哪个在 Authorware 中是以内嵌格式保存?(　　)
　　A. AVI　　　B. MOV　　　C. FLC　　　D. MPEG

5. 下列哪种格式的动画文件是矢量动画?(　　)
　　A. FLC　　　B. Flash　　　C. GIF　　　D. QuickTime

6. Flash 动画与 GIF 动画最主要的区别在于(　　)。
　　A. Flash 动画可以透明
　　B. Flash 动画可以设置层次
　　C. Flash 动画是矢量动画
　　D. Flash 动画可以设置过渡效果

7. 两个显示图标由两个运动图标控制产生路径动画，当两个路径动画交叉时，两个显示图标对象的遮盖关系是(　　)。
　　A. 由运动图标的层次关系决定
　　B. 由显示图标的层次关系决定
　　C. 由显示图标中对象的大小决定
　　D. 流程线上下面的显示图标中的对象遮挡住上面的显示图标中的对象

8. 利用计算图标为程序添加注释，需要在语句前面添加(　　)。
　　A. //　　　B. ——　　　C. /*　　　D. (

9. 在右图中，交互分支的"分支"属性被设置为(　　)。
　　A. 重试　　　　　　　　　　B. 继续
　　C. 退出交互　　　　　　　　D. 返回

10. 决策图标有 4 种分支选择方式，下列哪一种方式不是它的分支方式?(　　)

A. 固定分支路径　　　　　　　　B. 顺序分支路径

C. 随机分支路径　　　　　　　　D. 计算分支结构

11. Authorware 的声音图标不能够播放下列哪种类型的声音文件？（　　）

A. WAV　　　　B. MP3　　　　　　C. SWA　　　　　　D. MIDI

12. 按照多媒体创作工具的创作特点进行分类，Authorware 属于（　　）。

A. 基于图标的创作工具

B. 基于描述语言或描述符号的创作工具

C. 基于时间序列的创作工具

D. 基于编程语言的创作工具

13. 下列哪种图像的显示模式能够将图形对象有颜色的边界线之外的所有白色部分变透明？（　　）

A. 不透明　　　　B. 遮隐　　　　C. 透明　　　　　　D. 反转

14. Authorware 的电影图标不能播放（　　）格式的电影文件。

A. AVI　　　　B. MPEG　　　　C. RM　　　　　　D. FLC

二、填空题

1. 利用运动图标可以产生路径动画，共有_____种类型的路径动画。

2. 交互分支上只能放置一个图标，因此，若分支内容需要使用多个图标来表现，就必须使用_____将它们组合起来。

3. 框架图标主要是由_____与_____构成。

4. 使用超文本链接需要定义并应用_____。

5. "库"只能保存单个的图标，不能存储_____和_____。

6. 一般在流程线上，后面显示图标的内容会遮挡住前面显示图标的内容。为了控制这种遮盖关系，可以通过调整显示图标的_____属性来实现。

7. 对象显示或擦除的过渡效果一般包括_____和_____两个主要的参数。

8. 擦除图标可以定义为_____对象或者_____对象而擦除其余对象两种擦除方式。

9. 导航图标被拖动到流程线上，Authorware 为它定义的默认名称为_____。

三、简答题

1. 简述多媒体作品的制作流程。

2. 多媒体创作工具应具有哪些主要功能？它有哪些常见的类型？

3. 多媒体作品的界面设计应注意哪些问题？

4. 在 Authorware 窗口中，设计图标工具栏有哪些图标？举例说明 5 种图标主要功能。

5. Authorware 交互程序中的反馈分支类型有哪几种？

6. 试比较交互图标与判断图标、框架图表的异同。

7. 运行一个 Authorware 应用程序需要哪些文件支持？

四、操作题

1. 在显示图标中输入一段文字，要求能产生如下演示效果：从左到右展示；以马赛

克效果展示;以逐次涂层方式展示;以相机光圈收缩方式展示;以垂直百叶窗方式展示;
以开门方式展示。

2. 创建一个带有滚动字幕的多媒体片尾。

3. 用目标区域响应制作一个产品名称与实物图对号入座的小课件。

4. 制作一个课件,共包括 5 道题,每次随机显示一道题。

5. 将本章的实例组成一个大型程序,当在起始窗口中选择某一题名时,演示该程序。

第8章

chapter 8

虚拟现实技术与系统开发

学习目标

1. 理解虚拟现实技术的相关概念和特性；
2. 了解虚拟现实系统的组成；
3. 了解虚拟现实系统的开发流程；
4. 掌握 Virtools 虚拟现实软件的基本操作。

8.1　虚拟现实技术概述

虚拟现实(Virtual Reality)技术是近年来一项十分活跃的研究与应用技术。从 20 世纪 80 年代被人们关注以来，发展极为迅速。目前已经在教育学习(E-Learning)、数字娱乐(Games)、虚拟导览(Virtual Tour)、数字城市(Digital City)、模拟训练(E-Training)、工业仿真(Industry Simulation)、虚拟医疗(Virtual Medical)、数字典藏(Digital Preservation)、电子商务(EC)等从军事到民用的诸多领域得到广泛应用。

虚拟现实技术是 21 世纪信息技术的代表，它融合了数字图像处理、计算机图形学、多媒体技术、传感器技术等多个信息技术分支。虚拟现实技术是对这些技术更高层次的集成、渗透与综合应用。

8.1.1　虚拟现实技术的概念

自 1962 年，美国青年 Morton Heilig 发明了实感全景仿真机开始，虚拟现实技术越来越受到人们的关注。艾凡·萨瑟兰(Ivan Sutherland)领导研制成功的第一个头盔显示器于 1970 年 1 月 1 日进行了首次的正式演示。Virtual Reality 的概念由美国 VPL Research 公司的创始人加隆·兰里尔(Jaron Lanier)在 1989 年正式提出来，中文通常译作"虚拟现实"。

虚拟现实技术就是采用以计算机技术为核心的现代高科技生成逼真的视、听、触觉一体化的特定范围内虚拟的环境(如飞机驾驶舱、分子结构世界等)。用户使用必要的特定装备(如数字化服装、数据手套、数据鞋、头盔、立体眼镜等)，就可以自然地与虚拟环境中的客体进行交互，相互影响，从而产生亲临现场的感受和体验。

8.1.2　虚拟现实技术的特征

自从人类发明计算机以来，人机的和谐交互一直是人们追求的方向。虚拟现实系统提供了一种先进的人机界面，它通过为用户提供视觉、听觉、嗅觉、触觉等多种直观而自然的实时交互的方法与手段，最大限度地方便了用户的操作，从而减轻了用户的负担、提高了系统的工作效率。美国科学家 Burdea G. 和 Philippe Coiffet 在 1993 年世界电子年会上发表了一篇题为 *Virtual Reality System and Applications* 的文章，在该文中提出一个"虚拟现实技术的三角形"，它表示出虚拟现实技术具有的三个突出特性：沉浸性（Immersion）、交互性（Interactivity）和想象性（Imagination），如图 8-1 所示。

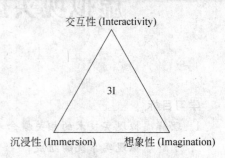

交互性（Interactivity）

3I

沉浸性（Immersion）　　想象性（Imagination）

图 8-1　虚拟现实技术的三个特性

虚拟现实技术的三个特性如下。

1. 沉浸性

沉浸性又称浸入性，是指用户感觉到好像完全置身于虚拟世界之中一样，被虚拟世界所包围。虚拟现实技术的主要技术特征就是让用户觉得自己是计算机系统所创建的虚拟世界中的一部分，使用户由被动的观察者变成主动的参与者，沉浸于虚拟世界之中，参与虚拟世界的各种活动。比较理想的虚拟世界可以达到使用户难以分辨真假的程度，甚至超越真实，实现比现实更逼真的照明、音响等效果。

虚拟现实的沉浸性来源于对虚拟世界的多感知性，除了常见的视觉感知、听觉感知外，还有力觉感知、触觉感知、运动感知、味觉感知、嗅觉感知、身体感知等。从理论上来讲，虚拟现实系统应该具备人在客观现实世界中具有的所有感知功能。但鉴于目前科学技术的局限性，在虚拟现实系统中，研究与应用较为成熟或者相对成熟的主要是视觉沉浸（立体显示）、听觉沉浸（立体声）、触觉沉浸（力反馈）、嗅觉沉浸（虚拟嗅觉），有关味觉等其他的感知技术正在研究之中，还很不成熟。

2. 交互性

在虚拟现实系统中，交互性的实现与传统的多媒体技术有所不同，在传统的多媒体技术中，人机之间的交互工具从计算机发明直到现在，主要是通过键盘与鼠标进行一维、二维的交互，而虚拟现实系统强调人与虚拟世界之间要以自然的方式进行交互，并且借助于虚拟现实系统中特殊的硬件设备（如数据手套、力反馈设备等），以自然的方式与虚拟世界进行交互，实时产生在真实世界中一样的感知，甚至连本人都意识不到计算机的存在。例如，用户可以配戴力反馈数据手套，用手直接抓取虚拟世界中的物体，这时手有触摸感，并且可以感觉到物体的重量，能区分所拿的是石头还是海绵，并且场景中被抓的物体也立刻随着手的运动而移动。

3. 想象性

想象性是指虚拟的环境是人想象出来的，同时这种想象体现出设计者相应的思想，因而可以用来实现一定的目标。虚拟现实技术不仅仅是一个媒体或一个高级用户界面，它同时还可以是为解决工程、医学、军事等方面的问题而由开发者设计出来的应用软件，通常它以夸大的形式反映设计者的思想，虚拟现实系统的开发是虚拟现实技术与设计者并行操作，为发挥他们的创造性而设计的。虚拟现实技术的应用，为人类认识世界提供了一种全新的方法和手段，它可以使人类突破时间与空间的限制，去经历和体验世界；可以使人类进入宏观或微观世界进行研究和探索；也可以完成那些因为某些条件限制难以完成的事情。

8.1.3　虚拟现实系统的分类

随着计算机技术、网络技术等新技术的高速发展及应用，虚拟现实技术也发展迅速，并呈现出多样化的发展趋势，其内涵也已经大大扩展。虚拟现实的分类主要可以从两种角度来划分，一方面是虚拟世界模型的建立方式；另一方面是虚拟现实系统的功能和实现方式。

1. 按虚拟世界模型的建立方式分类

虚拟现实就是人们利用计算机技术建立一个虚拟世界，而虚拟世界的建模有两种方式，一种是通过影片缝合成一个三维虚拟环境，也就是所谓的影像式虚拟现实；另外一种三维虚拟环境的模型是由人们运用建模工具软件（如 Max、Maya 等）手工绘制的多边形构成，即 3D/VR 虚拟现实（Polygon base Virtual Reality）。

1) 影像式虚拟现实

影像式虚拟现实又分为针对环境的全景虚拟现实和针对物体的环物虚拟现实两类，如图 8-2、图 8-3 所示。

図 8-2　全景虚拟现实　　　　　　　　図 8-3　环物虚拟现实

在基于全景图像的虚拟现实系统中，虚拟场景是按以下步骤生成的。首先利用采集的离散图像或连续的视频作为基础数据，经过处理形成全景图像；然后通过合适的空间模型把多幅全景图像组织为虚拟全景空间。在这个空间中可以进行前进、后退、环视、仰视、俯视、近看、远看等操作。全景虚拟现实主要应用在旅游景观、酒店建筑等环境展示。

环物虚拟现实是以所拍摄物体为中心，采集一系列连续的帧序列，然后缝合成三维物体，可以进行旋转、拉远、拉近观看。环物虚拟现实主要用于博物馆文物数字化及在线商品展示方面。

2）3D/VR 虚拟现实

3D/VR 虚拟现实是使用三维模型设计软件，通过多个多边形组合成一个三维模型，再给模型增加上纹理、材质、贴图等完成虚拟场景及人物的三维呈现。3D/VR 虚拟现实如图 8-4 所示。

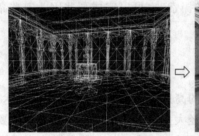

图 8-4　3D/VR 虚拟现实

影像式虚拟现实与 3D/VR 虚拟现实相比，前者能够提供高度逼真的效果，最大限度地保存真实物体的原有信息，但只能进行旋转及有限度的拉远、拉近观看，交互性不够；而后者由于手工建模，有误差的存在，很难达到影像式虚拟现实所能保存原始信息的程度，但其能够提供丰富的交互行为，方便用户对虚拟世界进行各种自然、和谐的交互。

2. 按虚拟现实系统的功能和实现方式分类

虚拟现实技术不仅指那些采用高档可视化工作站、高档头盔显示器等一系列昂贵设备的技术，也包括一切与其有关的具有自然交互、逼真体验的技术与方法。虚拟现实技术的目的在于达到真实的体验和基于自然的交互，而对一般的单位或个人不可能承受昂贵的硬件设备及相应软件的价格，现在根据不同用户应用的需要，提供了桌面式、沉浸式、增强式、分布式虚拟现实系统等从初级到各种高端应用的解决方案。

1）桌面式虚拟现实系统

桌面式虚拟现实系统（Desktop VR）是应用最为方便、灵活的一种虚拟现实系统。它抛开其他或复杂或大型或昂贵的虚拟现实输出设备，采用个人计算机作为可视化输出设备，搭配主动立体眼镜观看立体效果；而在输入设备部分，可以选用基本的鼠标键盘进行操作，也可以根据需要搭配三维鼠标、追踪球、力矩球、空间位置跟踪器、数据手套甚至于力反馈设备进行仿真过程的各种设计。桌面式虚拟现实系统如图 8-5 所示。

图 8-5　桌面式虚拟现实系统

桌面式虚拟现实系统主要具有以下三个特点。

（1）实现成本低，应用方便、灵活。

（2）对硬件设备要求极低，最简单的方式可以通过 CRT 显示器配合主动立体眼镜来实现虚拟现实系统。

（3）用户处于不完全沉浸的环境，会受到周围现实世界的干扰，缺少身临其境的感受，因此有时候为了增强桌面式虚拟现实系统的效果，在桌面式虚拟现实系统中还可以借助立体投影设备，增大显示屏幕，达到增加沉浸感及多人观看的目的。

对于从事虚拟现实研究工作初始阶段的开发者及应用者，实现成本低、应用方便灵活，实用性强的桌面式虚拟现实系统是非常合适的解决方案。

2）沉浸式虚拟现实系统

沉浸式虚拟现实系统（Immersive VR）是一种高级的、较理想的虚拟现实系统，它提供一个完全沉浸的体验，使用户有一种置身于真实世界之中的感觉。它通常采用洞穴式立体显示装置（CAVE 系统）、头盔式显示器（HMD）等设备，首先把用户的视觉、听觉和其他感觉封闭起来，并提供一个新的、虚拟的感觉空间，利用三维鼠标、数据手套、空间位置跟踪器等输入设备和视觉、听觉等输出设备，使用户产生一种身临其境、完全投入和沉浸于其中的感觉，如图 8-6 所示。

图 8-6　沉浸式虚拟现实系统

沉浸式虚拟现实系统具有以下 5 个特点。

（1）具有高度沉浸感。沉浸式虚拟现实系统采用多种输入、输出设备从视觉、听觉，甚至于触觉、嗅觉等各方面来模拟，营造一个虚拟的世界，并使用户与真实世界隔离，不受外面真实世界的影响，沉浸于虚拟世界之中。

（2）具有高度实时性与交互性。沉浸式虚拟现实系统中，要达到与真实世界相同的感受，必须具有高度实时性能。

（3）具有良好的系统集成度与整合性能。为了实现用户产生全方位的沉浸，就必须要多种设备与多种相关软件相互作用，且相互之间不能有影响，所以系统必须有良好的兼容与整合性能。

（4）具有良好的开放性。虚拟现实技术之所以发展迅速是因为它采用了其他先进技术的成果。在沉浸式虚拟现实系统中要尽可能利用最先进的硬件设备、软件技术，这就要求虚拟现实系统能方便地改进硬件设备与软件技术，因此，必须用比以往更灵活的方式构造虚拟现实系统的软、硬件结构体系。

（5）能支持多种输入、输出设备并行工作。为了实现沉浸性，可能需要多个设备综合应用,如用手拿一个物体,就必须要数据手套、空间位置跟踪器等设备同步工作。所以说,支持多种输入与输出设备的并行处理是实现虚拟现实系统的一项必备技术。

常见的沉浸式虚拟现实系统有基于头盔式显示器的系统、投影式虚拟现实系统、远程存在系统。

基于头盔式虚拟现实系统是采用头盔显示器来实现单用户的立体视觉输出、立体声音输出的环境,它把现实世界与之隔离,使用户从听觉到视觉都能投入到虚拟环境中去,可以使用户完全沉浸。

投影式虚拟现实系统是采用一个或多个大屏幕投影来实现大画面的立体视觉效果和立体声音效果,使多个用户同时具有完全投入的感觉。

远程存在系统是一种远程控制形式,也称遥操作系统。它由人、人机接口、遥操作机器人组成。实际上是遥操作机器人代替了计算机,这里的环境是机器人工作的真实环境,这个环境是远离用户的,可能是人类无法进入的工作环境(如核环境、高温、高危等环境),这时通过虚拟现实系统可使人自然地感受这种环境,并完成此环境下的工作。

3) 增强现实系统

增强现实(Augmented Reality,AR)是一个较新的研究领域,是一种利用计算机对使用者所看到的真实世界产生的附加信息进行景象增强或扩张的技术。Azuma 是这样定义增强现实的:虚实结合,实时交互,三维注册。

增强现实系统是利用附加的图形或文字信息,对周围真实世界的场景动态地进行增强。在增强现实的环境中,使用者可以在看到周围真实环境的同时,看到计算机产生的增强信息。这种增强的信息可以是在真实环境中与真实环境共存的虚拟物体,也可以是关于存在的真实物体的非几何信息。

增强现实在虚拟现实与真实世界之间的沟壑上架起了一座桥梁。因此,增强现实的应用潜力是相当巨大的。例如,可以利用叠加在周围环境上的图形信息和文字信息,指导操作者对设备进行操作、维护或是修理,而不需要操作者去查阅手册,甚至不需要操作者具有工作经验;可以利用增强现实系统的虚实结合技术进行辅助教学,同时增进学生的理性认识和感性认识;也可以使用增强现实系统进行高度专业化训练,等等。

实现增强现实的一个方法是使用光学透射头盔显示器(Optical See-through HMD),如图 8-7 所示。使用者可以透过放置在眼前的半透、半反的光学合成器看到外部真实环境中的景物,同时也可以看到光学合成器反射的由头盔内部显示器上计算机生成的图像。当转动和移动头部的时候,眼睛所看到的视野随之变动,同时计算机产生的增强信息也应该随之做相应的变化。因此,增强现实系统必须能够实时地检测出回路中人的头部位置和指向,以便能够根据这些信息实时确定所要添加的虚拟信息在真实空间坐标中的映射位置,并将这些信息实时显示在图像的正确位置。这就是三维环境注册系统所要完成的任务。三维环境注册技术一直是计算机应用研究的重要方面,也是主要的难点。

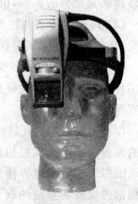

图 8-7　增强现实头盔显示器

三维环境定位注册所要完成的任务是实时地检测出使用者头部的位置和视线方向，计算机根据这些信息确定所要添加的虚拟信息在投影平面中的映射位置，并将这些信息实时显示在显示屏的正确位置。注册定位技术的好坏直接决定增强现实系统的成功与否。

4）分布式虚拟现实系统

计算机技术、通信技术的同步发展和相互促进成为全世界信息技术与产业飞速发展的主要特征。特别是网络技术的迅速崛起，使得信息应用系统在深度和广度上发生了本质性的变化，分布式虚拟现实系统（DVR）即是一个较为典型的实例。DVR 是指一个支持多人实时通过网络进行交互的软件系统，每个用户在一个虚拟现实环境中，通过计算机与其他用户进行交互，并共享信息。

分布式虚拟现实系统的目标是在沉浸式虚拟现实系统的基础上，将地理上分布的多个用户或多个虚拟世界通过网络连接在一起，使每个用户同时参与到一个虚拟空间，通过联网的计算机与其他用户进行交互，共同体验虚拟经历，以达到协同工作的目的。它将虚拟现实的应用提升到了一个更高的境界。

8.1.4　虚拟现实技术的应用

根据有关资料统计，虚拟现实技术目前在军事与航空、娱乐、医学、机器人方面的应用占据主流，其次是在教育及艺术商业领域，另外在可视化计算、制造业等领域也占有相当的比例，并且现在的应用越来越广泛。

1. 军事模拟

虚拟现实的技术根源可以追溯到军事领域，军事应用是推动虚拟现实技术发展的原动力，直到现在依然是虚拟现实系统的最大应用领域，在军事和航天领域早已理解仿真和模拟训练的重要性。当前趋势是增加技术复杂性和缩短军用硬件的生命周期，这要求仿真器是灵活的、可升级的和可联网的，并允许远地仿真，不需要到仿真器现场。在队伍仿真中也需要网络，它比单用户更真实，要求虚拟现实是可联网的、灵活的和可升级的，满足军事和航天仿真的需要。此外，美国政府把发展虚拟现实看成保持美国技术优势的战略部署的一部分，并开始了"高性能计算和计算机通信"计划（HPCC）。在这个计划中，自主开发先进的计算机硬件、软件和应用，对虚拟现实的研究与开发产生了极大的推动。

采用 VR 技术构建武器装备模拟器和各种联网虚拟训练环境进行军事训练，其突出的特点是不仅能够大大减少实战和实装训练中的人员、物资损失，节约训练经费，提高训练质量，而且还不受地理自然环境等其他条件的约束和限制。

目前 VR 技术在军事训练领域主要集中在虚拟战场环境、单兵模拟训练、近战战术训练、诸军种联合虚拟演习、指挥员训练等方面，它可以缩短学习周期、提高指挥决策能力，大大增强军队的作战效率。

2. 工业仿真

随着虚拟现实技术的发展，其应用从军工大幅进入民用市场。如在工业设计中，虚拟样机就是利用虚拟现实技术和科学计算可视化技术对每个变化产品的计算机辅助设计(CAD)模型和数据以及计算机辅助工程(CAE)仿真和分析的结果,所生成的一种具有沉浸感和真实感,并可进行直观交互的产品样机。波音公司对 777 系列飞机的设计、沃尔沃公司对新型汽车内部的仪表和控制部件的布置、Caterpillar 公司对挖土机驾驶员铲斗动作的可见性的改进等,都是这种新技术成功应用的典范。

虚拟制造技术于 20 世纪 80 年代提出来,在 90 年代随着计算机技术的迅速发展,得到人们的极大重视而获得迅速发展。虚拟制造是采用计算机仿真和虚拟现实技术在分布技术环境中开展群组协同作业,支持企业实现产品的异地设计、制造和装配,是 CAD/CAM 等技术的高级阶段。利用虚拟现实技术、仿真技术等在计算机上建立起的虚拟制造环境是一种接近人们自然活动的"自然"环境,人们的视觉、触觉和听觉都与实际环境接近。在这样的环境中进行产品的开发,可以充分发挥技术人员的想象力和创造能力,相互协作发挥集体智慧,大大提高产品开发的质量和缩短开发周期。目前应用主要在产品造型设计、虚拟装配、产品加工过程仿真、虚拟样机等几个方面。

虚拟现实已经被世界上一些大型企业广泛地应用到工业的各个环节,对企业提高开发效率,加强数据采集、分析、处理能力,减少决策失误,降低风险等起到了重要的作用。虚拟现实技术的引入,使工业设计的手段和思想发生质的飞跃,更加符合社会发展的需要,可以说在工业设计中应用虚拟现实技术是可行且必要的。

3. 数字城市

在城市规划、工程建筑设计领域,虚拟现实技术被作为辅助开发工具。由于城市规划的关联性和前瞻性要求较高,在城市规划中,虚拟现实系统发挥着巨大的作用。例如,许多城市都有自己的近期、中期、远景规划,在规划中需要考虑各个建筑同周围环境是否和谐相容,新建筑是否同周围原有的建筑协调,以避免建成建筑物后,才发现它破坏了城市原来的风格和合理布局。另外随着近些年房地产业的快速发展,针对各种楼盘的规划展示、虚拟售房等建筑虚拟漫游系统迅速普及应用。因而数字城市领域是对全新的可视化技术需求最为迫切,也是目前国内应用最普遍的领域之一。

4. 数字娱乐

娱乐上的应用是虚拟现实技术应用最广阔的领域,从早期的立体电影到现代高级的沉浸式游戏,其丰富的感觉能力与 3D 显示世界使得虚拟现实成为理想的视频游戏工具。在娱乐方面对虚拟现实的真实感要求不是太高,所以近几年来虚拟现实在该方面发展较为迅猛。

作为传输显示信息的媒体,虚拟现实在未来艺术领域方面所具有的潜在应用能力也不可低估。虚拟现实所具有的临场参与及实时交互能力可以将静态的艺术(如油画、雕刻等)转化为动态的,可以使观赏者更具参与性地欣赏作品,理解作者所表达的艺术思想。如虚拟博物馆,利用网络、光盘等载体实现远程访问,虚拟把玩真实世界中难以实际触摸、观赏的文物。

5. 数字教学

虚拟现实技术在教学中的应用很多,尤其在建筑、机械、物理、生物、化学等相对抽象的学科教学中有着质的突破。它不仅适用于课堂教学,使之更形象生动,也适用于互动实验。

另外,将虚拟现实技术应用于技能培训领域,可以大大节约成本,并且针对一些高危工作环境的功能技能培训,保证了工作的安全性。比较典型的应用是训练飞行员的模拟器及汽车驾驶的培训系统。交互式飞机模拟驾驶器是一种小型的动感模拟设备,舱体内前面是显示屏幕,配备飞行手柄和战斗手柄。在虚拟的飞机驾驶训练系统中,学员可以反复操作控制设备,学习在各种天气情况下驾驶飞机起飞、降落,通过反复训练,达到熟练掌握驾驶技术的目的。

6. 电子商务

在商业方面,近年来,虚拟现实技术被广泛应用于产品展示及推销。利用虚拟现实技术能全方位地对商品进行展览,展示商品的多种功能;另外还能模拟工作时的情景,包括声音、图像等效果,比单纯使用文字或图片宣传更加具有吸引力。这种展示可用于Internet中,可实现网络上的三维互动,为电子商务服务;同时顾客在选购商品时可根据自己的意愿自由组合,并实时看到它的效果。

8.2 虚拟现实系统的组成

一个典型的虚拟现实系统主要由计算机、输入输出设备、虚拟现实设计/浏览软件(应用软件系统)等组成。用户以计算机为核心,通过输入输出设备与应用软件设计的虚拟世界进行交互。虚拟现实系统的构成如图 8-8 所示。

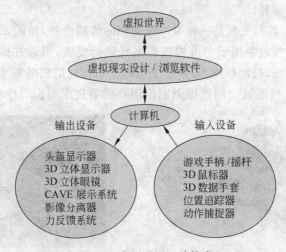

图 8-8 虚拟现实系统构成

1. 计算机

在虚拟现实系统中,计算机是系统的心脏,有人也称之为虚拟世界的发动机。它负责虚拟世界的生成、人与虚拟世界的自然交互等功能的实现。

2. 输入输出设备

在虚拟现实系统中,用户与虚拟世界之间要实现自然的交互,必须采用特殊的输入与输出设备,用以识别用户各种形式的信息输入,并实时生成逼真的反馈信息。

3. 虚拟现实系统应用软件

在虚拟现实系统中,应用软件完成的功能有虚拟世界中物体模型的建立,虚拟世界的实时渲染及显示,三维立体声音的生成等。

8.2.1　虚拟现实系统的硬件设备

虚拟现实系统的首要目标是建立一个虚拟的世界 ,处于虚拟世界中的人与系统之间是相互作用,相互影响的。特别要指出的是,在虚拟现实系统中要求人与虚拟世界之间必须是基于自然的人机全方位交互。当人完全沉浸于计算机生成的虚拟世界之中时,常用的计算机键盘、鼠标等交互设备就变得无法适应要求了,而必须采用其他手段及设备来与虚拟世界进行交互,即人对虚拟世界采用自然的输入方式,虚拟世界要根据其输入进行实时场景自然地输出。

1. 输入设备

(1) 3D 鼠标器。普通鼠标只能感受在平面运动,而 3D 鼠标,如图 8-9 所示,则可让用户感受到在三维空间中的运动。推、拉、倾斜或转动操控器,就能对三维物体和环境进行同步平移、缩放和旋转。

(2) 数据手套。数据手套是一种被广泛使用的传感设备,如图 8-10 所示。它戴在用户手上,作为一只虚拟的手用于与虚拟现实系统进行交互,可以在虚拟世界中进行物体抓取、移动、装配、操纵、控制等操作,并把手指和手掌伸屈时的各种姿态转换成数字信号传送给计算机,计算机通过应用程序识别出用户的手在虚拟世界中操作时的姿势,执行

图 8-9　3D 鼠标

图 8-10　数据手套

相应的操作。在实际应用中,数据手套还必须配有空间位置跟踪器,检测手在空间中的实际方位及其运动方向。

(3) 位置追踪器。三维定位跟踪设备是虚拟现实系统中的关键传感设备之一,如图 8-11 所示。它的任务是检测位置与方位,并将其数据报告给虚拟现实系统。在虚拟现实系统中用来跟踪用户的头部或者身体某个部位的空间位置和角度,一般与其他虚拟设备结合使用。

(4) 3D 扫描仪。三维扫描仪是一种三维模型输入设备,如图 8-12 所示。它是当前使用的对实际物体三维建模的重要工具,能快速方便地将真实世界的立体彩色物体转换为计算机能直接处理的数字信号,为实物数字化提供有效的手段。

图 8-11 位置跟踪器   图 8-12 3D 扫描仪

(5) 动作采集器。运动采集系统利用网络连接的运动捕捉摄像机和其他相应设备来进行实时运动捕捉和分析,如图 8-13 所示。捕捉的数据既可简单到记录躯体部件的空间位置,也可复杂到记录脸部和肌肉群的细致运动。

图 8-13 运动捕捉系统

Vicon 系统是一套专业化的运动采集系统,工作过程中有 4 个最主要的环节:校准、捕捉、后台处理、数据处理。

校准:校准过程实际上就是定位各个摄像机位置的过程。

捕捉:将光学跟踪器粘贴在身体的相应部位,在不方便粘贴的部位,将提供相应的部件,便于跟踪器的固定。之后只需要在计算机软件操纵界面中单击"开始"按钮,就可以进行捕捉工作。

后台处理:包括全自动三维数据重建、跟踪器自动识别等功能。这些功能的实现需要计算机系统完成大量的计算工作。

数据处理：处理运动采集系统产生的数据，由 Vicon 产生的数据可以被 Maya、Softimage、3D Studio MAX 等软件支持。

2. 输出设备

（1）头盔显示器。头盔显示器又称数据头盔或数字头盔，如图 8-14 所示。用于沉浸式虚拟现实的体验，可单独与主机相连以接受来自主机的立体或非立体图形信号，通常的头盔显示器的视野范围为 70"，角度 30°左右，一般和头部位置跟踪器配合使用。使用者可以不受外界环境的干扰，在视觉上可以达到沉浸式效果，较立体眼镜好很多。

图 8-14　头盔显示器

（2）3D 立体眼镜。液晶立体眼镜（主动立体眼镜）如图 8-15 所示。3D 立体眼镜搭配 CRT 显示器，是虚拟现实用户最便捷、最经济的立体体验方式。

图 8-15　主动立体眼镜

（3）3D 立体显示器。普通的计算机屏幕只能显示三维物体的透视图，而裸眼立体显示器是不需要配戴助视眼镜的立体显示设备，如图 8-16 所示。它使用特殊的光学元件改变显示器和人眼的成像系统。利用通用的 TFT LCD 液晶显示器作为图像显示部件，通过科学设计符合立体显示照明原理的照明板部件，与液晶盒精密装配在一起组成裸眼立体显示屏，配合电路系统和显示软件完成裸眼立体显示器的系统结构设计。

（4）CAVE 展示系统。CAVE（洞穴式）系统如图 8-17 所示，是一种基于多通道视景同步技术和立体显示技术的房间式投影可视协同环境，该系统可提供一个房间大小的最小三面或最大七十六面（2004年）立方体投影显示空间，供多人参与，所有参与者均完全

图 8-16　裸眼立体显示器

图 8-17　CAVE 展示系统

沉浸在一个被立体投影画面包围的高级虚拟仿真环境中,借助相应虚拟现实交互设备(如数据手套、力反馈装置、位置跟踪器等),获得一种身临其境的高分辨率三维立体视听影像和 6 自由度交互感受。

8.2.2　虚拟现实系统的开发软件

虚拟现实系统的开发软件主要分为建模与交互设计两大类。

1. 建模工具软件

关于建模的工具软件有很多种,目前在建筑设计、游戏场景及角色设计、动画设计等数字娱乐领域比较通用的有 Autodesk 公司的 3ds max 和 Maya,Avid 公司的 Softimage XSI 及 NewTek 公司的 Lightwave 等;在飞机设计、船舶设计、汽车设计等工业机械设计领域主要由法国达索公司(Dassault Systemes)的 Catia,美国 PTC(Parametric Technology Corporation)公司的 Pro/E(Pro/Engineer)和美国 UGS 公司的 UG(Unigraphics)三大厂商的产品占据主流市场。

2. 虚拟现实交互设计工具软件

近年来,随着虚拟现实技术的迅猛发展,虚拟现实系统的开发不再只是会使用 C/C++ 或 OpenGL 底层编程的高级程序员的专利,现在涌现出来许多种虚拟现实软件为广大用户提供了便捷、高效的开发工具,从美国 Sende8 公司开发的 WTK(WorldToolKit),到在军事仿真领域占据统治地位的美国 MultiGen-Paradigm 公司的 Vega 及发展到后来的 Vega Prime,另外还包括 Virtools、Cult 3D、EON Studio、Quest3D、Anark 等 Web 3D 技术。

其中法国达索公司的 Virtools 因其强大的交互功能、高质量的画面效果、便捷而高效的开发模式被广大用户所认可,在当今虚拟现实软件中占居主流地位,应用在包括工业仿真、军事模拟、三维游戏设计、数字城市、数字教学、电子商务等诸多领域。其用户包括波音公司、标致汽车、欧洲航空防务中心、法国核电力公司等工业巨头,美商艺电(EA)、育碧、世嘉等游戏大厂,以及全球数百所综合性大学的虚拟现实相关专业的科研、教学单位。

8.3　虚拟现实系统的开发

虚拟现实系统的开发简单来讲主要分为以下三个步骤。

第一步:虚拟现实作品三维模型建立,包括设计 3D 模型、3D 场景、贴图、骨骼系统、角色动作等。

第二步:虚拟现实作品交互设计,对第一步建立的三维模型进行整合,加入互动、物体行为、镜头特效、光影效果、粒子效果等。

第三步:系统集成,即将输入输出设备与虚拟现实作品内容整合起来,完成读取虚拟世界资料、接收输入设备信号、送交计算机运算、将结果传到输出设备等功能，形成一套完整的系统，以供用户使用。

虚拟现实系统开发过程如图 8-18 所示。

图 8-18   虚拟现实系统开发流程

下面以 Virtools 虚拟现实作品开发为例，介绍虚拟现实作品的开发过程。

8.3.1 Virtools 软件特点及工作流程

Virtools 是一套整合软件，可以将现有常用的文件格式整合在一起，如 3D 的模型、2D 图形或者音效等。Virtools 不是 3D Engine，Virtools 是一套具备丰富的互动行为模块的实时 3D 环境虚拟实景编辑软件，可以制作出许多不同用途的 3D 产品，如因特网、计算机游戏、多媒体、建筑设计、交互式电视、教育训练、仿真与产品展示等。

Virtools 除了有编辑制作的界面外，也包含了 SDK，可供程序设计人员开发新的功能、新的硬件驱动程序或是将内容编译成执行文件等。

Virtools 的"互动行为模块"就像在堆积木一样，可以利用 Drag&Drop 拖放方式将互动行为模块赋予在适当的对象或角色上，以流程图的方式决定行为模块的处理先后顺序，逐渐编辑组合成一个完整的交互式虚拟世界。这种面向对象的图形化编程方式在 VR 领域取得了革命性的进步。Virtools 软件的特点如图 8-19 所示。

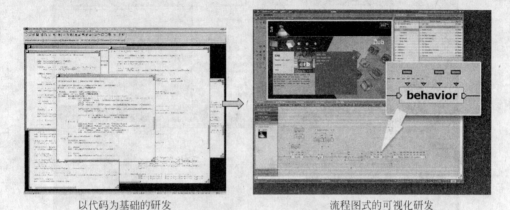

以代码为基础的研发　　　　　　　　　　　流程图式的可视化研发

图 8-19　Virtools 软件的特点

　　Virtools 4 基本平台部分就拥有 500 个以上的互动模块可供应用，经由编辑后的互动模块群可以组合成一个新的单一互动模块以方便重复使用、编辑，甚至可以交换或卖给需要的使用者。Virtools 软件开发流程如图 8-20 所示。

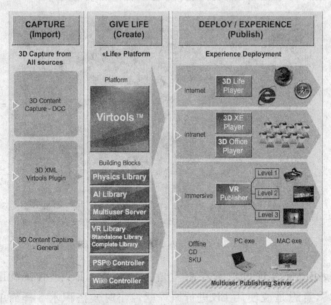

图 8-20　Virtools 软件开发流程

8.3.2　Virtools 软件的界面与工具简介

　　Virtools 软件的界面显示如图 8-21 所示。

　　Virtools 的编辑界面由许多的 Tab 组成，每一个编辑器、设定界面等都放在 Tab 中。

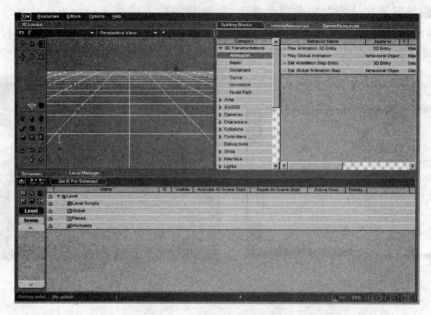

图 8-21　Virtools 软件界面

(1) 3D Layout：3D 场景的实时编辑区域，如图 8-22 所示。预设位置在左上角，所有的对象都在这个编辑器中整合、修改，执行时也是在这部分显示。

图 8-22　Virtools 3D 场景编辑区域

(2) Building Blocks：预设位置在右上角，简称 BB。BB 是 Virtools 最具特点的部分，直译叫"积木"，意思是说使用 BB 进行编程就像小时候搭积木一样简单、直接。在这里称为"行为模块"，如图 8-23 所示。Virtools 将所有的行为互动模块对象化，方便使用。

(3) VirtoolsResources：预设位置在右上角，Building Block 旁，可称为资源文件，是创作 Virtools 作品时候的外部资源管理器，如图 8-24 所示。这部分为 Virtools 可使用的资源文件，预设的分类有 2dsprite、character、entities、sounds、sprite3d、textures 等，每一分类的内容可以使用拖曳(Drag & Drop)的方式，将选定的对象，按住鼠标左键不放，拖曳至 3D Layout 中整合编辑。资源文件也可以由使用者自行建立，以管理众多的对象。

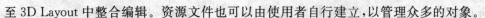

图 8-23　行为模块组库　　　　　　　图 8-24　Virtools 外部资源管理器

（4）Level Manager：预设位置在屏幕画面下方，是 Virtools 内部资源管理器，如图 8-25 所示。在其中显示的资料为在 3D Layout 里编辑整合的资源，如 3D 模型、贴图、声音、角色、材质、摄影机、灯光等。

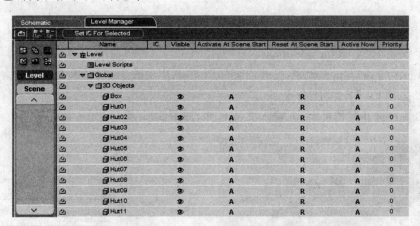

图 8-25　Virtools 内部资源管理器

（5）Schematic：预设位置在屏幕画面下方，在 Level Manager 旁，是行为模块的编辑界面，如图 8-26 所示。

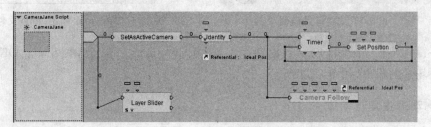

图 8-26　Virtools 脚本编辑区域

界面中的每一个 Tab 皆可以依照使用者的喜好,拖曳至其他位置。在每一个 Tab 上快速单击两次,可以将此 Tab 的内容画面放大;再做一次相同的动作,则会恢复原来的大小。

(6) 3D Layout 工具:包括形变工具组、对象建立工具组、场景浏览工具组,分别如图 8-27、图 8-28、图 8-29 所示。

图 8-27   形变工具组

图 8-28   对象建立工具组

图 8-29   场景浏览工具组

8.3.3   建模与模型导入

1. 静态场景输出

(1) 安装 Plug-in for 3ds max。

(2) 执行 File|Open 命令,打开内容如图 8-30 所示的 3D 场景模型文件。

(3) 执行 File|Export 命令。

(Step 1)选择存档类型,并输入文件名称,如图 8-31 所示。

图 8-30   3D 场景模型

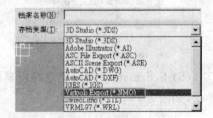

图 8-31   3ds . max 输出.nmo 文件格式

(Step 2)在 Virtools Export 对话框中,选择 Export as Objects,然后单击 OK 按钮即可完成场景的输出,如图 8-32 所示。

2. 动态主角与动作

(1) 执行 File|Open 命令,打开内容如图 8-33 所示的 3D 角色文件。

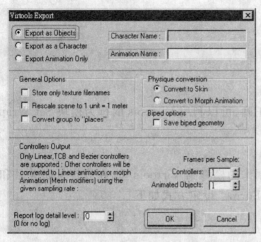

图 8-32　场景文件输出设置

图 8-33　3D 角色

（2）执行 File|Export 命令。

（Step 1）在图 8-34 中选择存档类型，并输入文件名称。

（Step 2）选择 Export as a Character，并输入 Character Name 的名称，单击 OK 按钮确定。设置如图 8-35 所示。

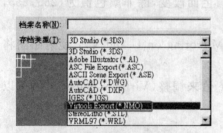

图 8-34　3ds max 输出 .nmo 文件格式

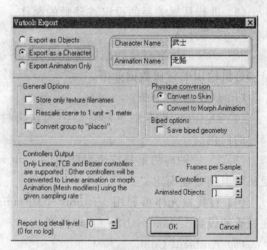

图 8-35　角色输出设置

3. 输入场景与人物至 Virtools 中测试

4. 3ds max 转文件注意事项

可从 3ds max 输出转入 Virtools 的文件数据如下。

1）模型数据

已经转为 editable mesh 的 3D 模型，可供输出的 3D 模型数据如下。

（1）基本模型数据。

（2）贴图轴的设定。

（3）Smoothing Groups 的设定。

（4）Hierarchy 从属关系设定。

（5）Show/Hide Flag 显示隐藏的设定。

（6）如果 Wrapping Settings 的输出不正确，可以利用 Virtools 的行为模块 Set Wrap Mode 改善此问题。

（7）Vertex Color。

为了正确而完整地输出所有 3ds max 制作的模型到 Virtools 里，在设定从属关系和制作动画之前必须将所有的模型作 Reset XForm。设定方式如下。

（1）制作所需的 3D 对象。

（2）将物件 Reset XForm。

① 选择所有对象（Select all objects）。

② 选择 3ds max 里最右边 Utility 菜单中的 ResetXForm 功能。

③ 执行 Reset Selected 命令。

④ 确认 3D 对象里面的方向（normal）是正确的。

⑤ 先将 3ds max 的档案储存起来，以供之后使用。

（3）进行从属关系的设定或动画的制作。

2）材质资料

3ds max 的标准材质数据以及 multi/sub-object（同一对象、复合材质数据）。

可供输出的材质数据如下。

（1）Diffuse 的贴图。

（2）Diffuse：贴图的色彩将会因为这个材质颜色而改变，除非颜色值为（255，255，255）的白色。

（3）U、V 轴向的重复或镜射贴图（Tiling and Mirroring on U and V）：镜射贴图将视显示卡的效能而定。

（4）自我发光体可利用 Virtools 里的 emissive 值来调整（Virtools emissive 值可以在材质的设定页 Material Setup 中找到）。

（5）Ambient Color。

（6）Specular Color。

（7）双面材质设定（2-Sided Flag）。

（8）透明色设定（Transparency）。

Virtools 可接受的贴图尺寸之长与宽最好使用 2 的次方像素（如 2，4，8，16，32，64，128，256…pixels，也就是 16 * 16，16 * 32，32 * 64，64 * 128…），建议使用者尽量降低贴图大小，并且使用 16/24 bit 的图形格式（不可以使用 8/32 bit 的图形格式）。

3）灯光

所有 3ds max 的标准灯光，如 FreeSpot、Target Spot、Omni、Target Direct、Free Direct 等。

可供输出的灯光数据如下。

（1）开/关设定。

（2）灯光颜色。

（3）照射范围（设定灯光范围的 Attenuation/Far/End 等数据）。

（4）Affect specular 的设定。

（5）特殊灯光参数设定。

（6）聚光灯：聚光灯的 FallOff 值的设定。

（7）平行光：3ds max 可以使用圆柱线条来设定平行光的范围，但在 Virtools 里无法设定平行光的范围，一旦有平行光将会完全照射整个场景。

4）摄影机

所有 3ds max 设定好的摄影机，如 Target 或 Free 的摄影机。

可供输出的摄影机数据：3ds max 摄影机的参数只有 FOV 可供输出。

5）Dummy

接受 3ds max 的 Dummy 虚拟对象。

6）动态数据

TCB 格式、LINEAR 或 Bezier 的动态数据。

可供输出的动画参数数据如下。

（1）只有在 3ds max 里的 TCB、LINEAR 或 Bezier 的位移、旋转、大小等动态数据可以输出至 Virtools。

（2）为了正确地输出动态数据，母对象（群组最高层级的对象）的位移、旋转、大小三种动态数据的起始点与终点一定要设定在时间轴的范围里。

（3）Virtools 的每一段动画的旋转范围不允许有超过 360°的数据，因此，在 3ds max 里若有超过这个范围的旋转动画请予以切割成可允许的旋转范围里。

7）曲线数据

在 3ds max 里制作的 Shape 将会转成 Virtools 的 Curve（Virtools 的专属名称）。

可供输出的曲线数据：在 3ds max 所制作的曲线（Spline）在输出成 Virtools 档案时，只有点的数据会被保留，并且转为 Virtools 的 Curve（Virtools 的专有名词）。

8）群组资料

在 3ds max 所定义的群组数据（Groups）。

可供输出的群组数据如下。

在场景输出（Scene Export）模式下，使用 Dummy 来当整个对象群组的母对象（Parent Object）时，这个 Dummy 会依照群组的从属关系转成 Virtools 里的 Frame（Virtools 的专有名词）。

为了能够正确地输出群组数据，必须在 3ds max 里将群组（Group）打开，成为开放式群组（Open Group）。不过在动画输出（Animation Export）模式中，将不支持 Dummy 的输出，所以请避免使用群组。

8.3.4 角色动作与移动控制

1. 如图 8-36 所示开启资源文件(Resources)。
2. 加入场景、人物,如图 8-37 所示。

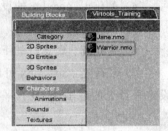

图 8-36 开启资源文件　　　　　　　**图 8-37 加入场景、人物模型**

3. 加入人物动作,将所有的动作全选后,拖曳至角色 Warrior 上,如图 8-38 所示。
4. 加入移动控制。

使用的行为模块如下。

(1) Character Controller(Characters/Movement),如图 8-39 所示。

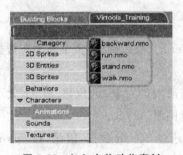

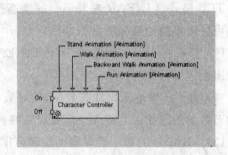

图 8-38 加入人物动作素材　　　　**图 8-39 Character Controller 行为模组**

(2) Keyboard Controller(Controller/Keyboard),如图 8-40 所示。

(Step 1)分别将 Character Controller、Keyboard Controller 行为模块加至角色"武士"上。

① Character Controller 设定如图 8-41 所示。

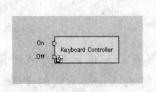

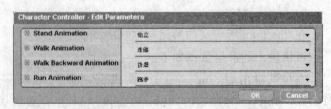

图 8-40 Keyboard Controller　　　　**图 8-41 "角色控制行为模组"设置**
行为模组

② 直接将 Keyboard Controller 拖至人物主角即可。

③ 完成后如图 8-42 所示。

(Step 2)单击 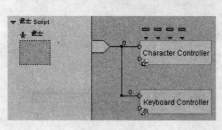 Play 按钮执行测试,结果如图 8-43 所示。

图 8-42　脚本

图 8-43　作品预览

"BB:Character Controller"功能属于比较基本的,因为只包含 Stand、Walk、Walk Backward、Run 这 4 种常用的动作,如果角色需要更多的动作,可以使用"BB:Unlimited Controller"。

在 Virtools Dev 中,角色的动作都是通过信息(Message)的传递,才开始执行动作。当按键盘右方数字键盘的 8 键,"BB:Keyboard Controller"会送出一个信息,信息名称为:Joy_Up,当"BB:Character Controller"收到此信息时,Character 就会开始执行走路的动作。

8.3.5　场景属性设定

1. 重力属性设定

1) 场景部分的设定

场景中属于地板的部分,必须设定地板的属性,角色才知道该站在哪一个物体上,而不会有飘浮在空中的感觉。

(Step 1)在欲设定为地板的物体上右击,出现如图 8-44 所示的下拉菜单,选择第一项 3D Object Setup。

(Step 2)画面下方会出现 3D Object Setup 的 Tab,如图 8-45 所示。选择 Attribute,将会显示此物体的属性。

(Step 3)选择 Create Attribute,出现如图 8-46 所示的对话框。

(Step 4)展开 Floor Manager,选择 Floor,再单击 Add Selected 按钮。完成后单击 Close 按钮。

(Step 5)设置结果如图 8-47 所示。

2) 人物主角部分的设定

设定完成地板的属性后,还要新增一个行为模块作用于角色上,告诉 Character 必须站在所设定的地板上,使用 Building Blocks。

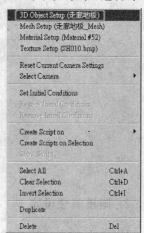

图 8-44　重力属性设置

图 8-45　物体属性设置

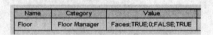

图 8-47　地板属性

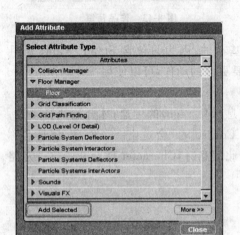

图 8-46　设置地板属性

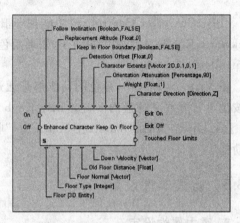

图 8-48　**Enhanced Character Keep On Floor** 行为模组

Enhanced Character Keep On Floor（Character/Constraint）设置如图 8-48 所示。
完成后的 Script 如图 8-49 所示。

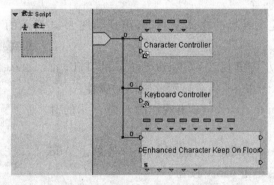

图 8-49　"武士"角色的脚本

2. 碰撞属性设定

Virtools 中可设定的碰撞方法叙述如下。

1）设定碰撞属性

若场景中欲设定为碰撞的物体不多时，可用此方法，设定的方法与增加地板属性类似。

（Step 1）在欲设定为碰撞的物体上右击，出现如图 8-50 所示的下拉菜单，选择第一项 3D Object Setup。

（Step 2）画面下方会出现 3D Object Setup 的 Tab，选择 Attribute，将会显示此物体的属性。

（Step 3）选择 Create Attribute，出现如图 8-51 所示的对话框。

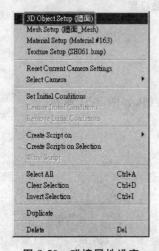

图 8-50　碰撞属性设定

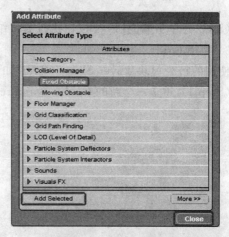

图 8-51　添加碰撞属性

（Step 4）展开 Collision Manager，选择 Fixed Obstacle，再单击 Add Selected 按钮。完成后单击 Close 按钮。

（Step 5）在人物主角部分，加入 BB：Prevent from Collision(Collision/3D Entity)。

（Step 6）单击 ▷ Play 按钮执行测试结果。

2）使用 Group

此为较方便的方法，可以不用为每一个障碍物设定碰撞属性，只要将物体加入指定的 Group 中，再由行为模块 Object Slider 控制即可。

使用的行为模块 Object Slider(Collisions/3D Entity)如图 8-52 所示。

（Step 1）单击 Create Group 按钮，如图 8-53 所示。

（Step 2）重新命名此 Group 的名称，以方便辨识，如图 8-54 所示。这里命名为 Collision Group。

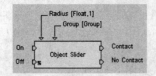
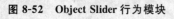

图 8-52　Object Slider 行为模块

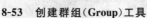

8-53　创建群组（Group）工具

图 8-54　为新创建的组重命名

（Step 3）在 Level View 的 3D Object 中，将欲设定为障碍物的物体，拖曳至新增的 Group 中。

（Step 4）将 Object Slider(Collisions/3D Entity)行为模块加在角色上，出现一个对话框，其中的参数设定如图 8-55 所示。Group 设定为刚刚新增的 Collision Group。

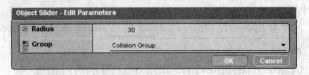

图 8-55　Object Slider 行为模块参数设置

（Step 5）单击 ▶ Play 按钮执行测试结果。

3）使用 Grid

使用的行为模块 Layer Slider (Grid)如图 8-56 所示。

（Step 1）建立一个新的 Grid。单击 Create Group 按钮，如图 8-57 所示。

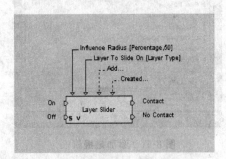

图 8-56　Layer Slider 行为模块

图 8-57　创建网格（Grid）工具

（Step 2）将 Grid 缩放至适当的位置。

（Step 3）在 Grid Setup 中，图 8-58 所示的红色圈选的区域内右击，会出现 New Layer Type 选项，单击此项，就可以新增一个 Layer Type。

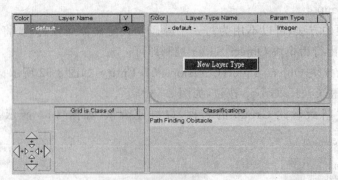

图 8-58　新增 Layer Type

（Step 4）将新增的 Layer 名称定为 Collision，以方便辨识，如图 8-59 所示。

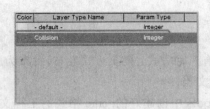

图 8-59　将新增 Layer 命名为 Collision

(Step 5)将此新增的 Layer 拖曳至左方的区域中，如图 8-60 所示。

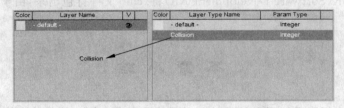

图 8-60　将新增的 Collision Layer 拖曳至左方的区域中

(Step 6)确定 Collision 是在被选择的状态，如图 8-61 所示。

(Step 7)在图 8-62 所示 3D Layout 中，将视角切换为 Top View，以方便编辑。

(Step 8)在图 8-63 中选择发生碰撞的位置。

图 8-61　选中 Collision Layer

图 8-62　选择顶视图(Top View)

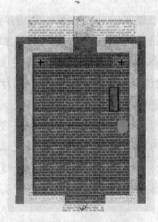

图 8-63　选择碰撞区域

(Step 9)将 Layer Slider(Grid)行为模块加在角色上，参数设定如图 8-64 所示。

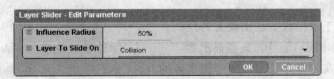

图 8-64　Layer Slider 行为模块参数设定

(Step 10)单击 ▷ Play 按钮执行测试结果。

8.3.6 系统的输出

Virtools 作品的发布有三种方式：网页方式发布、发布为.vmo 格式通过自身的播放器播放和打包成.exe 执行文档。

网页发布是将在 Virtools 中创建好的.cmo 格式的工程文件通过选择 File 菜单里的 Creat WebPage 命令输出、保存；发布为.vmo 格式是通过选择 File 菜单里的 Export to Virtools player 命令将.cmo 文件输出成.vmo 文件保存；打包成.exe 文件是通过 Virtools 的 SDK(Software Development Kit)将.cmo 文件打包出来，由于篇幅有限，这里不做具体说明。

本 章 小 结

本章主要介绍了虚拟现实技术的相关概念和特性、虚拟现实系统的组成、虚拟现实系统的开发流程以及 Virtools 虚拟现实软件的基本操作。

虚拟现实技术就是采用以计算机技术为核心的现代高科技生成逼真的视、听、触觉一体化的特定范围内虚拟的环境。虚拟现实技术具有沉浸性、交互性和想象性三个突出特性。

虚拟现实的分类主要可以从两种角度来划分，一方面是虚拟世界模型的建立方式；另一方面是虚拟现实系统的功能和实现方式。

一个典型的虚拟现实系统主要由计算机、输入输出设备、虚拟现实设计/浏览软件(应用软件系统)等组成。用户以计算机为核心，通过输入输出设备与应用软件设计的虚拟世界进行交互。

虚拟现实系统的开发软件主要分为建模与交互设计两大类。虚拟现实系统的开发主要分为以下三个步骤：虚拟现实作品三维模型建立、虚拟现实作品交互设计和系统集成。

本章最后以 Virtools 虚拟现实作品开发为例，介绍了虚拟现实作品开发的过程。

思 考 与 练 习

一、选择题

1. 以下属于虚拟现实输出设备的是(　　)。
   　A. 打印机　　　　B. 头盔显示器　　　C. 位置跟踪器　　　D. 3D 立体眼镜
2. 虚拟现实的概念是由(　　)提出来的。
   　A. 图灵　　　　　B. 艾凡·萨瑟兰　　　C. 加隆·兰里尔　　D. Morton Heilig
3. (　　)是一种三维模型的输入设备。
   　A. 动作采集器　　B. 3D 扫描仪　　　　C. 数据手套　　　　D. 3D 鼠标器

4. 以下属于虚拟现实交互设计工具软件的是(　　　)。
　　A. Virtools　　　　B. UG　　　　　C. WorldToolKit　　D. 3ds max

5. (　　　)软件是用来进行全景图制作的。
　　A. Photoshop 6.0　　　　　　　　B. Photo Vista 2.0
　　C. 画图软件　　　　　　　　　　　D. Cult 3D

6. 虚拟现实建模语言是(　　　)。
　　A. XML　　　　　B. HTML　　　　C. ECML　　　　　D. VRML

7. 下列选项中能用到虚拟现实的是(　　　)。
　　A. 数字城市　　B. 数字娱乐　　　C. 工业仿真　　　D. 军事模拟

8. (　　　)是虚拟现实系统的主要组成部分。
　　A. 计算机　　　　　　　　　　　B. 输入输出设备
　　C. 虚拟现实系统应用软件　　　　D. 创作工具

9. 下面不属于虚拟现实制作软件的是(　　　)。
　　A. Virtools　　　B. Cult 3D　　　C. Flash　　　　　D. Anark

二、填空题

1. 虚拟现实技术的 3 个特征是_____、_____、_____。

2. _____是一种利用计算机对使用者所看到的真实世界产生的附加信息进行景象增强或扩张的技术。

3. 按虚拟现实系统的功能和实现方式分类,可将虚拟现实系统分为_____、_____、_____、_____。

4. 虚拟现实系统的开发软件主要分为_____与_____两大类。

三、思考题

1. 什么是虚拟现实?

2. 虚拟现实系统由哪些部分组成? 各有何作用?

3. 什么是 CAVE 展示系统?

四、操作题

使用 Virtools 素材库的素材制作一个在虚拟场景内通过键盘控制虚拟角色运动的作品,具体功能要求如下。

(1) 通过键盘控制角色完成走、跑、后退、左转和右转的动作;

(2) 给角色设置地板属性;

(3) 给虚拟场景内障碍物设置碰撞属性,使角色不能穿过障碍物。

实验 1

声音的处理与制作

【实验目的】

1. 通过实验理解声音的数字化过程，了解计算机如何处理和存储声音；

2. 掌握声音处理工具软件 Adobe Audition 2 的基本用法，并能够根据需要编辑声音。

【实验内容】

1. 使用 Adobe Audition 实现声音文件的格式转换；

2. 使用 Adobe Audition 录制声音，并提交源文件；

3. 去除声音文件中的噪音、添加混响效果、制作渐弱效果，提交最终作品；

4. 根据伴奏带制作带有开场白、结束掌声和结束喝彩声的 MP3 歌曲。

【实验预备】

1. 硬件设备

要搭建一个音频工作室，需要上万元的投入。对音乐爱好者或者普通用户而言，配一台符合 Audition 最低配置要求的计算机，加一个耳机和麦克风就可以了，如果为了方便乐曲创作，再加上一个 MIDI 设备即可，如图 E1-1 所示。

2. Adobe Audition 界面介绍

Audition 提供了 3 种专业的工作视图界面：编辑视图（Edit View）、多轨视图（Multitrack View）和 CD 视图（CD View）。这 3 种视图分别针对单轨编辑、多轨合成与刻录音乐 CD，如图 E1-2 所示。

编辑视图：采用破坏性编辑法编辑独立的音频文件，并将更改后的数据保存到源文件中。在编辑视图下，可以处理单个的音频文件，并将其应用于音频广播、网络或音频 CD。

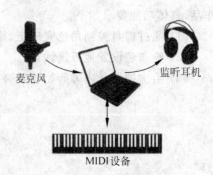

图 E1-1　音频输入、输出硬件设备

多轨视图：采用非破坏性编辑法对多轨道音频进行混合，编辑与施加的效果是暂时的，可以撤销，不影响源文件，但是需要更多的处理能力。在多轨视图下，可以对多个音频文件进行混音，以创作复杂的音乐作品或制作视频音轨。

CD 视图：可以集合音频文件，并将其转化为 CD 音轨。

图 E1-2　Adobe Audition 操作界面

3．Audition 的基本操作

A．显示工具栏

显示工具栏各图标名称如图 E1-3 所示。

图 E1-3　Adobe Audition 显示工具栏

B．显示快捷方式栏

Audition 的快捷方式栏提供了常用功能的快捷方式。选择"视图"→"快捷栏"→"显示"菜单命令，可以显示或隐藏快捷方式栏。在不同的视图模式下，可以显示不同的快捷方式栏。

C．显示状态栏

选择"视图"→"状态栏"→"显示"菜单命令，可以显示或隐藏状态栏，如图 E1-4 所示。在状态栏上右击，在子菜单中可以选择显示信息的类型。

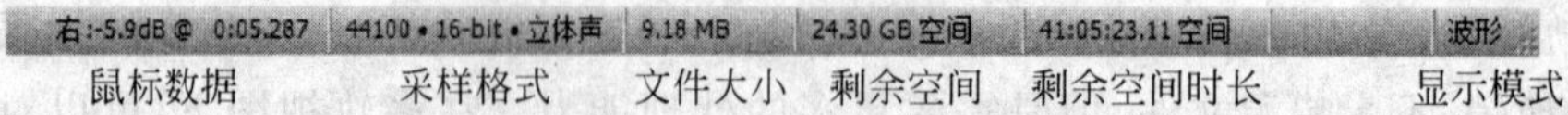

右:-5.9dB @ 0:05.287	44100 • 16-bit • 立体声	9.18 MB	24.30 GB空间	41:05:23.11空间		波形
鼠标数据	采样格式	文件大小	剩余空间	剩余空间时长		显示模式

图 E1-4　Adobe Audition 状态栏

D. 视图缩放

视图缩放面板如图 E1-5 所示。

垂直缩放可以增加视图中音频波形的纵向显示精度,或减少多轨视图中显示的音轨数量。

水平缩放可以水平放大可视区域的波形或项目。

在工作区中,将鼠标指针放置到水平滚动条或者垂直滚动条的两端,当光标变成放大镜标记 ⊕ 时进行拖曳,也可以进行相应的缩放。

4. 声音的编辑

在编辑视图下,可以对单个的音频文件进行编辑与存储,打开或创建一个音频文件,再进行编辑,并施加音效,最后保存。

在多轨视图下,将多个音频文件分层叠加,以创建立体声或环绕声。编辑和施加的效果是暂时的,还可以通过修改设置,对效果进行调节。其基本工作流程如下。

(1) 打开或创建一个项目。

(2) 插入或录制音频文件。可以向轨道中插入音频、视频或 MIDI 文件。

(3) 在时间线上编排素材。

(4) 施加音效。

(5) 混合轨道。

(6) 输出文件。

5. 声音的录制

(1) 在编辑视图模式下,选择"文件"→"新建"命令,新建一音频文件,如图 E1-6所示。

图 E1-5　Adobe Audition 缩放面板

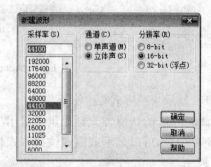

图 E1-6　新建音频文件

(2) 在录音之前,确保录入设备已经正确地和计算机相连。如果要从磁带等设备中录音,将录音设备的 Line Out 插孔通过音频线与声卡的 Line In 插孔连接;如果从话筒录音,则将话筒与声卡的 Microphone 插孔连接。

(3)双击 Windows 任务栏的"声音控制"图标 **◀))**,打开"音量控制"窗口。如图 E1-7 所示,在该窗口中设置音量输出大小。

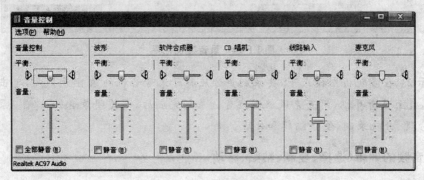

图 E1-7 "音量控制"窗口

(4)在"音量控制"窗口中,打开"选项"菜单,进入"录音控制"窗口,如图 E1-8 所示。在该窗口中设置录音的源设备,即从麦克风录音还是通过 Line In 设备录音。同时在栏中将音量和声道比例调节到合适的位置。

(5)单击 Audition"播放按钮"控制面板中的"录音"按钮 **●**,开始录音。

(6)按磁带播放机的"播放"键,开始播放音乐,或者开始唱歌。

(7)录制完毕后,再次单击 Audition 中的"录音"按钮。

(8)单击"播放"按钮 **▶** 或者"循环播放"按钮 **◔**,对录制好的音乐进行整体预览,听噪声,听细节,听音色。

(9)将录制的音频文件保存。

提示 1:调节录音设备声音大小有如下方法。

(1)在 Audition 的电平面板中右击,在弹出的快捷菜单中勾选"监视录音电平",如图 E1-9 所示。

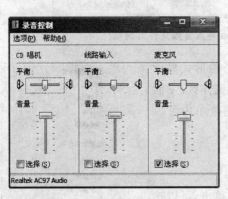

图 E1-8 "录音控制"窗口

图 E1-9 电平面板的快捷菜单

(2)打开监视录音电平后,电平面板如图 E1-10 所示。对着话筒说话或者播放 Line In 设备,如果电平出现过载,则应在图 E1-8 所示的录音控制面板中调低 Line In 或

Microphone 的音量；相反，如果录音监视电平总是在－20dB 上下或者更低，则应提高 Line In 或 Microphone 的音量。

图 E1-10　录音监视电平

提示 2：在多轨视图模式下，要录制声音应打开录音音轨的录音开关 R，单击"录音"按钮 ●，戴上监听耳机，用麦克风录制声音。录制完成后，要关闭录音开关 R。录制声音时可以分段、分轨录制，便于编辑和处理。

6. 音频的编辑（选择、复制、粘贴、移动）

在进行编辑之前，需要导入声音素材。刚才录制的声音会自动进入编辑区等待编辑。如果需要导入已存在的音频文件，可以选择"文件"→"导入"命令或双击文件面板的空白位置，在"打开"或者"导入"对话框中选择需要编辑的文件即可，如图 E1-11 所示。

图 E1-11　Adobe Audition 导入音频文件对话框

导入音频信息后，在工作区中默认以波形的形式显示音频信息，在 Audition 中有 4 种显示模式，在工作区（主面板）中的右上角单击 ▶ 按钮，在弹出的快捷菜单中可以切换显示模式，如图 E1-12 所示。

A. 音频信息的选择

① 拖曳鼠标，可以选择一个区域。

② 按 Ctrl＋A 组合键或者在音频信息上单击，可以选择整个音频文件。

③ 当鼠标移到左声道的上部或右声道的下部时，会在鼠标的右侧显示 L 或 R 标志，此时可以选择左声道或右

图 E1-12　设置工作区显示模式

声道的部分或全部音频信息。也可以在快捷工具栏中单击 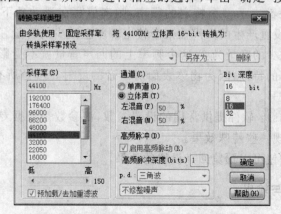按钮分别选中左、右和双声道。

B. 音频的复制、粘贴

① 按 Ctrl＋C 组合键或 Ctrl＋X 组合键可以复制或剪切选中的音频信息,选择"编辑"→"复制到新建"命令可以复制并粘贴到新的文件中。

② 按 Ctrl＋V 组合键可以粘贴刚才复制的音频信息。选择"编辑"→"粘贴到新建"命令可以将刚才复制的音频信息粘贴到新的文件中。

③ 粘贴时混合音频。选择需要粘贴复制的音频信息的位置,选择"编辑"→"粘贴时混合"命令,选择混合的方式,可以把复制的音频信息与放置位置的音频信息按照一定的方式进行混合。

C. 创建、删除静音

静音一般用于创建声音暂停或除去音频中不需要的杂音。有两种方式可以创建静音。

① 选中一段欲静音的音频片段,选择"效果"→"静音"命令,将音频片段转换为静音。

② 在需要放置静音的开始位置单击或者选择需替换的音频波形,选择"生成"→"静音"命令,在打开的对话框中输入静音的时间,单击"确定"按钮即可插入静音。

删除静音时,选择需要删除的部分,然后按 Delete 键,或者选择"编辑"→"删除静音"命令。

D. 音频的反转与翻转

① 反转音频可以将音频的相位反转 180°。选中需要反转的音频信息,选择"效果"→"反转"命令即可。

② 翻转是在时间线上从右至左对音频进行翻转,翻转之后可以进行倒放。选中需要翻转的音频信息,选择"效果"→"翻转"命令即可。

E. 音频转换

使用"转换采样类型"命令,可以对音频的采样率、位深度进行转换,并可以在单声道和立体声之间进行切换。在编辑视图下,选择"编辑"→"转换采样类型"命令,打开"转换采样类型"对话框,如图 E1-13 所示。进行相应的选择,单击"确定"按钮即可实现转换。

图 E1-13 转换采样类型

7. 声音的特效处理

Adobe Audition 的强大之处在于对声音进行各种专业效果的处理,如图 E1-14 所示。

各种特效处理的方法都相似,以给音频片段添加回声为例进行说明。选择需要处理的音轨或者音频片段,选择"效果"→"延迟效果"→"回声"菜单命令,弹出如图 E1-15 所示的回声设置对话框。

图 E1-14　各种 Effects 特效

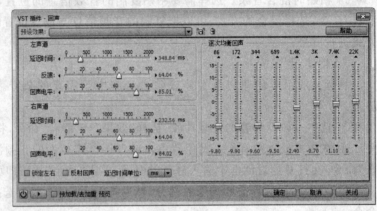

图 E1-15　回声(Echo)设置对话框

(1) 反馈(Decay):表示一系列连续的回声中,一个回声相对于前一个回声衰减的百分比。如果将这个百分比设为 0,就听不到回声;设为 100%,声音的回声就再也安静不下来了。

(2) 延迟时间(Delay Time):表示一系列连续的回声中,相邻两个回声之间的时间间隔,单位是毫秒。

(3) 回声电平(Initial Echo Volume):表示在最终输出的声音中,混合到原始声音信号中的回声信号的量。

(4) 逐次均衡回声(Successive Echo Equalization):用来对回声信号进行快速滤波。每一个竖直的滑动条都表示一个特定的频率,频率值写在滑动条下。滑块用来调节按左、右声道选项组中设置产生的回声在某个特定频率上减少的音量。这个音量值标在滑动条的上方。如果减少的音量为 0,这个频率上的回声音量就不受影响。该选项组可以用来模拟自然物表面的特性,因为物体表面对声音的反射并不是所有频率均等的,甚至会吸收某些频率的信号。

(5) 预置(Presets):软件提供常用的设置参数,该参数是根据专家的通常设置参数制作的,可以快速实现一些特殊效果。

(6) 单击 ▶ 按钮可以预览回声设置的效果。

8. 声音的保存与输出

在编辑视图下,可以将音频文件保存为多种格式。不同格式所存储的音频信息是不同的,可以根据发布媒介和用途进行选择,其主要步骤如下。

(1)选择"文件(File)"→"保存(Save)"菜单命令(或者 Save As、Save Selection、Save All),在打开的"另存为"对话框中选择磁盘空间,输入文件名,并选择文件格式,如图 E1-16 所示。

图 E1-16 "另存为"对话框

(2)Audition 可以保存的文件格式如图 E1-17 所示。

(3)根据所选格式,单击"选项(Options)"按钮,可以对格式的参数进行设置,如图 E1-18 所示。设置完毕后,单击"确定"按钮,保存文件。

图 E1-17 可以保存的文件格式

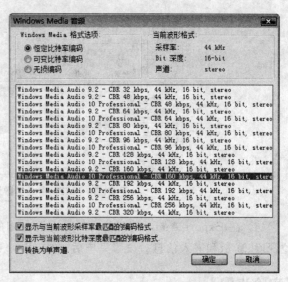

图 E1-18 格式参数设置对话框

声音的输出是针对多轨混音编辑提出的,是音频制作流程的最终环节。输出时,可以将音量、声像、效果等设置全部整合输出到音频文件,也可以将项目输出为音频文件或视频文件。输出的步骤如下。

（1）在多轨视图中，使用"时间选择工具" ，选择欲进行输出的范围。如果不进行选择，将输出整个项目。

（2）选择"文件（File）"→"导出（Export）"→"混缩音频（Audio Mix Down）"菜单命令，在打开的"导出音频混缩（Export Audio Mix Down）"对话框中选择磁盘空间，输入文件名，并选择文件格式，如图 E1-19 所示。

图 E1-19　音频导出对话框

（3）根据所选格式，单击"选项（Options）"按钮，可以对格式的具体参数进行设置，如图 E1-20 所示。

图 E1-20　MP3 格式参数设置对话框

（4）在 Export Audio Mix Down 对话框右侧的 Mix Down Options 栏中设置输出、位深度、通道和嵌入信息。设置完毕后，单击 Save 按钮保存。

【实验步骤】

1. 打开 Adobe Audition，切换到多轨视图模式。
2. 新建会话，使用"天涯歌女"文件名保存会话，如图 E1-21 所示。
3. 导入素材中的"天涯歌女（音乐）.wav"文件。双击该 WAV 文件，进入编辑视图

图 E1-21 "保存会话"对话框

模式,如图 E1-22 所示。

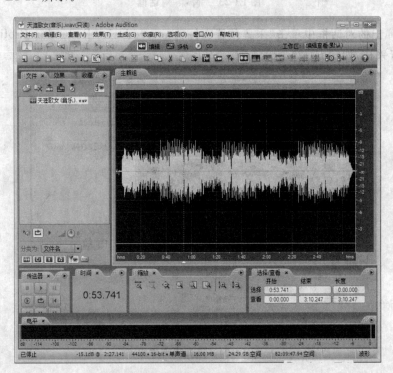

图 E1-22 音乐文件的单轨视图模式

4. 选中波形开始前的空白,选择"编辑"→"删除所选"(Edit/Delete Selection)菜单命令,将前面的空白删除。

5. 从波形的结尾处选取无音乐的部分(大致在 3 分 03 秒地方),选择"效果"→"恢复"→"降噪(处理)"(Effects|Restoration|Noise Reduction)菜单命令,弹出如图 E1-23 所示的对话框。

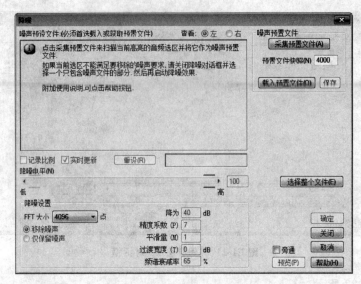

图 E1-23　"降噪"对话框

6. 在弹出的对话框中单击"采集预置文件(Capture Noise Reduction Profile)"按钮，对噪音进行采样，如图 E1-24 所示。

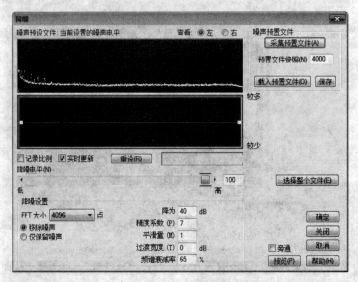

图 E1-24　采集噪声样本

7. 单击"关闭"按钮。选择整个波形文件，选择"效果"→"恢复"→"降噪(处理)"(Effects|Restoration|Noise Reduction)菜单命令，在弹出的如图 E1-24 所示的对话框中单击"确定"按钮，完成音频文件的噪声处理。按照前面的方法删除去噪后的末尾无声区域。

8. 分别选取波形 0：10.25hms 附近、0：36.54hms 附近、0：58.09hms 附近的爆破音(可以用"横向放大"工具或"缩放到选择区"按钮实现区域放大后再选择)，并选择"效果"

→"恢复"→"消除喀喇或爆音(处理)"(Effects|Restoration|Clip Restoration)菜单命令，在弹出的对话框中单击"自动查找所有电平"按钮，然后单击"确定"按钮，将音乐声中的爆破声去除，如图 E1-25 所示。

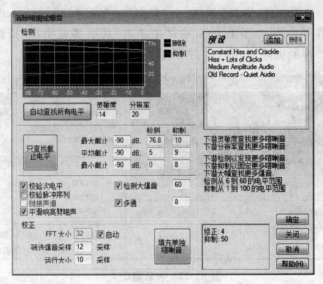

图 E1-25　去除爆破音

9. 全选整个波形(双击)，选择"效果"→"幅度"→"放大"(Effects|Amplitude|Amplify)菜单命令，选择"预设效果"(Presets)中的＋3dB Boost，单击"确定"按钮，将伴奏音量增益，如图 E1-26 所示。

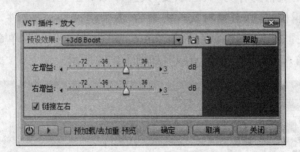

图 E1-26　声音放大

10. 将处理后的文件另存为"天涯歌女(降噪).wav"，选择"编辑"→"插入到多轨区"(Edit|Insert in Multitrack)菜单命令，将它插入到多轨混音窗中。

11. 切换到多轨视图模式，按右键选择波形文件并拖动，可以调整波形文件在时间序列上的相对位置。

12. 确认麦克风与声卡的 Mic In 插孔正确连接，并使用前面提到的"监视录音电平"的方法调整好录音的音量，做好录音的准备。

13. 单击第二轨的红色 R 录音按钮，单击操作区的"录音"按钮，开始录音。录音完成后，再次单击操作区的"录音"按钮，停止录音。单击第二轨的红色 R 录音按钮，停止录音。通过此步骤，实现人声独唱的录制。如果不录音，也可以从素材文件夹中导入"天涯歌女(人声).wav"文件。

14. 双击第二轨中刚刚录制的波形，切换到单轨波形编辑模式。

15. 全选整个波形文件，选择"效果"→"恢复"→"嘶声抑制"(Effects|Restoration|Hiss Reduction)菜单命令，在弹出的对话框中单击"获取基底噪声"按钮，然后单击"确定"按钮，完成嘶嘶声的去除，如图 E1-27 所示。

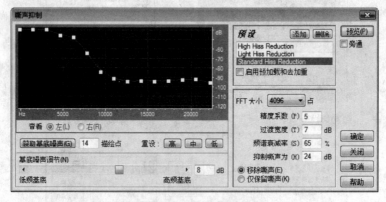

图 E1-27　去除嘶嘶声

16. 将前奏、间奏和尾奏的人声间隙进行静音处理。选择好区域后，选择"效果"→"静音(处理)"(Effects|Silence)菜单命令。

17. 将整个波形做 6dB Boost 的增益。

18. 将处理后的文件另存为"天涯歌女(人声).wav"。

19. 切换到编辑模式，打开素材文件夹下的"激情演说.wav"文件，选择 2：18hms 到结尾间的波形。选择"文件"→"保存所选"(File|Save Selection)菜单命令，在弹出的"保存所选"对话框中输入文件名"欢呼.wav"，如图 E1-28 所示。

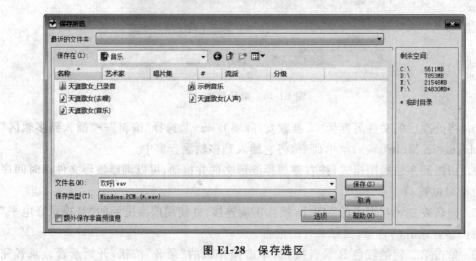

图 E1-28　保存选区

20. 选中"激情演说. wav"文件,选择"编辑"→"插入到多轨区"(Edit | Insert in Multitrack)菜单命令,将它插入到多轨混音窗中。

21. 打开"欢呼. wav"文件,为文件做一个开头 2 秒的淡进处理和结尾 4 秒左右的淡出处理,并另存为"欢呼(淡进淡出). wav",同时插入到多轨混音窗中。编辑区域选中后选择"效果"→"幅度"→"放大/淡化(处理)"(Effects | Amplitude | Amplify)菜单命令。如图 E1-29、图 E1-30 所示。

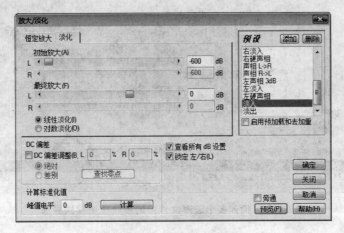

图 E1-29 开始淡入处理

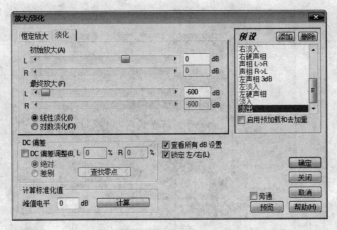

图 E1-30 结尾淡出处理

22. 切换到多轨视图模式,界面可能如图 E1-31 所示。

23. 右键选择并拖动第一轨,往后拖到 1∶45 处。用同样的方法拖动第二轨。

24. 删除第三轨 1∶55 后面的波形文件,并对结尾做一个 10s 淡出处理(回到单轨编辑状态)。

25. 对第一轨做 10s 的淡进处理(回到单轨编辑状态)。

26. 右键拖动第四轨,到第一轨和第二轨的末尾,可以有少量的重叠。保存会话文件。完成后的轨道如图 E1-32 所示。

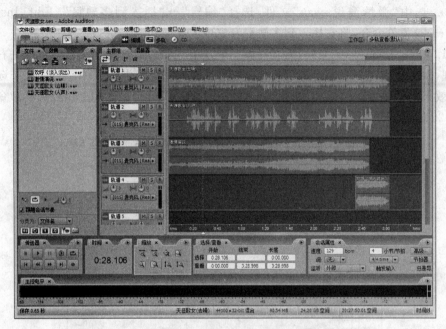

图 E1-31　插入多个波形文件后的多轨视图模式界面

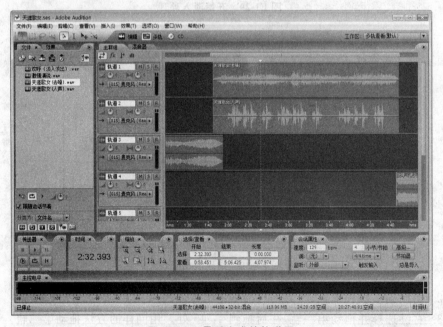

图 E1-32　最后完成的轨道图

27. 选择"文件"→"导出"→"混缩音频"（File|Export|Audio Mix Down）菜单命令，导出多轨波形文件为一个完整的文件，命名为"天涯歌女_混缩.mp3"，如图 E1-33 所示。

图 E1-33   导出最终作品

【实验总结与思考】

本实验在了解软件基本操作的基础上,运用实例详细描述了数字音频编辑和处理的整个流程。在多媒体创作过程中,大量作品都需要解说、乐音、效果声等效果,因此音频编辑是整个多媒体制作的基础。Audition 本身的功能很强大,需要通过大量的练习才能逐渐掌握。

思考题:

1. 在进行去噪时为什么先单击"关闭"按钮,再单击"确定"按钮?

2. 如果左右声道的内容完全一致,是真正的立体声效果吗?

3. 记录实验的完整过程,按要求撰写实验报告,并记录实验的心得体会。

【课外实践】

在实现基本的数字音频处理与制作基础上,选择一部 VCD 或 DVD 影片,截取其中的某个片段,录制效果音,并配上自己的解说词,完成音频素材的制作。在学习视频处理知识后,可以整合起来实现影片配音效果,为视频编辑和短片制作打下基础。

1. 寻找一部自己喜爱的影片,DVD 或 VCD 皆可。注意,一定要是环境音效和语音在不同声道的影片。

2. 切换左、右声道,只选择环境音效声道。

3. 录制效果音。

4. 录制自己的解说词。

5. 对效果音和解说词进行去噪处理。

6. 解说词和环境音效的合成。

7. 导出 MP3 格式的数字音频。

实验 2

图像的编辑与处理

【实验目的】

1. 熟练使用 Photoshop 软件；
2. 掌握滤镜功能；
3. 掌握图像色彩模式的转换方法；
4. 掌握通道混合器的使用；
5. 能综合运用一些基本的功能处理简单的图片。

【实验内容】

1. 使用滤镜功能制作一只个性十足的杯子；
2. 使用图案填充和图层操作制作数码方块字。

【实验预备】

滤镜可以使图像产生各种特技效果，Photoshop 的滤镜包括抽出、液化、像素化、模糊、渲染、描边、素描、纹理、艺术效果、视频、锐化、风格化等。Photoshop 的作品往往是由多个图层组成的，每个图层用于放置不同的图像，并通过图层的叠加来形成所需的图像效果。使用图层操作可以在不影响其他图像的情况下处理某一个图像，达到各种效果。

【实验步骤】

1. 图像创意——制作个性十足的杯子

（1）打开图片。运行 Photoshop，打开一幅杯子的图像，如图 E2-1 所示。

（2）输入文字。选择文字工具，在杯子上写出个性文字，例如 My Cup，Photoshop 会自动为输入的文字建立文字图层，并命名为 My Cup。使用文字工具拖动选择这些文字，在属性栏上将文字字体设为 CountdownD，大小为 72pt，设置完后确认，如图 E2-2 所示（注：CountdownD 是一种卡通字体）。

图 E2-1　杯子图

图 E2-2　输入文字后的效果

（3）将文字像素化。在文字图层上右击，选择栅格化图层，将文字像素化，为后面的操作做准备。

（4）利用滤镜的 3D 转换功能实现文字的立体效果。

a. 选择"滤镜"→"渲染"→"3D 转换"菜单命令，弹出 3D 转换滤镜对话框，如图 E2-3 所示。

图 E2-3　3D 转换滤镜对话框

b. 选择放大镜工具，在对话框的窗口中单击，将图像放大一些，以便于操作。选择圆柱体工具，在窗口中画出一个圆柱体，如图 E2-4 所示。

c. 可以使用直接选择工具调节圆柱体的节点，对照文字，使之大致相当于杯子的大小，如图 E2-5 所示。

d. 调整合适后，选择轨迹球工具，旋转图像，使之呈现 3D 状态，并与杯子的角度和外形相匹配，如图 E2-6 所示。

e. 调整好之后，单击 OK 按钮回到图像窗口，杯子上的文字已经发生了变化，如图 E2-7 所示。

图 E2-4　画出圆柱体

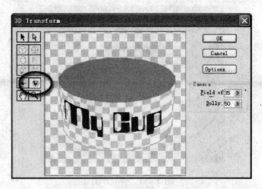

图 E2-5　调节圆柱体的节点　　　　　　图 E2-6　图像与文字匹配

（5）删除灰色部分。使用套索工具选择多余的灰色部分，按 Delete 键将其删除，再按 Ctrl＋D 组合键取消选择。选择移动工具，将 3D 化的文字移动到杯子上面的适当位置，如图 E2-8 所示。

图 E2-7　调整后的效果　　　　　　　　图 E2-8　删除灰色部分后的效果

（6）去白边。经过 3D 化处理的文字边缘出现了白边，影响效果，可以选择"图层"→"修边"→"去除白边"菜单命令，如图 E2-9 所示。

（7）改变图层模式。在 Layers 面板上，将 My Cup 图层的"混合模式"改为"叠加"，文字便自然地叠加到杯子上，随着杯子表面的明暗不同而发生变化，并保持杯子表面原有的纹理，如图 E2-10 所示。

图 E2-9　去白边后的效果　　　　　　　图 E2-10　改变图层模式后的效果

2. 图像的编辑和效果处理——数码方块字的制作

（1）输入文字

a. 新建一个文件。选择"文件"→"新建"菜单命令,打开"新建"对话框,输入名称及图像的宽度和高度,将图像"模式"设置为"RGB 颜色",完成后确认,如图 E2-11 所示。

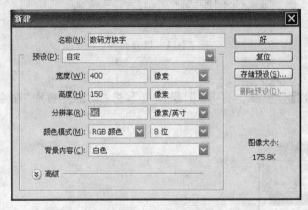

图 E2-11　创建图像文件

b. 设置文字的背景。单击"图层面板"上的"创建新图层"按钮,新建"图层 1",然后找到工具箱中的"默认前景和背景色"按钮,单击,使"前景色"变为默认的"黑色"。颜色设置好之后,直接按 Alt＋Backspace 组合键将"图层 1"填充为黑色。

c. 输入文字。单击工具箱中的"文字工具"按钮选择一种笔画较粗的字体,并将文字颜色设置为"白色",完成后按 Ctrl＋Enter 组合键结束文字的编辑状态,如图 E2-12 所示。

图 E2-12　输入文字

（2）制作数码方块效果

a. 新建一个图层,然后用白色填充图层。

b. 定义图案。选择"文件"→"新建"菜单命令创建一个"宽度"和"高度"都为 4 像素的图像,用"放大镜工具"将图像放至最大显示,用"矩形选框工具"建立一个 2×2 像素的选区,再选择"选择"→"反选"菜单命令将选区反选,用"黑色"填充选区,如图 E2-13 所示。

选择"选择"→"全选"菜单命令选取整个图案,然后选择"编辑"→"定义图案"菜单命令,在弹出的"图案名称"对话框中输入"方块",完成后确认。

图 E2-13　反选并填充后的效果

　　c. 填充图案。返回数码方块字图像窗口,选择"编辑"→"填充"菜单命令打开"填充"对话框,选择刚刚定义的图案,如图 E2-14 所示。

图 E2-14　填充图案

　　(3) 制作数码方块文字

　　a. 设置图层的混合模式。打开"图层面板",选择"正片叠底"命令,如图 E2-15、图 E2-16 所示。

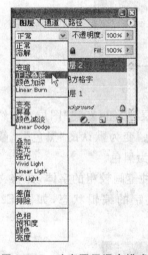

<table>
<tr><td>图 E2-15　改变图层混合模式</td><td>图 E2-16　改变混合模式后的图像效果</td></tr>
</table>

　　b. 合并图层。在"图层面板"中,用鼠标把刚才建立的所有图层左边的链接框勾上,如图 E2-17 所示,然后选择"图层"→"合并链接图层"菜单命令,把它们合并为一个图层,如图 E2-17、图 E2-18 所示。

<table>
<tr><td>图 E2-17　链接图层</td><td>图 E2-18　合并图层</td></tr>
</table>

　　c. 调整"色阶"。选择"图像"→"调整"→"色阶"菜单命令,或者按快捷键 Ctrl＋L 打开"色阶"对话框。把输入色阶参数分别设置为 253、1.00 和 255,如图 E2-19 所示。完成

后单击"好"按钮,效果如图 E2-20 所示。

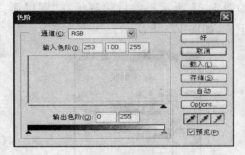

图 E2-19　调整色阶参数

图 E2-20　改变色阶参数后的效果

d. 选中文字轮廓外的背景。选择"魔术棒工具",如图 E-21 所示,将图像中的黑色部分载入选区,如图 E2-22 所示。

图 E2-21　选择"魔术棒工具"

图 E2-22　使用"魔术棒工具"制作选区

e. 复制图层。选择"选择"→"反选"菜单命令把选区反选,然后再选择"图层"→"新建"→"通过复制的图层"菜单命令,效果如图 E2-23、图 E2-24 所示。

图 E2-23　处理后的图像效果

图 E2-24　当前的图层结构

f. 改变文字的颜色。在"图层面板"中单击"锁定透明像素"按钮,如图 E2-25 所示,设好颜色之后,按 Alt+Backspace 组合键就可以改变文字的颜色了,效果如图 E2-26 所示。

图 E2-25　选择"锁定透明像素"选项

图 E2-26　改变文字的颜色

（4）为文字添加方格背底

a. 为文字添加黑色背底。新建一个图层（如图 E-27 所示），然后用鼠标在"图层面板"中将新建的图层拖到文字图层（"图层 3"）的下方，如图 E2-28 所示。

图 E2-27　创建新图层

图 E2-28　改变图层叠放顺序

在新建的图层上，用"矩形选框工具"制作一个紧贴图像两边的矩形选区，然后用黑色填充选区。效果如图 E2-29 所示。

图 E2-29　制作矩形选区

b. 填充。运用图案填充的方法，利用刚才建立好的图案把图像处理成如图 E2-30 所示的效果。完成后选择"选择"→"取消选择"菜单命令取消当前的选区。

图 E2-30　建立方格填充效果

c. 调整背景的不透明度。打开"图层面板"，选中刚刚处理的背景图层，然后用鼠标调节不透明度滑块，如图 E2-31 所示，将图层的"不透明度"设置为 20%。完成后效果如图 E2-32 所示。至此，数码方块字的制作完成。

图 E2-31　调整背景的不透明度

图 E2-32　改变不透明度参数后的图像效果

3. 图像的输出

操作步骤 1：

(1) 在 Photoshop 窗口中打开"春天"图像。

(2) 依次选择"图像"→"模式"菜单命令，在弹出的"模式"子菜单中单击所需的选项。

(3) 在弹出的对话框中设置其中的参数，设置完成后单击"确定"按钮，完成图像模式的转换。

(4) 在"历史记录"面板中撤销刚刚转换的图像模式。

(5) 重复执行(2)～(4)操作步骤，转换图像的各种色彩模式。

操作步骤 2：

(1) 打开"春天"图像，如图 E2-33 所示。

(2) 依次选择"图层"→"新调整图层"→"通道混合器"菜单命令，在新建通道混合器图层的同时，打开"通道混合器"对话框。

(3) 在"输出通道"下拉列表框中选择要设置的通道。

(4) 在"源通道"栏设置各种颜色的值。

(5) 在"常数"文本框中设置当前通道的不透明度。

(6) 单击"确定"按钮完成，效果如图 E2-34 所示。

图 E2-33　春天

图 E2-34　最后效果图

【实验总结与思考】

通过对 Photoshop 主要功能(如滤镜)的操作练习，更深层次理解了 Photoshop 的功能与作用，掌握了 Photoshop 的特点和基本处理方法，具备应用 Photoshop 等多媒体工具软件进行多媒体作品创作的能力。

思考题：

1. 滤镜是 Photoshop 中功能最丰富、效果最奇特的工具之一。Photoshop 滤镜可以分为三种类型：内阙滤镜、内置滤镜(自带滤镜)、外挂滤镜(第三方滤镜)。Photoshop 的著名外挂滤镜 KPT(Kai's Power Tools)是一组系列滤镜。每个系列都包含若干个功能强劲的滤镜，适合于电子艺术创作和图像特效处理。请下载该外挂滤镜，安装并使用。

2. 通道在抠图中起到了什么作用？能否选取一幅图片,用通道的功能将主体抠出来？

【课外实践】

自己寻找素材,制作一个宣传和平的广告。

实验 3

视频编辑软件 Premiere Pro 1.5 的使用

【实验目的】

1. 熟悉 Premiere Pro 1.5 各窗口的界面；
2. 掌握 Premiere 的基本操作；
3. 了解使用 Premiere 制作影视动画的过程。

【实验内容】

1. 实现"雪景"、"堆雪人"等几个片段的组接；
2. 在片段之间设置转场效果；
3. 为片段进行特技处理；
4. 设置片段的运动路径。

【实验预备】

1. 片段之间的转换：片段间的转换有两种，一种是无技巧的转换，即一个片段结束时立即转换为另一个片段，也叫切换；另一种是有技巧的转换，即一个片段用某种特技效果逐渐地转换成另一个片段。恰当利用有技巧转换，可以制作出某种特技效果。

2. Premiere 的滤镜：滤镜就是后期处理的特技效果。Premiere 的滤镜大多数都随着时间产生动态效果，并且 Premiere 具有一些音频滤镜。

3. 设置运动背景颜色：设置素材运动效果时，当片段移动后，如果屏幕上有空余的地方，就用某种色彩来填充。

4. 常见的数字视频文件格式：主要有 AVI、MOV、MPEG/MPG、DAT 等。AVI 文件中的伴音和视像数据交织存储，播放时可获得连续的信息，文件格式灵活，与硬件无关。MOV 是一种从苹果机移植到 PC 的视频文件格式，效果比 AVI 格式稍好。MPEG/MPG 是采用 MPEG 方式压缩的视频文件，是目前最常见的视频压缩文件格式。DAT 是常见的 VCD 和 CD 光盘存储格式。

【实验步骤】

1. 启动 Premiere Pro 1.5 软件，并建立一个新项目，如图 E3-1a 所示，其界面如图 E3-1b 所示。

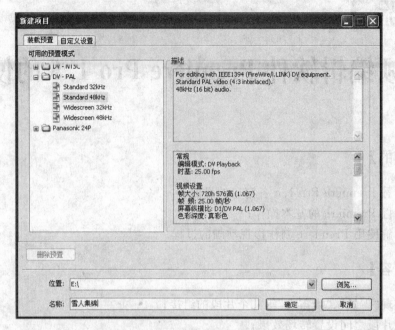

图 E3-1a　建立一个新项目窗口

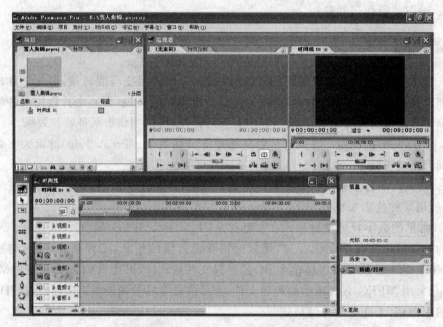

图 E3-1b　Premiere Pro 1.5 启动后界面

2. 由于新建立的项目是没有内容的，需要向项目窗口中输入原始片段。选择"文件"
→"导入"→"文件"命令，在出现的"导入"对话框中按 Ctrl 键的同时选择素材片段："雪
景. avi"片段、"堆雪人. avi"片段、"雪艺术. avi"片段、"雪老鼠. jpg"图片。

3. 将导入的片段拖放到时间线上,如图 E3-2 所示。

图 E3-2　"时间线"窗口中片段的组接

4. 视频 1 轨道上"雪景.avi"文件与视频 2 轨道上"堆雪人.avi"文件有一定的重叠。选择窗口下的"特效"命令,在视频转场框中选择 Wipe 组中的"百叶窗",如图 E3-3 所示。拖动"百叶窗"到轨道上,并和视频 2 轨道上的片段的起始点对齐。该效果在转场时使视频 2 从中间向两侧线性展开。

5. 对"堆雪人.avi"片段设置特效。选择"窗口"→"特效"菜单命令,弹出图 E3-4 所示对话框。单击选中视频"特效"选项卡 Adjust 组的"亮度 & 对比度"将其拖至时间轴的"堆雪人.avi"片段上。在弹出的图 E3-5 所示的"特效控制"对话框中,设置参数如图 E3-5 所示。

图 E3-3　"特效"窗口　　　　　　　　图 E3-4　"特效"窗口

6. 对"雪艺术.avi"片段设置特效。选中视频特效 Render 组中的 Lens Flare 滤镜,将其拖至时间轴的"雪艺术.avi"片段上。展开视频 1 轨道,将播放头分别置于该片段的起始位置与结束位置,点选"增加关键帧"选框,在图 E3-6 所示的 Lens Flare"滤镜效果控制"窗口中单击"设置"图标,属性设置如图 E3-7 所示。

7. 设置图片"雪老鼠.jpg"的属性。拖曳图片到"雪艺术"片段的视频 2 轨道,调整位置,然后选择片段的起始点和结束点,设置透明度,其起始点的属性设置如图 E3-8 所示。选择合适的结束点设置不透明度为 0.0,实现图片逐渐消失的效果。

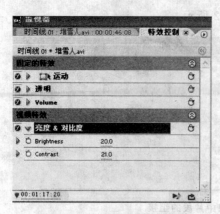

图 E3-5 "特效控制"对话框 1

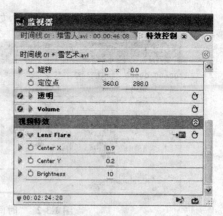

图 E3-6 "特效控制"对话框 2

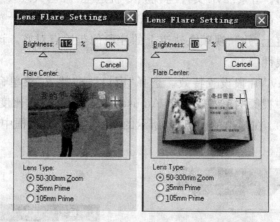

图 E3-7 片段起始与结束处 Lens Flare 设置

图 E3-8 起始处的图片透明度的设置

8. 创建影片标题文件 title1.ptl。选择 Premiere 窗口菜单栏上的"文件"→"新建"→"字幕"命令。在弹出的字幕窗口中用区块文字工具 在字幕设计窗口中的合适位置单击并拖曳绘制一个文本框,在文本框中输入文本为本片的片名、主题。设定"字幕类型"为滚动,"方向"为由下向上滚动,接着在目标风格中设置文字属性,结果如图 E3-9 所示。

选择"文件"→"保存"菜单命令,保存该滚动标题文件为 title1.ptl。

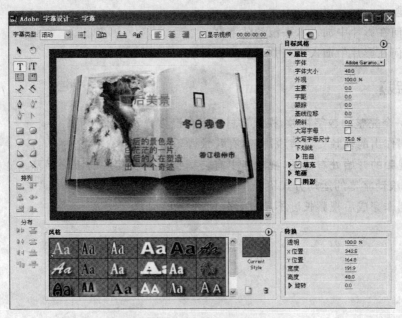

图 E3-9　"字幕设计"窗口

9. 选择"文件"→"导入"→"文件"菜单命令,把 title1.ptl 文件导入项目中,并安排在时间线上。项目中所有片段在时间线上的组接如图 E3-10 所示。

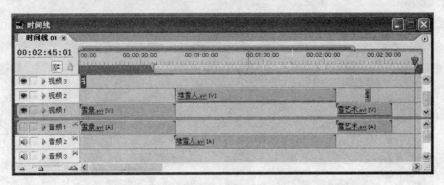

图 E3-10　项目中所有片段在时间线上的组接

10. 单击 Premiere 菜单窗口中的"文件"→"保存"命令,保存项目。然后选择"文件"→"输出时间线"→"影片"命令,给输出的影片命名为"雪人集锦.avi",然后进行影片输出。

11. 输出影片后,就可以观看影片了。

【实验总结与思考】

本实验通过制作雪人集锦学习了 Premiere Pro 1.5 的基本操作。在 Premiere 中不仅可以把图片、视频结合起来,实现视频的生成,还可以给视频添加绚丽的特技效果,以及添加字幕和片头,实现电影、电视片的效果。

思考题:

1. 如何在影片中加入水平滚动的字幕?

2. 如何在影片中加入声音并设置声音特效?

【课外实践】

制作一个完整的数字视频,视频素材可以自己搜集。要求如下。

(1)制作出的视频要有解说声音,有背景音乐。

(2)视频的开始处有标题,视频当中有转场特效以及相应的滚动字幕。滤镜效果不少于两种,滚动字幕的运动方式不限。

(3)制作完成后视频长度不超过5分钟。

实验 4

二维动画的编辑与处理

【实验目的】

1. 建立活动画面的基本概念，了解动感是如何产生的；
2. 知道动画创意对动画制作起到的重要作用；
3. 加深对计算机动画原理的理解；
4. 能用 Flash 动画设计一个简单的动画。

【实验内容】

1. 运用组件面板制作按钮；
2. 运用场景动画制作相册及爆炸效果。

【实验预备】

1. 动画创意

在创建动画之前，首先了解制作动画的创意。创意是什么？通常会让答者尴尬，听者茫然，就像一千个读者心中有一千个哈姆雷特一样。关于创意，有人说是感觉；有人说是新点子、好主意；有人说是独一无二的思维火花、稍纵即逝的灵感；也可以理解为"旧有元素的重新组合"。

创意是多媒体作品的灵魂，没有创意的作品是没有感染力的，也就失去了观众，失去了市场。制作一个 Flash 动画之前，首先要把作品的创意想出来，根据该创意再制作成品。创意是理念上的东西，是个体用自己的方式表达的世界，它既继承原有优秀的东西，又把主观的臆想融合进去。它是一切事物的出发点。

在北京电视台动画频道主力的《福娃奥运漫游记》创意大赛中，突显出了许多优秀作品，其中一位山东省女高中生陈小雨的《五福娃与母亲》创意征服了很多观众。

陈小雨的创意分为开篇、第一单元、第二单元、第三单元、结局几部分。让人印象最深的是结尾，陈小雨写道：古老、现代而美丽的北京，地球上空前的和平盛会。宙斯和小狗、海狸……费沃斯、雅典娜等各国吉祥物出现在主席台上。宙斯宣布 2008 北京盛会开始，贝贝、晶晶、欢欢、迎迎、妮妮 5 人并排手拉手出现在天空中，宙斯不解，欢欢说这是一条中国谜语,打一句话。宙斯终于猜到了,用洋腔洋调念出了:"北、京、欢、迎、你!"。话音刚落,周围立刻变成了鲜花和欢乐的海洋……

一个 17 岁女孩对"奥运"的渴求虽然还有些稚气,但她巧妙地把中华文化跟奥运精髓结合在一起,过去与现在、现实与虚拟交相辉映,从而为五福娃的北京亮相寻找到最佳舞台。陈小雨要告诉和她一样的"八零后"甚至"九零后":民族的东西才是世界的,和平环境下才能有全球盛会。

因此,制作二维动画之前,将自己的灵感表现出来,将自己的创意用动画的形式传达给其他人,才是动画的本意。

2. 组件

组件即是被封装好的具备一定功能的对象。按快捷键 Ctrl+F7 可以打开"组件"面板,按快捷键 Alt+F7 可以打开组件相应的"参数"面板。Flash 8.0 版本中有许多相关的组件,如 CheckBox(复选框)组件、ComboBox(组合框)组件、ListBox(列表框)组件、Button(普通按钮)组件、RadioButton(单选按钮)组件、ScrollBar(文本滚动条)组件、ScrollPane(滚动窗口)组件等。

3. 元件

元件是 Flash 动画中的主要动画元素,分为影片剪辑、按钮、图形三种类型,在动画中各具不同的特性与功能。Flash 运用它们可以更好地管理对象。要新建一个元件,可以在"插入"菜单中选择"新建元件"命令。

4. 动作面板

一般来说,动作面板已在工作区中,如果被关闭,可选择 Windows(窗口)→Actions(动作)命令。在动作面板中,可以使用 ActionScript 语言进行编辑,从而实现 Flash 的强大功能。

【实验步骤】

1. Flash 动画中组件的创建

(1) 调出组件面板。选择"窗口"→"组件"命令或按快捷键 Ctrl+F7 可以打开"组件"面板,按快捷键 Alt+F7 可以打开组件相应的"参数"面板,如图 E4-1、图 E4-2 所示。

(2) 选中一个 Button 组件,拖到场景中或者双击组件把组件加到场景中,如图 E4-3、图 E4-4 所示。

(3) 选中场景中的按钮组件,打开"参数"面板,改变其标签为"我的按钮"等,也可通过在"窗口"菜单选择"组件检查器"命令进行更多的设置,如是否可见,是否可用等,如图 E4-5、图 E4-6、图 E4-7 所示。

(4) 设置按钮的动作。单击该按钮,打开"动作"面板,选择"全局函数"→"浏览器/网络"→geturl 函数命令,并将该脚本写完整,如图 E4-8 所示。

图 E4-2 "组件"面板

图 E4-1 组件检查器

图 E4-3 "组件"面板

图 E4-4 Button 组件

图 E4-5 组件"参数"面板

图 E4-7 其他参数

图 E4-6 修改后的标签

（5）执行该影片，单击该按钮，就会跳出 Sohu 网站。

2. Flash 相册制作

（1）新建文件，宽 400 像素、高 300 像素，背景色为白色，帧频率设为 30。具体设置如

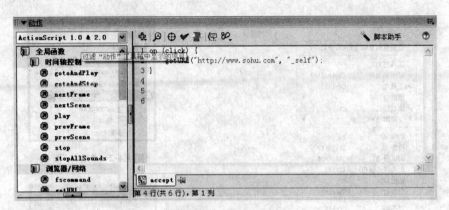

图 E4-8 "动作"面板

图 E4-9 所示。

（2）创建新影片剪辑元件（快捷键 Ctrl＋F8），名称为 pictures，将第一层重命名为 pictures；将 5 张图片分别从外部导入各帧中，如图 E4-10、图 E4-11 所示。

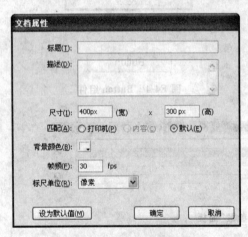

图 E4-9 "文档属性"设置

图 E4-10 创建新元件

（3）新建一层 action，并在第 1 帧上写下代码"stop()"，如图 E4-12 所示。

（4）创建按钮元件（快捷键 Ctrl＋F8），名称为 next_btn，画一黑框白底的矩形，并延长帧至"点击"；新建层，输入"下一张"黑色文字，也延长帧，如图 E4-13 所示。

（5）创建新影片剪辑元件，名称为 next_mc，把 next_btn 按钮元件拖入，实例名为 next_btn，如图 E4-14 所示；在第 2 帧插入关键帧，选中第 2 帧的按钮，进行分离（快捷键 Ctrl＋B），让它失去按钮的作用；选中分离出的文字，将颜色改为灰色，同样将矩形的边框色也改为灰色，如图 E4-15 所示；当文字和矩形大小差不多时，矩形不容易选择，此时可先全选文字和矩形，然后按住 Shift 键的同时再单击文字即可选中矩形。在第 1 帧上写下代码"stop()"，如图 E4-16 所示。

（6）同样，按前面两步分别创建 prev_btn 按钮和 prev_mc 影片剪辑，注意 prev_mc 影片剪辑中 prev_btn 按钮的实例名为 prev_btn。

图 E4-11 导入 5 张图片

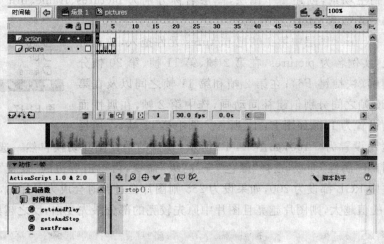

图 E4-12 第 1 帧的设置

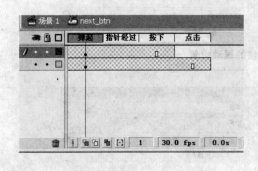

图 E4-13 创建按钮元件

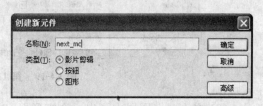

图 E4-14 next_mc 按钮元件

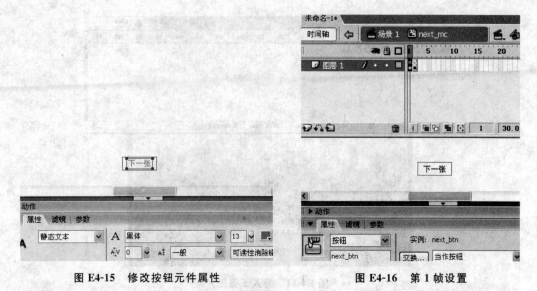

图 E4-15　修改按钮元件属性　　　　　　　图 E4-16　第 1 帧设置

（7）回到主场景，创建 4 个图层，图层名称分别为 pictures、frame、btn_mc、action。具体设置和效果如图 E4-17 所示。

（8）在 pictures 图层中第 1 帧把 pictures 元件拖入，放在合适的位置上，实例名为 pictures，在第 2 帧、第 11 帧、第 20 帧分别插入关键帧（快捷键 F6）；在第 2 帧和第 11 帧之间以及在第 11 帧和第 20 帧之间分别创建补间动画，选中第 2 帧，在属性面板中将缓动设置为 100，如图 E4-18 所示。选中第 11 帧，在属性

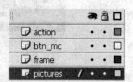

图 E4-17　创建图层

面板中将缓动设置为－100，如图 E4-19 所示，其目的是让图片切换自然。选中第 11 帧中的元件，打开"属性"面板，选择"颜色"→"高级"命令，再单击旁边的"设置"按钮，在弹出的对话框中 RGB 都设为 200，如果设为 255 则图片在过渡时会成为一片白，如图 E4-20 所示（RGB 的值越大，则图片越亮且图片中原先较亮的部分最先变白，反之越黑）。

图 E4-18　第 2 帧的缓动设置

图 E4-19　第 11 帧的缓动设置

（9）在 frame 图层中画出一个矩形框，以美化图片；延长帧至第 20 帧。在 btn_mc 图

层,分别把元件 next_mc 和 prev_mc 拖入,放在合适的位置上,实例名分别为 next_mc、
prev_mc;延长帧至第 20 帧,如图 E4-21 所示。

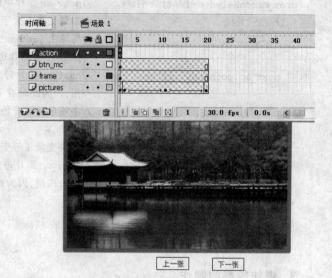

图 E4-20　过渡颜色设置　　　　　　**图 E4-21　最终效果图**

(10) 在 action 图层的第 1 帧上写如下代码。

```
stop();                              //动画开始时停止
var i: Number=1;                     //设置变量 i 的初始值为 1
prev_mc.gotoAndStop(2);              //prev_mc 影片,开始让它停止在第 2 帧,让按钮变成
                                     //灰色并失去作用,因为动画开始时没有上一张图片
onEnterFrame= function () {          //运行每一帧时执行以下函数
if (_root._currentframe==11) {       //如果主场景播放到第 11 帧
  pictures.gotoAndStop(i);           //pictures 影片停止在第 i 帧,从第 11 帧出现第 i
                                     //张图片
}
if (_root._currentframe==20) {       //如果主场景播放到第 20 帧
  gotoAndStop(2);                    //主场景动画停止在第 2 帧
}
next_mc.onRelease= function() {      //next_mc 影片中的按钮在释放时执行以下函数
  if (i<5) {                         //如果变量 i 小于 5(pictures 影片中只有 5 张图片)
   i++;                              //每单击 next_mc 影片中的按钮时变量 i 递增 1,
                                     //pictures 影片也跳转到下一帧
   prev_mc.gotoAndStop(1);          //prev_mc 影片停止在第 1 帧,即让按钮变黑并起
                                     //作用,因为此时有了上一张图片
   play();                          //主场景动画开始播放
  }
  if (i==5) {                        //如果变量 i 等于 5
   next_mc.gotoAndStop(2);          //next_mc 影片停止在第 1 帧,即让按钮变成灰色并
                                     //失去作用,因为此时没有下一张图片
```

```
      }
   };
   prev_mc.onRelease=function() {        //prev_mc影片中的按钮在释放时执行以下函数
      if (i>1) {                         //如果变量 i 大于 1
         i--;                            //每单击 prev_mc 影片中的按钮时变量 i 递减 1，
                                         //pictures 影片也跳转到上一帧
         next_mc.gotoAndStop(1);         //next_mc 影片停止在第 1 帧，即让按钮变黑并起作
                                         //用，因为此时有了下一张图片
         play();                         //主场景动画开始播放
      }
      if (i==1) {                        //如果变量 i 等于 1
         prev_mc.gotoAndStop(2);         //prev_mc 影片停止在第 2 帧，即让按钮变成灰色并
                                         //失去作用，因为此时没有上一张图片
      }
   };
};
```

3. 爆炸效果的制作

（1）新建一场景动画，按快捷键 Ctrl＋J 打开“文档属性”面板，设背景为黑色、帧速为 30，如图 E4-22 所示。

（2）按 Shift 键在主场景中画一无边框正圆（大小在 50×50 像素左右），打开“混色器”面板在填充样式中选择放射性填充。将左右两侧都设为白色，并将其外（左）侧的色块 Alpha 值（透明度）设为 0，如图 E4-23、图 E4-24 所示。

图 E4-22　“文档属性”设置

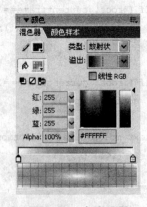

图 E4-23　色彩设置

（3）选中这个圆，按 F8 键转换为图形符号，命名为“圆”。

（4）按快捷键 Ctrl＋F8，新建一电影剪辑符号，命名为“运动的圆”。并将刚才做好的图符拖入。打开“对齐”面板使其中心对齐，如图 E4-25 所示。

图 E4-24　填充效果

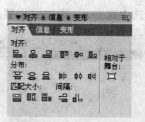

图 E4-25　"对齐"面板

（5）在第 3 帧按 F6 键插入一关键帧，并将"圆"向上移动一点（大约是圆的半径距离），选中圆，在"属性"面板中的"颜色"栏中选择"高级"选项，单击右边"设置"按钮进入高级设置选项。如图 E4-26 所示进行设置，这时，"圆"符号成黄色。

（6）在第 5 帧按 F6 键插入一关键帧，将"圆"再次向上移动一点（约是直径的 3/4），并用上一步的方法将其改为红色（将 G 与 B 值都设为 −255），如图 E4-27 所示。

图 E4-26　颜色设置面板

图 E4-27　颜色设置面板

（7）在第 11 帧按 F6 键插入一关键帧，将"圆"再次向上移动（约是直径长）并改为灰色，如图 E4-28 所示。

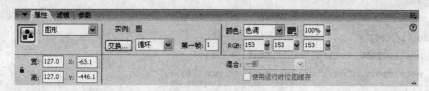

图 E4-28　色调设置

（8）在第 13 帧按 F6 键插入一关键帧，将"圆"再次向上移动（约直径的 1.5 倍）并将其 Alpha 属性设为 0（即完全透明），如图 E4-29 所示。

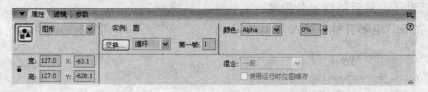

图 E4-29　Alpha 设置

（9）选中这一层，为这层设置运动动画，如图 E4-30 所示。

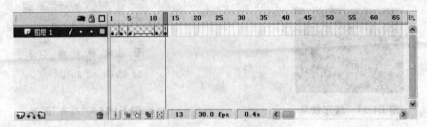

图 E4-30　运动动画设置

（10）回到主场景中，把"运动的圆"拖入，把层的名字改为 ball，选中圆，在"属性"面板中将其命名为 ball，为以后的编程做准备，如图 E4-31 所示。

图 E4-31　改变影片剪辑名称

① 在主场景中新建一层，命名为 Action，编写如下代码。

```
stop()
i=1
while (i<=80) {
    duplicateMovieClip("ball","ball"+i,i);
    setProperty("ball"+i,_rotation,random(360));
    i++
}
_root.ball._visible=0
```

上面代码的意思是将 ball 复制 80 份，并将其随机旋转一个角度，这样 ball 就能向四面八方运动了。最后将原 ball 隐藏。

② 在 ball 电影符号中加入 Action。

```
onClipEvent (load) {
    this._x+=random(50)
    this._y+=random(50)
    this._yscale=random(50)+50;
}
```

其意义为,电影被导入时,在 X、Y 轴的坐标随机增加(1~50)个像素,并将其在 Y 轴的比例随机改变 50% 左右。

③ 爆炸效果到这就做好了,如图 E4-32 所示。但如果想把这种效果应用到自己的 Flash 动画中还要在 ball 电影符号的最后一帧中加入如下语句。

```
removeMovieClip(this);
_root.gotoAndPlay(1);
```

4. 动画的输出

完成的动画可通过按 Ctrl+Enter 组合键测试,如果没问题,就可以进行输出设置了。

(1) 输出设置。在"文件"菜单中选择"发布设置"命令可设置发布出去的格式及发布质量等,设置完单击"发布"按钮即可,如图 E4-33 所示。

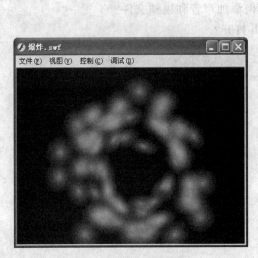

图 E4-32　爆炸效果

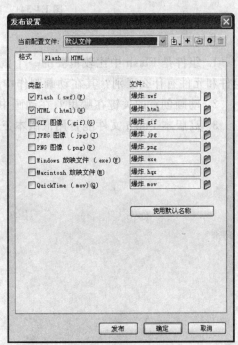

图 E4-33　发布设置

(2) 也可通过在"文件"菜单中选择"导出"命令,将文件导出成相应的格式,如图 E4-34 所示。

【实验总结与思考】

本实验在了解计算机动画原理的基础上,运用组件、场景、元件制作了相册、爆炸等效果。在 Flash 制作过程中,这些技巧都是比较常见的,也只有综合应用这些技巧,才能制作出一个实用而又具欣赏性的动画。

图 E4-34　"导出影片"对话框

思考题：

1. 组件是 Flash 中比较重要的一个概念，使用组件，就可以做到编码与设计的分离。组件和元件有什么区别？其在动画制作中起到的作用是什么？

2. 动画创意的关键在哪里？在动画中如何添加声音和视频文件？

3. 高版本 Flash 文件能否用低版本 Flash 打开？

实验 5

pesp **5**

多媒体创作工具 Authorware 的使用

【实验目的】

    1. 掌握使用 Authorware 集成各种媒体素材的基本方法；

    2. 掌握 Authorware 提供的几种主要交互功能的使用方法；

    3. 掌握 Authorware 中函数和变量的使用方法；

    4. 了解利用 Authorware 开发多媒体作品的构思和制作过程。

【实验内容】

    1. 在项目的开始添加视频，结束后进入程序主界面，同时背景音乐响起（通过窗口菜单可以控制音乐的播放和停止），进入下一界面"拼图游戏"；

    2. 单击拼图游戏按钮可玩拼图小游戏；单击"退出"按钮离开程序。

【实验预备】

1. 整体构思

    在动手制作多媒体项目之前，首先要根据需要达到的效果和制作时限、设备条件来进行整体的构思。

    根据本实验的内容和实验要求，设计出本实验项目的结构图，如图 E5-1 所示。

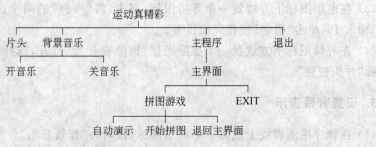

图 E5-1　本实验项目的结构图

2. 准备素材

选择应用软件进行项目所需要的各种素材的采集和制作,并将它们分别保存在相应的文件夹中备用。在本地硬盘中新建一个文件夹,命名为 Authorware,将素材文件夹中的 Images 和 Media 文件夹复制粘贴到此文件夹的根目录下。

【实验步骤】

1. 创建项目文件

(1) 运行 Authorware7.0.exe 程序,新建一个空白文件,选择"文件"→"保存"菜单命令,选择保存位置为 Authorware 文件夹的根目录下,保存文件名为"运动真精彩"。

(2) 调整窗口的运行大小。在程序主流程线上放置一个计算图标,命名为"窗口大小"。双击打开,然后单击工具栏上的函数库按钮,选中函数库窗口中的 ResizeWindow 函数,单击"粘贴"按钮,将函数粘贴到计算图标的计算窗口中。将函数 ResizeWindow(width,height)修改为 ResizeWindow(640,480)。

(3) 设置程序运行窗口属性。打开工具栏,选择"修改"→"文件"→"属性"命令,在弹出的对话框中对"回放"选项卡中属性进行设置。"大小"为 640×480,"颜色"为"黑色","选项"选择"显示标题栏"和"显示菜单栏"。

2. 制作程序片头

(1) 在程序主流程线上放置一个群组图标,命名为"片头"。

(2) 双击打开其流程线"层 2",放入一个电影图标,命名为"片头视频"。双击图标,打开其属性对话框,然后单击"导入"按钮,选择 Media 文件夹中的"片头.mpg"文件,单击"导入"按钮,将视频导入程序中。按快捷键 Ctrl+P 运行程序,再按快捷键 Ctrl+P 暂停程序,在程序窗口中将视频调整到合适大小,使视频图像上下方适当露出等距的黑色背景,达到宽屏电影的效果。

(3) 在电影图标下方放置一个等待图标,双击,将"事件"的两个选项都选中。在"时限"中输入 16,单击"确定"按钮完成设置。

(4) 在等待图标下方放置一个擦除图标"擦除视频"。打开,选择要擦除的对象为电影图标"片头视频"。

3. 设置背景音乐

(1) 在程序主流程线上放置一个群组图标,命名为"背景音乐"。

(2) 双击打开其流程线"层 2",放入一个计算图标,命名为"设置播放变量"。双击打开,在其计算对话框中输入文本"music ∶= TRUE",关闭。系统提示是否保存更改,选择"是",在接着弹出的自定义变量设置对话框中单击"确定"按钮,完成设置。

(3) 在计算图标下方放置一个声音图标,命名为"音乐"。双击打开其属性对话框,单击"导入"按钮,导入 Media 文件夹中的声音文件"001.mp3"。在下面属性栏的"计时"选项卡里设置"执行方式"为"永久";"播放"为"直到为真",在其选项框中输入控制播放的变量"music＝FALSE";"速率"为"100";在"开始"中输入开始播放条件的变量"music＝TRUE",如图 E5-2 所示。

图 E5-2　声音图标属性对话框

(4) 在声音图标下方放置一个交互图标,命名为"音乐控制"。在其右下方放置 2 个群组图标,分别命名为"开音乐"和"关音乐",选择交互方式为"下拉菜单"。

(5) 打开"开音乐"的下拉菜单属性对话框,在选项卡"菜单"的"快捷键"中输入下拉菜单快捷键为字母 O;在选项卡"范围"的"永久"选项前打勾;选项"分支"为"重试"。

(6) 打开"关音乐"的下拉菜单属性对话框,设置快捷键为字母 C,其他属性参照步骤 5 中"开音乐"进行设置。

(7) 打开群组图标"开音乐",在其流程线上放置一个计算图标 True,双击打开,输入用于控制音乐播放的自定义变量: music := TRUE。

(8) 打开群组图标"关音乐",在其流程线上放置一个计算图标 False,双击打开,输入用于控制音乐播放的自定义变量: music := FALSE。

(9) 关闭"背景音乐"群组图标流程窗口,返回主流程窗口。

4. 制作"拼图游戏"的内容

双击打开群组图标"跳至拼图游戏热区"的程序流程线,如图 E5-3 所示,放置相应的图标并命名。

此程序窗口运行效果如图 E5-4 所示。在演示窗口左边显示一幅图片,单击图片可以开始拼图游戏,条件是必须在 30 秒中完成游戏,否则游戏将重新开始。图片下方显示计算机系统当前时间、游戏开始时间和使用时间。如果 10 秒钟内没有做任何操作,程序就自动演示拼图游戏。

(1) 双击打开显示图标"背景",单击工具栏中 Import 按钮回,导入图片 016.jpg(素材文件夹 Images/016.jpg)。

(2) 制作拼图图片。

① 在群组图标"小图片"程序窗口中放置 9 个显示图标并命名,如图 E5-5 所示。

② 在每个显示图标中各放置一个小图片

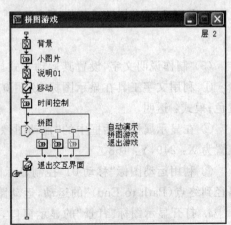

图 E5-3　拼图程序流程图

图 E5-4　拼图最后效果图

（素材文件夹 Images/P01.jpg～P09.jpg），将 9 个显示图标中的小图片按顺序放置在演示窗口的适当位置使它们合起来拼成一张如图 E5-6 所示的大图。

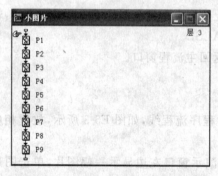

图 E5-5　群组图标"小图片"程序窗口

图 E5-6　小图片按顺序放置在演示
窗口后的效果图

（3）制作说明文字，设置其运动方式。

①　利用文字工具在显示图标"说明 01"中输入文字：单击此图开始游戏；设置颜色：红色；模式：透明。

②　在显示属性对话框中的"拖动图像到最初位置"选项卡的"位置"选项中设置文字位置为 X：249，Y：168。

③　利用运动图标"移动 01"控制显示图标"说明 01"中的文字在大图片表面作"指定路径到终点（Path to End）"的运动，运动路径如图 E5-7 所示。

a. 打开显示图标"背景"的显示窗口，然后关闭。

b. 按住 Shift 键，打开显示图标"说明 01"的显示窗口，然后关闭。

　　c. 按住 Shift 键,双击运动图标"移动 01",系统弹出运动图标属性对话框并显示出图标"背景"和"说明 01"中的内容。

　　d. 使用鼠标选中文字"单击此图开始拼图游戏",拖动其在如图 E5-8 所示位置放置数次,系统将自动添加三角形移动标志以及运动路径直线。

图 E5-7　文字运动路径 a

图 E5-8　文字运动路径 b

　　e. 在运动图标属性对话框中,设置"类型"选项为"指向固定路径的终点";在"定时"选项输入框中将系统默认运动完成时间(单位：s)"1"改成"4";设置"执行方式"选项为"同时发生"。

　　(4) 制作自动进入拼图演示的说明文字和计时程序。

　　① 在"时间控制"群组图标中放入一个显示图标并命名为"说明 02"。然后在此显示图标下方放置一个计算图标命名为"等待跳转"。

　　② 打开显示图标"说明 02",利用文字工具在显示窗口中输入文字：如果您在 10s 内不做选择,将自动进入演示程序!文字颜色：黄色;模式：透明;位置,X：503,Y：191。

　　③ 在计算图标中输入变量"TimeoutLimit：=10"和函数"TimeOutGoTo(IconID@"自动演示")"。此变量用于设置 10s 等待用户操作的时间,单位为秒。10s 用户没有进行任何操作将跳转到函数指定的位置-群组图标"自动演示",并执行其中的内容。

　　(5) 设置群组图标"自动演示"、"拼图游戏"和"退出游戏"的响应属性。

　　① 双击交互图标"拼图",打开其显示窗口。

　　② 双击"自动演示"按钮,打开其属性对话框,在选项卡"按钮"的"大小"选项中设置按钮大小,X：88,Y：25;在"位置"选项中设置按钮位置,X：391,Y：319;单击 Cursor 后面的"..."按钮,选择光标指针样式：光标第 6 种 Standard Cursor Setcursor(6);在选项卡"响应"中选中响应范围为"永久(Perpetual)"。

　　③ 双击群组图标"拼图游戏"的响应热区虚线,打开热区属性对话框,设置热区大小,X：282,Y：292;位置,X：77,Y：50;光标指针样式：光标第 6 种。

　　④ 双击群组图标"退出游戏"按钮,打开按钮属性对话框,设置"退出游戏"的响应按钮大小为 X：88,Y：25;位置为 X：530,Y：319;快捷键(Key(s))：Esc;光标指针形式：光标第 6 种;响应范围：永久;分支：退出交互。

（6）制作拼图游戏的自动演示程序。

① 打开群组图标"自动演示"，按照图 E5-9 所示，在其流程窗口上放置相应图标并命名。

② 双击打开显示图标"说明03"，利用文字工具在显示窗口中输入红色文字"自动演示"。打开菜单"文本"→"字体"→"其他"，在字体选择对话框中选择字体：隶书，如图 E5-10 所示。打开菜单"文本"→"字体"，在"字体大小"中选择字号：18。在图标属性对话框中设置文字位置为 X：231，Y：33。

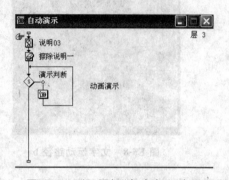

图 E5-9　群组图标"自动演示"窗口

图 E5-10　字体选择对话框

③ 使用擦除图标"擦除说明一"来擦除显示图标"说明02"中的文字。

④ 双击打开设置判断图标"演示判断"的属性对话框。将选项"重复"设置为固定的循环次数 Fixed Number of Times，并在其下一行的输入框中输入循环次数 1；设置分支为"顺序的分支路径"。

⑤ 打开群组图标"动画演示"，如图 E5-11 所示，在其流程窗口上放置相应图标并命名。其中，群组图标"运动一"中 9 个移动图标的作用是将拼好的完整图片分散为 9 个小图片，程序流程如图 E5-12 所示。

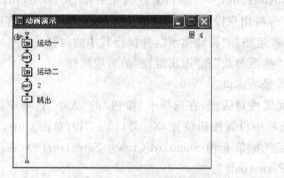

图 E5-11　群组图标"动画演示"窗口

图 E5-12　群组图标"运动一"窗口

⑥ 设置移动图标"1-1"的移动属性，使其控制小图片 P1 的位移。打开移动图标"1-1"的属性对话框，在"移动"选项卡中，"类型移动方式"选项设置为"指向固定点"；"定时"选项设置为 0.4s；"执行方式"选项设置为"同时永久"。在"单击对象进行移动"选项卡中，用鼠标单击显示图标 P1 中的内容作为移动对象（Object），拖动移动对象到所需的

目标点(Destination)位置,也可在目标点选项框中输入坐标,X:580,Y:100。

⑦ 其他 8 个移动图标的属性设置与移动图标"1-1"基本相同,不同的是所选的移动对象和目标点的位置。具体可参照表 E5-1。

表 E5-1 "运动一"中的移动对象和目标点的位置对照表

序 号	移动图标名称	显示图标名称	目标点坐标
1	1-1	P1	X:580,Y:100
2	1-2	P2	X:423,Y:263
3	1-3	P3	X:584,Y:181
4	2-1	P4	X:420,Y:129
5	2-2	P5	X:520,Y:100
6	2-3	P6	X:517,Y:196
7	3-1	P7	X:514,Y:250
8	3-2	P8	X:586,Y:254
9	3-3	P9	X:578,Y:90

⑧ 双击等待图标"1",在属性窗口中去除所有选项前的勾,在选项 Time Limit 中设置等待时间为 1s。

⑨ 在群组图标"运动二"中的 9 个移动图标的作用是将分散的 9 个小图片拼成完整的大图片,程序流程如图 E5-13 所示。

图 E5-13 群组图标"运动二"窗口

⑩ 设置移动图标"1-1"的移动属性,使其控制小图片 P1 的位移。打开移动图标"1-1"的属性对话框,在"移动"选项卡中,"类型移动方式"选项设置为"指向固定点";"定时"选项设置为 0.4s;"执行方式"选项设置为"同时永久"。在"单击对象进行移动"选项卡中,用鼠标单击显示图标"P1"中的内容作为移动对象(Object),拖动移动对象到所需的目标点位置,也可在目标点选项框中输入坐标,X:123,Y:98。

⑪ 其他 8 个移动图标的属性设置与移动图标"1-1"基本相同,不同的是所选的移动对象和目标点的位置。具体可参照表 E5-2。

表 E5-2 "运动二"中的移动对象和目标点的位置对照表

序 号	移动图标名称	显示图标名称	目标点坐标
1	1-1	P1	X:123,Y:98
2	1-2	P2	X:219,Y:98
3	1-3	P3	X:313,Y:98
4	2-1	P4	X:123,Y:195

续表

序　号	移动图标名称	显示图标名称	目标点坐标
5	2-2	P5	X：218，Y：195
6	2-3	P6	X：312，Y：195
7	3-1	P7	X：124，Y：293
8	3-2	P8	X：219，Y：293
9	3-3	P9	X：312，Y：293

⑫ 双击等待图标"2"，在属性窗口中去除所有选项前的勾，在选项 Time Limit 中设置等待时间为 2s。

⑬ 在计算图标"跳出"中输入函数"GoTo(IconID@"说明01")"。拼图演示部分至此结束，重新回到拼图游戏的初始选择界面。

（7）制作拼图游戏程序。

① 返回群组图标"拼图游戏"热区内的程序流程线（Level 3），打开"拼图游戏"群组图标，其程序流程窗口（Level 4）如图 E5-14、图 E5-15 所示。其中，交互图标"按钮"右侧设置了 12 个群组图标，群组图标"时间限制"用于设置拼图的限制时间；群组图标"1-1"至"3-3"用于设置移动图片的目标区域；群组图标 AllCorrectMatched 用于完成拼图后的设置。

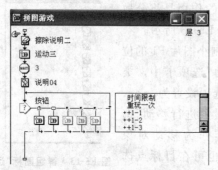

图 E5-14　"拼图游戏"群组图标的流程窗口 1

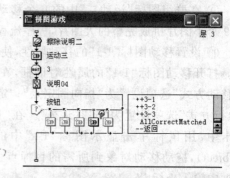

图 E5-15　"拼图游戏"群组图标的流程窗口 2

② 设置擦除图标"擦除说明二"，擦除显示图标。打开显示图标"说明01"的显示窗口，关闭；按住 Shift 键打开"说明02"的显示窗口，关闭；再按住 Shift 键双击打开擦除图标"擦除说明二"的属性窗口，单击显示窗口中的文字，在"点击要擦除的对象"选项卡中将出现显示图标"说明01"和"说明02"，表示这两个图标被选中。

③ 群组图标"运动三"的内部图标结构及其参数设置与群组图标"运动一"完全相同，此步骤也可将群组图标"运动一"复制、粘贴过来后，更名为"运动三"即可完成。

④ 双击等待图标"3"，在属性窗口中去除所有选项前的勾，在选项 Time Limit 中设置等待时间为 0.4s。

⑤ 利用文字工具在显示图标"说明04"的显示窗口中输入文本：如果 30s 不能完成，

游戏将重新开始!;设置字体:隶书;大小:14;模式:透明;文字位置,X:273,Y:34。

　　⑥ 双击群组图标"时间限制"的交互类型标志,如图 E5-16 所示,打开其属性对话框,在"时限"选项卡设置"时限"为 30s;设置"选项"为"显示剩余时间",演示窗口中会出现一个小闹钟用来显示剩余时间。

图 E5-16　"时间限制"的交互类型标志

　　⑦ 在群组图标"时间限制"内放置一个计算图标,命名为 GoTo,在其计算窗口中输入函数:"GoTo(IconID@"擦除说明二")",当程序执行到计算图标 Go To 时,程序就会跳转到擦除图标"擦除说明二",重新开始执行群组图标"拼图游戏"中的内容。

　　⑧ 双击群组图标"重玩一次"的交互类型标志,在其属性栏对话框中将按钮大小调整如下,X:88,Y:25;位置,X:391,Y:319。再打开群组图标"重玩一次",在其流程线上放入一个计算图标,命名为"重玩"。打开其计算窗口,输入函数:"GoTo(IconID@"擦除说明二")"。单击此按钮可随时重新开始游戏。

　　⑨ 打开群组图标"1-1"的目标区域响应属性对话框,选择显示图标"1-1"中的图片为响应对象,在"目标区"选项卡中调整可移动对象响应区域的位置和大小(位置,X:76,Y:49;大小,X:94,Y:98),将"释放后放下"选项设置为"定格在区域中央(在中心定位)",在演示窗口中单击显示图标 P1 中的内容作为移动的对象。在响应 Response 选项卡中,"状态"选项设置为"正确响应",程序跟踪用户输入响应的正确程度。群组图标"1-2"至"3-3"目标区域响应的属性设置与群组图标"1-1"基本相同,不同的是设置可移动的对象和相应响应区域的位置。9 个响应区域的位置(参照表 E5-3)与群组图标"小图片"窗口内的 9 个显示图标引入的图片位置相对应,如图 E5-17 所示。

表 E5-3　9 个响应区域的位置

序号	移动图标	对应的显示图标	响应区域位置
1	+1−1	1-1	X:76,Y:49
2	+1−2	1-2	X:169,Y:49
3	+1−3	1-3	X:268,Y:49
4	+2−1	2-1	X:76,Y:145
5	+2−2	2-2	X:169,Y:145
6	+2−3	2-3	X:268,Y:145
7	+3−1	3-1	X:76,Y:244
8	+3−2	3-2	X:169,Y:244
9	+3−3	3-3	X:268,Y:244

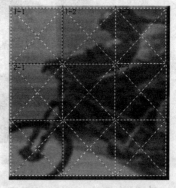

图 E5-17　9 个显示图标引入的图片位置

　　⑩ 设置群组图标 AllCorrectMatched 和"返回"交互标志属性。

　　a. 双击打开群组图标 AllCorrectMatched 的响应标志属性对话框。设置"选项响应类型(Type)"为"条件响应(Conditional)";在选项卡"条件"的响应属性的条件框输入

AllCorrectMatched；将"自动"选项设置为"由假为真"，选择该选项，9 个小图片都放置到正确的位置时，程序将执行群组图标 AllCorrectMatched 中的内容。在"响应"选项卡中，将"擦除"选项设置为"不擦除"；将"分支"选项设置为"退出交互"。

b. 打开群组图标"返回"的目标区域响应属性对话框，在"选择目标对象"选项卡中，调整"响应范围"大小为 X：640，Y：480；位置为 X：0，Y：0；将"放下"选项设置为"放回原处（Put Back）"；选取"允许任何对象（Accept Any Object）"选项。在"响应"选项卡中，"状态"选项设置为"错误响应（Wrong Response）"。当进行拼图游戏时，图片位置放置错误，图片将退回到初始位置。

⑪ 制作群组图标 AllCorrectMatched 的程序内容。

a. 打开群组图标 AllCorrectMatched，在其流程线上按图 E5-18 所示放置相应的图标并命名。

b. 双击擦除图标"删除时间限制"，打开其属性对话框，选择擦除对象为群组图标"时间限制"。

c. 如图 E5-19 所示效果，使用文字工具在显示图标"说明 05"显示窗口中输入文字："恭喜，拼图正确！"、"再来一次！"；设置字体为隶书，大小为

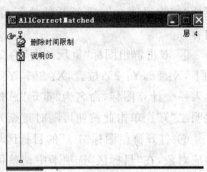

图 E5-18　条件响应内的图标放置

20，颜色分别为红色和白色。最后导入图片 016.gif（素材文件夹 Images/016.gif）。

图 E5-19　拼图正确的效果图

（8）制作退出拼图游戏程序。

返回群组图标"跳至拼图游戏热区"的内容流程线，双击计算图标"退回主界面"，在其计算窗口中输入函数："GoTo(IconID@"退出")"，程序运行到此图标时将自动返回擦除显示图标"退出"。

5. 制作退出程序

在程序主流程线单击擦除图标,选择要擦除的对象,把屏幕上所有的图片都选中,如图 E5-20 所示。在"特效"选项中选择"水平百叶窗方式"。然后在下面的计算图标里输入函数：Quit(0),程序运行到此图标将结束程序的运行。

图 E5-20　擦除图标属性设置

6. 运行、调试程序,存盘

(1) 单击工具栏中的控制面板按钮 ,使用程序控制面板 进行程序的运行和调试。要打断正在执行的程序,也可选择"调试"→"停止"菜单命令(或者按快捷键 Ctrl +P),演示过程即停止。此时,就可以对程序中不完善的地方即时编辑,编辑完毕,再按快捷键 Ctrl+P,程序可继续执行。

(2) 调试完毕后,选择"文件"→"保存"菜单命令(或者按快捷键 Ctrl+S)进行程序发布前的最后一次保存。

(3) 在完成调试工作以后也就完成了程序的设计,这个时候将程序多运行演示几遍,看有没有要修改和改进的地方,如果没有就可以进行打包工作了。

【实验总结与思考】

本实验通过制作拼图游戏,详细讲述了 Authorware 中显示图标、擦除图标、计算图标、移动图标、交互图标等图标的使用方法。要实现 Authorware 的高级功能,需要和脚本编程、插件等结合起来,在后续的实验中会逐步实现。

思考题：

1. 如何让演示窗口总在屏幕最上层？
2. 怎样加入 AVI 格式的 Logo 动画并让它循环播放？
3. 如何加入 MIDI 格式的循环背景音乐,并控制它的播放停止与继续播放？
4. 怎样在 Authorware 演示程序中调用 IE 并打开特定网页？

实验 6

多媒体作品的创作

【实验目的】

1. 掌握框架图标和交互图标的使用；
2. 领会 Authorware 脚本编程的方法；
3. 掌握 ActiveX、U32 等插件的使用方法；
4. 理解使用 Authorware 进行多媒体作品创作的方法。

【实验内容】

1. 设计多媒体作品的流程图；
2. 使用 Premiere、Photoshop 进行素材的制作；
3. 使用 Authorware 进行多媒体素材的集成创作。

【实验预备】

在这个实验中要灵活运用框架和交互图标，使它们与条件和脚本编程结合起来，实现高级的功能。关于 Authorware 框架图标和交互图标前面已经接触过，请认真复习前面的实验内容。

1. U32 函数的使用

为了扩展 Authorware 的功能，在计算图标中可以使用 Windows 动态链接库(. dll 文件)中的函数。在 Authorware 中加载. dll 文件中的函数需要告诉 Authorware 详细的函数信息，如图 E6-1 所示。但是对这些函数的定义和参数可能根本不了解，因此，给应用带来了很大的困难。考虑到这点，Authorware 把相应的函数封装起来，便捷地提供编程接口，U32 函数便应运而生。

在 Authorware 中载入 U32 函数非常简单。在工具栏上单击█按钮，打开"函数"辅助面板，如图 E6-2 所示。单击"载入"按钮，打开"加载函数"对话框，如图 E6-3 所示。选择具有█图标的文件，即可加载 U32 文件中的函数了。选择加载函数来源的 U32 文件，并在如图 E6-4 所示的对话框中选中需要加载的函数，单击"载入"按钮即完成外部函数的加载。载入后，外部函数的使用方法和 Authorware 自带的系统函数的使用方法一致。

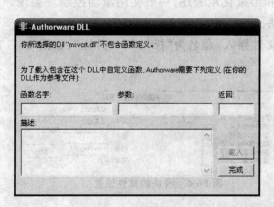

图 E6-1　在 Authorware 中载入 .dll 文件中的函数

图 E6-2　"函数"辅助面板

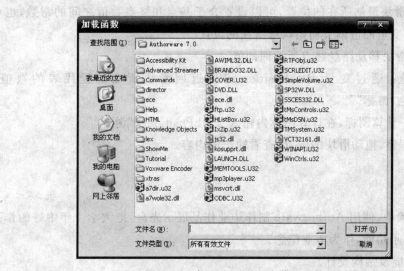

图 E6-3　在 Authorware 中载入函数

图 E6-4　载入需要的 U32 函数

2. 滑动控制块的使用

在多媒体作品中,经常需要调节参数的取值范围,如颜色、音量、速度等。当然,通过文本框的形式可以实现,为了便于操作和形象化地表述,一般使用滑动控制块实现。下面以音量调节为例,讲述具体的使用方法。

(1) 插入背景图片和滑块,分两个文件插入,命名为"标尺"和"游标",如图 E6-5 所示。滑块的属性设置如图 E6 6 所示。

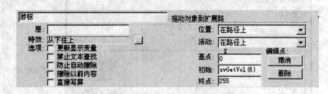

图 E6-5　插入素材图片　　　　　　　　图 E6-6　滑块的属性设置

a. 基点:滑块移动路径起始点所返回的值。

b. 初始:滑块最初所在的位置,可以设置介于基点和终点数值之间的常数,也可以设置变量,根据变量的值调节初始状态所在的位置。

c. 终点:滑块移动路径终点所返回的值。

d. 返回值:通过变量 PathPosition 可以返回滑块所在位置代表的数值,如"PathPosition@"游标""。

(2) 插入一计算图标,在计算图标内输入"PathPosition@"游标""。

(3) 运行程序,拖动滑块的位置,查看输出的内容。

【实验步骤】

在这个实验中,使用 Authorware 制作毕业作品展示光盘,把大学 4 年中好的作品收集起来,附上演示功能,作为毕业纪念。

1. 光盘功能及结构设计。

类似于一般的大片,故事的开始总有个绚丽的片头,虽然不能做到 20 Century Fox 或 Walt Disney 那么经典,但片头总能给光盘增色不少。片头结束后,通过 Authorware 的过渡效果,切换到主场景。为了使光盘呈现轻松愉快的气氛,配上和主题比较贴切的校园歌曲;为了满足不同人的需求,可以关闭歌曲的播放、自动切换歌曲、调节音量的大小。主场景提供 5 个导航按钮,也就是作品的 5 个类别。单击导航按钮后在主场景的前面呈现半透明的子界面。子界面可以依次预览作品的主题、介绍和截图。子界面又是一个功能相对独立的播放器,可以控制作品的播放。同时,主界面设退出按钮,可以结束演示光盘的播放,退出光盘前通过滚动字幕列出光盘的制作人员。具体的流程和功能如图 E6-7 所示,Authorware 的流程图如图 E6-8 所示。

2. 片头与图片素材的制作。

使用 Premiere 制作一视频,或者使用 After Effects 直接制作一 3D 片头。使用 Photoshop 制作主题背景及相关按钮。

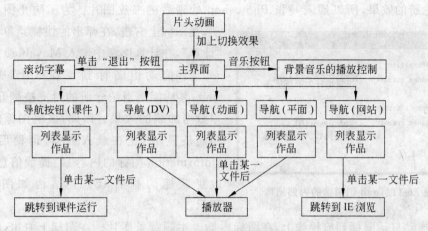

图 E6-7　系统功能结构设计

3. 在 Authorware 中新建一文件，用文件名 Start 保存文件。

4. 拖动一组图标到流程线上，命名为"片头"。在片头中插入刚才做好的视频。为了单击或按任意键能退出视频，需要加入热区交互。结构如图 E6-9 所示。

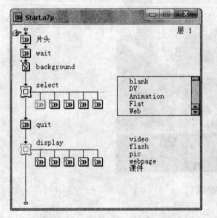

图 E6-8　Authorware 流程图

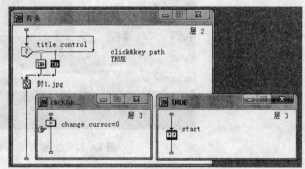

图 E6-9　片头图标的内部结构

其中 click&key path 图标的属性设置如图 E6-10 所示。change cursor=0 图标的内容为 SetCursor(0)。TRUE 图标里面插入片头视频，其交互条件为 True，自动为"真"。

图 E6-10　click&key path 图标的属性设置

"封1.jpg"图标的内容为片头结束后切换到主题背景的过渡场景，这里设计成翻开毕业纪念册的效果，所以插入一张 Photoshop 处理后的书皮图片。为了防止图片被拖动，在图标上右击，在弹出的快捷菜单中选择"计算"，在计算图标中输入 Movable：＝0。

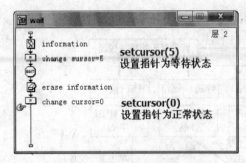

图 E6-11　wait 组图标的内部结构

5. 拖动组图标到流程线上，命名为wait，其功能是当纪念册的封皮被翻开后，模拟数据加载的效果。因此，该组图标的主要功能是显示"正在载入数据，请稍后⋯⋯"（information 图标的内容）的提示信息，并且改变鼠标的指针状态。结构如图 E6-11所示。

6. 拖动显示图标到流程线上，在图标内插入主题背景图片。在图标上右击，在弹出的快捷菜单中选择"计算"，在计算图标中输入 Movable：＝0，效果如图 E6-12 所示。

图 E6-12　主题背景图效果

7. 接下来创建框架图标，拖动一框架图标到主流程线上，命名为 select。框架图标可以实现书的章节目录效果，因此，每个类别的作品作为一个章节出现，通过框架图标内部的导航图标在多个类别之间跳转。在框架图标的右侧摆放 6 个组图标，分别命名为 blank，DV，Animation，Flat，Web 和 Courseware，如图 E6-13所示。

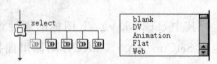

图 E6-13　框架图标右挂的组图标

注意：在框架的右边放置空白的组图标是为了程序执行到主场景的时候除了背景和导航按钮外，不显示和类别相关的信息。只有选择了相应的类别后才显示相关信息。

双击框架图标，删除所有的默认图标。拖动一群组图标到 select 框架图标的流程线上，命名为 mp3 control，然后拖动一交互图标到流程线上，命名为 Navigation hyperlinks。在交互图标的右边拖放 7 个导航图标，交互类型为按钮交互，如图 E6-14 所

示。todv 导航图标的属性设置如图 E6-15 所示，跳转
到其他 4 个类别的导航图标的属性设置类似。end
导航图标的属性设置如图 E6-16 所示。Help 计算图
标的代码为"SysAppOpen（FileLocation^"光盘操作
提示.doc")"。

　　8. 单击交互图标右边的 todv 按钮，在属性面板
上单击"按钮"按钮，打开如图 E6-17 所示的按钮设置
图，更改默认的按钮样式，移动按钮的位置，和背景图
片上的位置重合。

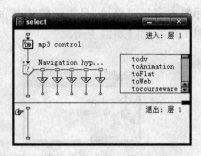

图 E6-14　Select 图标的内部结构

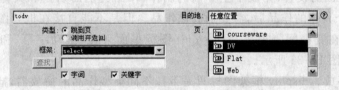

图 E6-15　todv 导航图标的属性设置

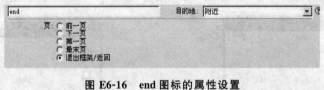

图 E6-16　end 图标的属性设置

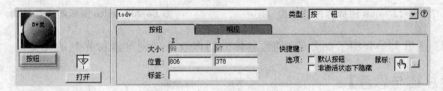

图 E6-17　更改按钮样式

　　9. 框架内部结构设置好后，可以在 5 个作品内部切换显示。每类作品不止一个，需
要设置在框架内切换显示内容，即作品的浏览。双击 DV 图标，在流程线上拖入一显示
图标，命名为 dvback，插入 DV 作品预览界面的背景图片，如图 E6-18 所示。在 dvcontrol
图标右面下挂属于该类别作品的组图标。框架图标的内部结构如图 E6-19 所示。组图

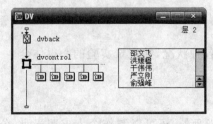

图 E6-18　DV 图标的内部结构

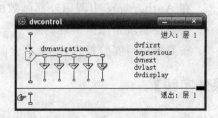

图 E6-19　dvcontrol 框架的内部结构

标的内容相对简单,只需设置该作品的路径和显示图片的效果截图和内容简介即可,如图 E6-20、图 E6-21 所示。

图 E6-20　学生作品组图标的结构

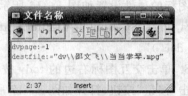

图 E6-21　设置作品的路径

10. 通过前面的设置,完成了主界面的制作、作品类别的切换和具体类别作品的浏览。当选择某个具体的作品后,需要播放该作品。但是不能直接在框架图标的后面下挂框架图标,需要在其中间隔退出功能。quit 图标里面下挂"滚动字幕"和"退出"计算图标,具体结构如图 E6-22 所示。

11. 作品播放。display 框架图标只是下挂不同类型作品的播放器,播放完后会跳转回作品浏览界面,本身不需要任何功能。拖动一组图标到 display 图标的右边,命名为 video,其内部结构如图 E6-23 所示。

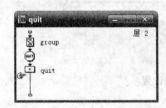

图 E6-22　quit 图标的内部结构

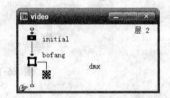

图 E6-23　video 图标的内部结构

12. 这里只是介绍了部分的功能,具体的制作效果请浏览素材光盘的源文件。

【实验总结与思考】

该实验使用 Authorware 的交互、框架和插件等功能,实现了多媒体演示光盘的制作。其中,插件的使用和流程的设计是比较重要的,要通过反复练习和设计认真掌握。

思考题:

1. 片头动画播放时,单击鼠标可以结束播放,该功能是怎么实现的?
2. 框架图标内的图标起什么作用?
3. 在 Authorware 中调用外部函数的方法是什么?
4. 滑动控制块是怎么实现的?
5. 按要求撰写实验报告,记录实验的步骤和各种状况,并记录实验的心得体会。

【课外实践】

使用 Authorware 除了可以制作多媒体演示光盘外,还可以制作个人求职光盘、公司展示光盘、毕业光盘、素材光盘等。通过制作个人演示光盘,加强对 Authorware 基本技能的掌握。

　　1. 个人演示光盘的设计,包括内容、结构和流程图的设计,即考虑从哪些方面介绍自己,使用什么媒体来表现,光盘交互控制的跳转关系有哪些,是否包含背景音乐等。

　　2. 素材的制作,包括片头动画、音频、背景、按钮的制作。

　　3. 多媒体素材的集成。

　　4. 作品的打包输出。

　　5. 制作 ico 图标和自启动文件 autorun.ini。该部分内容请查看实验 7。

实验 7

VCD 和 DVD 光盘制作

【实验目的】

1. 通过实验了解 Nero 刻录软件的使用方法；
2. 能使用 Nero 刻录 VCD 或 DVD 光盘。

【实验内容】

1. 使用刻录软件 Nero 的一般步骤；
2. 使用 Nero 刻录制作好的音、视频节目。

【实验预备】

1. 软件安装

要能把编辑好的视频文件或音频文件刻录到光盘保存下来需要两个必备条件：刻录机和刻录软件。选购刻录机时为了更好的兼容性，一般选择支持 DVD+/−R 的刻录机。购买刻录机时一般会随机赠送刻录软件。这里以 Pioneer DVR-112CH 为例，购买时就附送了 Nero 7 Essentials 刻录软件一套。刻录软件的安装比较简单，双击 Setup. exe，单击"下一步"按钮，在每一步骤中进行相应的设置即可，如图 E7-1 所示。

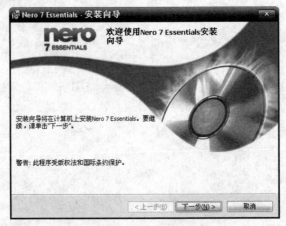

图 E7-1　Nero 的安装

2. Nero 的运行

双击桌面的🎵图标,启动 Nero,界面如图 E7-2 所示。Nero 以图形化菜单的形式组织各种功能(★ ▤ ♪ 🎞 🔍 ⊕),要选择不同的刻录功能,将鼠标移动到功能菜单上,然后在下部功能区中选择具体的刻录功能即可。

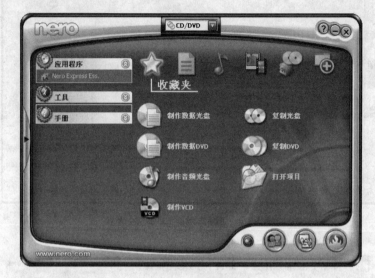

图 E7-2   Nero 操作界面

3. 数据文件的刻录

有时为了长久保存硬盘中的数据文件,以免硬盘损坏造成的数据丢失,就可以使用 Nero 制作数据光盘的功能实现。把鼠标指针移动到图标▤上,在下部的功能区中单击“制作数据 DVD”图标,如图 E7-3 所示,弹出“制作数据 DVD”对话框,如图 E7-4 所示。

(1) 把需要刻录的数据文件或文件夹拖到图 E7-4 所示的对话框中,或者单击对话框右边的“添加”按钮实现刻录数据的添加。下部的标尺显示刻录数据的数据量和光盘所能容纳的最大数据量,如图 E7-5 所示。

图 E7-3   选择“制作数据 DVD”

注意:刻录的数据量最好不要超过红色警戒线,即光盘所能容纳的最大数据量(部分光盘支持超刻,可以超过)。

(2) 选择好需要刻录的数据文件后,单击“下一步”按钮,进行刻录前的最后属性设置,如刻录速度、光盘名称、刻录所用光驱、刻录份数、刻录形式等,如图 E7-6 所示。

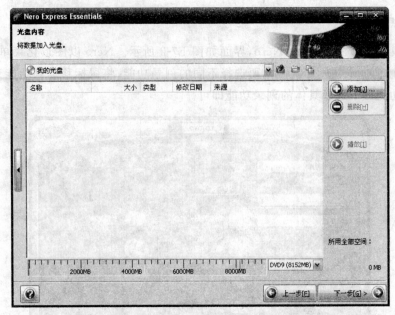

图 E7-4　"制作数据 DVD"对话框

图 E7-5　刻录数据量指示标尺

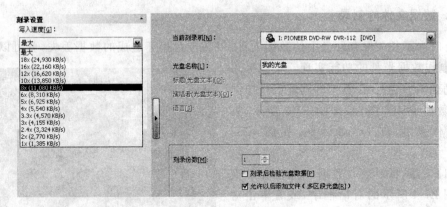

图 E7-6　刻录属性设置

　　a. 写入速度：对数据连续性较好（如大尺寸的视频文件）的文件，或者刻录盘支持的速度较高，可以采用 16X 刻录；对小尺寸的零散的文件，一般选择低速刻录（如 4X），以获得较高的刻录光盘质量。

　　b. 当前刻录机：如果有多个刻录机，可以单击右边的"选项"按钮选择刻录需要的刻录机。

　　c. 光盘名称：光盘刻录完成并使用时显示的光盘内容标识，类似于硬盘分区的卷标。

d. 刻录份数：一次性连续刻录的光盘数量。如果选择"允许以后添加文件"，该选项无效。

（3）所有属性设置好后，单击"刻录"按钮，开始数据的刻录。Nero 会显示刻录的缓冲状态和刻录进度，如图 E7-7 所示。光盘刻录完后，Nero 会自动弹出光盘。

图 E7-7　刻录进度及缓冲状态

4. 光盘映像的刻录

ISO 光盘镜像文件和普通的光盘复制到计算机上后的文件或者压缩包文件是不同的，ISO 镜像文件除保存了相应的数据文件外，还包含了普通压缩包文件不具有的光盘启动信息。如果要制作能从光盘启动的系统光盘，需要从网上下载光盘镜像文件(.iso)。

（1）在 Nero StartSmart 窗口中选择"将映像刻录到光盘"图标，如图 E7-8 所示。

（2）在弹出的对话框中选择需要刻录的 ISO 文件，如图 E7-9 所示。

（3）单击"打开"按钮，回到刻录界面，直接单击"刻录"按钮开始刻录（由于光盘镜像已经包含光盘

图 E7-8　选择镜像刻录功能

图 E7-9　选择 ISO 文件

名称等属性，不需要设置）。

（4）Nero 显示刻录的进度和缓冲状态，如图 E7-7 所示。刻录完成后单击"确定"按钮，Nero 弹出光盘。

【实验步骤】

Nero 除了能制作在计算机上播放的数据光盘外，还可以制作在 VCD、DVD 机上播放的 MP3 光盘、VCD 视频光盘、SVCD 视频光盘和 DVD 视频光盘（DVD 视频光盘需要下载相应的光盘转换软件，转换成具有相应数据格式和内容的文件）。

接下来使用"日货风波. mpg"来制作 VCD 视频光盘。

1. 准备好视频文件，在 Nero StartSmart 中选择"照片和视频"图标，单击"制作 VCD"按钮，如图 E7-10 所示。

2. 在弹出的对话框中选中"启用 VCD 菜单"，如图 E7-11 所示。添加"日货风波. mpg"

图 E7-10 选择"制作 VCD"

视频文件。Nero 会分析视频文件的编码格式，以便进行相应的操作，如图 E7-12、图 E7-13 所示。

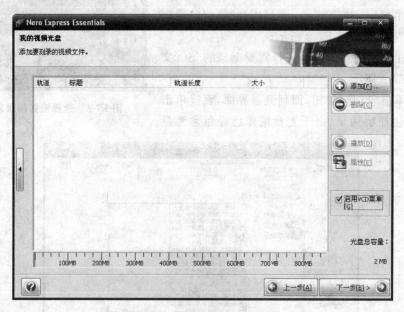

图 E7-11 添加视频文件对话框

3. 单击"下一步"按钮，进入视频菜单设置对话框，如图 E7-14 所示。在该对话框中，单击右边的"布局"、"背景"和"文字"按钮可以对视频菜单进行相应的设置。

4. 单击"下一步"按钮，进入"最终刻录设置"对话框，设置光盘的名称和刻录速度。

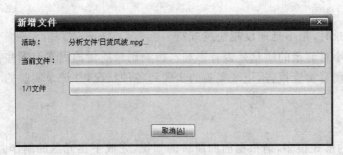

图 E7-12 Nero 分析文件格式

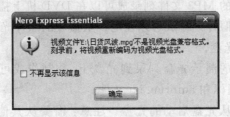

图 E7-13 视频文件分析结果

图 E7-14 视频对话框设置

单击"刻录"按钮实现 VCD 视频光盘的制作。

注意：该视频光盘可以在 VCD 机上播放，并具有菜单选择的功能。

【实验总结与思考】

该实验实现了多媒体作品的刻录过程。Nero 是一款强大的刻录工具，除了实现 VCD/DVD 光盘的刻录外，还可以实现光盘镜像、照片光盘、MP3 光盘的刻录。

思考题：

1. 光盘刻录时，是不是速度越快越好？

2. 文件大小对刻录的质量是否有影响？影响刻录质量的因素有哪些？

3. 按要求撰写实验报告，记录实验的步骤和各种状况，并记录实验的心得体会。

【课外实践】

光盘制作的形式很多，请根据前面所讲的知识，完成下述光盘的制作。

1. 从网上下载操作系统的光盘镜像文件(＊.iso)，完成可启动系统光盘的制作。

2. 把自己计算机上的 MP3 文件刻录成可以在 DVD 机上播放的歌曲光盘。

3. 把数码相机上的照片制作成可以在电视上播放的照片光盘。

4. 制作 DVD 视频光盘。

5. 把实验 6 制作好的演示光盘刻录到光盘上，并制作成可以自动播放的光盘。注意：要对光盘添加.ico 图标和 autorun.ini 文件。

6. 提高：制作可以从光盘启动的光盘。注意：需要从其他光盘里面提取光盘启动文件。

参 考 文 献

[1] Tay Vaughan. 多媒体技术及应用. 第 6 版. 北京：清华大学出版社，2004

[2] 鄂大伟. 多媒体技术基础及其应用. 第 3 版. 北京：高等教育出版社，2007

[3] 陆芳，梁宇涛. 多媒体技术及应用. 第 3 版. 北京：电子工业出版社，2007

[4] 朱洁. 多媒体技术教程. 北京：机械工业出版社，2006

[5] 赵子江. 多媒体技术应用教程. 第 4 版. 北京：机械工业出版社，2004

[6] 余雪丽，陈俊杰. 多媒体技术与应用. 第 2 版. 北京：科学出版社，2007

[7] 杨津玲，任兴元. 多媒体技术与应用. 第 2 版. 北京：电子工业出版社，2007

[8] 雷运发. 多媒体技术基础. 北京：中国水利水电出版社，2005

[9] 姚海根. 图像处理. 上海：上海科学技术出版社，2000

[10] 胡小强. 虚拟现实技术. 北京：北京邮电大学出版社，2005

[11] 刘明昆. 三维游戏设计师宝典——Virtools 工具篇. 成都：四川电子音像出版中心，2005

[12] 叶楷铭. Virtools Bible. 台湾：台湾爱迪斯科技，2006

[13] Deke McClelland. Photoshop 7 宝典. 北京：电子工业出版社，2003

[14] 黄东明. Photoshop CS 平面设计标准教程. 北京：北京理工大学出版社，2006

[15] 黄学光，陈强. Photoshop 图像处理技术. 北京：地质出版社，2006

[16] 张玲. Photoshop 图像处理技术. 北京：中国铁道出版社，2006

[17] 北京金洪恩电脑有限公司. 巧夺天工——Photoshop 入门与进阶实例. 天津：天津电子出版社，2006

[18] www.86vr.com 虚拟无忌

[19] www.virtools.com.cn Virtools 中国网

读者意见反馈

亲爱的读者:

感谢您一直以来对清华版计算机教材的支持和爱护。为了今后为您提供更优秀的教材，请您抽出宝贵的时间来填写下面的意见反馈表，以便我们更好地对本教材做进一步改进。同时如果您在使用本教材的过程中遇到了什么问题，或者有什么好的建议，也请您来信告诉我们。

地址：北京市海淀区双清路学研大厦 A 座 602　　计算机与信息分社营销室　收
邮编：100084　　　　　　　　　　　电子邮件：jsjjc@tup.tsinghua.edu.cn
电话：010-62770175-4608/4409　　　邮购电话：010-62786544

教材名称：多媒体技术与应用教程
ISBN：978-7-302-17956-6
个人资料
姓名：＿＿＿＿＿＿＿＿　年龄：＿＿＿＿＿　所在院校/专业：＿＿＿＿＿＿＿＿＿＿
文化程度：＿＿＿＿＿＿＿　通信地址：＿＿＿＿＿＿＿＿＿＿＿＿＿＿＿＿＿＿
联系电话：＿＿＿＿＿＿＿　电子信箱：＿＿＿＿＿＿＿＿＿＿＿＿＿＿＿＿＿＿
您使用本书是作为： □指定教材 □选用教材 □辅导教材 □自学教材
您对本书封面设计的满意度：
□很满意 □满意 □一般 □不满意　改进建议＿＿＿＿＿＿＿＿＿＿＿＿＿＿＿
您对本书印刷质量的满意度：
□很满意 □满意 □一般 □不满意　改进建议＿＿＿＿＿＿＿＿＿＿＿＿＿＿＿
您对本书的总体满意度：
从语言质量角度看 □很满意 □满意 □一般 □不满意
从科技含量角度看 □很满意 □满意 □一般 □不满意
本书最令您满意的是：
□指导明确 □内容充实 □讲解详尽 □实例丰富
您认为本书在哪些地方应进行修改？（可附页）
＿＿＿＿＿＿＿＿＿＿＿＿＿＿＿＿＿＿＿＿＿＿＿＿＿＿＿＿＿＿＿＿＿＿＿＿
＿＿＿＿＿＿＿＿＿＿＿＿＿＿＿＿＿＿＿＿＿＿＿＿＿＿＿＿＿＿＿＿＿＿＿＿
您希望本书在哪些方面进行改进？（可附页）
＿＿＿＿＿＿＿＿＿＿＿＿＿＿＿＿＿＿＿＿＿＿＿＿＿＿＿＿＿＿＿＿＿＿＿＿
＿＿＿＿＿＿＿＿＿＿＿＿＿＿＿＿＿＿＿＿＿＿＿＿＿＿＿＿＿＿＿＿＿＿＿＿

电子教案支持

敬爱的教师:

为了配合本课程的教学需要，本教材配有配套的电子教案（素材），有需求的教师可以与我们联系，我们将向使用本教材进行教学的教师免费赠送电子教案（素材），希望有助于教学活动的开展。相关信息请拨打电话 010-62776969 或发送电子邮件至 jsjjc@tup.tsinghua.edu.cn 咨询，也可以到清华大学出版社主页（http://www.tup.com.cn 或 http://www.tup.tsinghua.edu.cn）上查询。